时献江　王桂荣　司俊山　编著

机械故障诊断及典型案例解析

JIXIE GUZHANG ZHENDUAN JI DIANXING ANLI JIEXI

第2版

U0196407

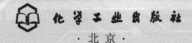

化学工业出版社

·北京·

图书在版编目（CIP）数据

机械故障诊断及典型案例解析/时献江，王桂荣，司俊山编著. —2版. —北京：化学工业出版社，2020.1
（2023.1重印）
ISBN 978-7-122-35616-1

Ⅰ.①机… Ⅱ.①时… ②王… ③司… Ⅲ.①机械设备-故障诊断-案例 Ⅳ.①TH17

中国版本图书馆 CIP 数据核字（2019）第 252573 号

责任编辑：贾　娜　　　　　　　　　　文字编辑：陈小滔
责任校对：杜杏然　　　　　　　　　　装帧设计：王晓宇

出版发行：化学工业出版社（北京市东城区青年湖南街 13 号　邮政编码 100011）
印　　装：北京建宏印刷有限公司
787mm×1092mm　1/16　印张 12　字数 305 千字　2023 年 1 月北京第 2 版第 5 次印刷

购书咨询：010-64518888　　　　　　　售后服务：010-64518899
网　　址：http://www.cip.com.cn
凡购买本书，如有缺损质量问题，本社销售中心负责调换。

定　　价：58.00 元　　　　　　　　　　　　　　　　版权所有　违者必究

本书以机械振动分析为主线，主要介绍机械故障诊断的基本原理、方法和应用。在掌握机械振动、信号基本时-频域分析及特殊信号处理技术的基础上，着重介绍了滚动轴承、齿轮、旋转机械、滑动轴承等典型零部件的故障监测和诊断方法，并介绍了大量相关诊断实例。另外对现代诊断方法如小波分析和 EMD 方法等也从实用角度进行了简单介绍，并介绍相关应用实例。

为了顺应现代机械故障诊断技术的发展与需要，本书在内容与顺序安排上体现以下特点：

（1）以机械振动分析为基础，在深入研究机械设备振动故障机理的基础上，介绍典型零部件的故障特征及诊断方法，有一定的通用性，有助于各行业读者或初学者理解与掌握。

（2）信号处理部分附有必要的 MATLAB 计算程序，充分利用 MATLAB 提供的函数或工具包，使复杂的信号处理过程简易化，解决一般读者信号处理入门困难的问题。

（3）诊断实例丰富，很多诊断方法及过程融入到诊断实例中，便于读者对诊断方法的理解和掌握。

本书主要针对从事机电设备运行、维护、设备点检和运行状态监测以及故障诊断与事故分析方面的人员编写的。本书可供从事机械设备故障诊断工作的工程技术人员参考，也可作为高等院校机械类专业本科生、研究生教材使用。

本次修订主要对第 1 版存在的一些错误进行了纠正，并对某些章节的知识介绍顺序进行了一些调整，适当地增加了一些 MATLAB 程序及计算结果；对一些章节的故障诊断方法及实例进行了更新及精炼，特别是滚动轴承部分给出了一些现场常用的新诊断方法及技术，以适应故障诊断技术的发展与要求。

本书由时献江、王桂荣和司俊山编著。其中，时献江编写第 1、4、5 章和第 8 章，司俊山编写第 2 章，王桂荣编写第 3、6、7、9 章，时献江负责全书的统稿工作。

由于编者水平所限，书中难免存在疏漏和欠妥之处，敬请读者批评指正。

编著者

目录 — Contents

第6章

092

滚动轴承的故障诊断及实例解析

第7章

齿轮的故障诊断及实例解析

118

第8章

旋转机械的故障诊断及实例解析

141

第9章

164

滑动轴承的故障诊断及实例解析

参考文献

181

第1章　绪论

随着现代化大生产的发展和科学技术的进步，现代设备向着结构复杂化和自动化方向发展，机械设备工作强度不断增大，生产效率、自动化程度越来越高，同时设备更加复杂，各部分之间的关联愈加密切，往往某处微小故障就会爆发连锁反应，导致整个设备甚至与设备有关的环境遭受灾难性的毁坏。这不仅会造成巨大的经济损失，甚至会危及人身安全，后果极为严重。因此，企业需要及时了解和掌握大型或关键设备的运行工况，正确估计可能发生的故障或趋势。另一方面，随着信息传感技术、信号处理技术及现代测试技术的发展，特别是计算机技术的飞速发展，各学科相互渗透、相互交叉、相互促进，为设备故障诊断提供了技术支持和先进手段，从而使上述需要成为可能，并形成了设备诊断技术这一生命力旺盛的新兴学科。

机械设备诊断技术日益获得重视与发展的一个主要原因是，现代设备故障造成的经济和人员损失巨大。例如，1986 年苏联切尔诺贝利核电站泄漏事故，2003 年美国航天飞机"哥伦比亚号"的坠毁事故，都是设备故障造成的震惊世界的恶性事故。在我国，1985 年大同电厂和 1988 年秦岭电厂的 200MW 汽轮发电机组的严重断轴毁机事件，也都造成了巨大的经济损失。

据统计，重要设备因事故停机造成的损失极为严重：300MW 发电机组停产一天损失电 720 万 kW·h，约 144 万元；30 万吨化肥装置停产一天损失约 150 万元；更换一台大型风力发电设备齿轮箱的费用就达 100 万元。这表明采用设备诊断技术，保证设备安全、可靠地运行是极为必要的。

设备诊断技术日益获得重视与发展的另一个重要原因是维修体制的改革。当前，国内外对机械设备多数还是采用事后维修或计划维修方式，而不是先进的预测维修体制。显然，预测维修体制的推广，首先需要完善的设备监控与故障诊断技术支持，即需要故障监测与诊断系统来提供维修建议和时机。

目前，采用振动信号监测机械设备的运行状态，诊断其故障，是一个简单易行、准确可靠的方法，也是一个发展较早和较为成熟的领域。通过对机械运行过程中的工况进行监测，对其故障发展趋势进行早期诊断，找出故障原因，采取措施进行维修、保养，避免设备的突然损坏，使之安全运行，可极大地提高经济效益与社会效益。所以开展机械设备故障诊断技术的研究及应用具有重要的现实意义。

1.1　机械故障诊断技术的定义

（1）机械故障的定义

机械故障的定义，包含两层含义：

① 故障。机械系统偏离正常功能。它的形成原因主要是因为机械系统的工作条件（含

零部件）不正常，通过参数调整或零部件修复又可以恢复到正常功能。

② 失效。是指系统连续偏离正常功能，且其程度不断加剧，使机械设备基本功能不能保证，称之为失效。一般零件失效可以更换，关键零件失效，往往导致整机功能丧失。

根据机器设备出现故障后能不能修复的区别，可以把设备划分为可修复的和不可修复的两大类。而在机械设备中，大多数产品是属于可修复的产品，因而，机械设备故障诊断技术的研究对象多指"故障"，而非"失效"。

（2）机械故障诊断技术的定义

机械故障诊断技术是一种利用各种检测方法，测取并分析、处理机械设备在运行中的状态信息，确定其整体或局部是正常或异常，早期发现故障及其原因，并能预报故障发展趋势的技术。

通俗地说，设备故障诊断技术是一种给机器"看病"的技术，包含"监测"和"诊断"两层意思。因此，设备故障诊断技术，又称为机械设备状态监测和故障诊断技术，通常简称为设备诊断技术。

（3）机械设备故障诊断的目的

设备诊断技术的目的是"保证可靠地、高效地发挥设备应有的功能"。这包含了三点：

① 保证设备无故障，工作可靠；

② 保证物尽其用，设备要发挥其最大的效益；

③ 保证设备在将要发生故障或已发生故障时，能及时诊断出来，正确地加以维修，以减少维修时间、提高维修质量、节约维修费用，使重要的设备能按其状态进行维修（即视情维修或预知维修），促进目前计划维修体制的改革。

（4）机械设备故障诊断的特点

① 机械运行过程是动态随机过程。此处随机一词包括两层含义：一是在不同时刻的观测数据是不可重复的；二是表征机器工况的特征值不是不变的，而是在一定范围内变化。即使同型号机械设备由于装配、安装及工作条件上的差异，也往往导致机器的工况及故障模式改变。

② 从系统特性来看，机械设备都是由成百上千个零部件装配而成，零部件间相互耦合，决定了机械设备故障的多层次性。一种故障可能由多层次故障构成，故障与现象之间没有简单的对应关系。

③ 机械故障诊断是多学科融合的技术。机械故障诊断涉及机器学、力学、材料科学、信息学、测试及信号处理、仪器科学和计算机技术等，其涉及的应用领域也非常广泛，如电力、石化、冶金、航空航天和机械加工等领域。

因此，机械故障诊断并不是一一对应的简单求解过程，如果仅从某一个参数或某一个侧面去分析而做出判断，一般很难做出正确的决策。应该从随机过程的理论出发，运用各种现代多学科融合的分析工具，综合判断机械的故障现象、属性、形成及其发展趋势。

1.2 机械设备故障诊断的研究内容

机械故障诊断过程一般包括：机械状态信号的测量、机械状态或失效信息的提取、状态识别、诊断决策等几个步骤。其中，机械状态信息提取的结果往往表现为提取到的状态特征参数；状态识别过程实质上是一个比较、分类过程，通过将当前状态特征与标准（或历史）状态或故障特征的比较，判断当前机械状态或故障类别。由于诊断目的和诊断方法不同，其具体的实施过程也有所不同，但基本过程是相同的，如图1.1所示。机械故障诊断的具体研究内容叙述如下。

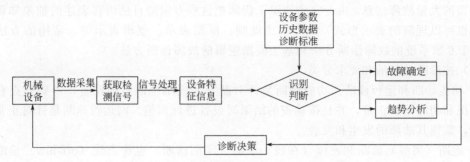

图 1.1　机械设备故障监测与诊断的实施过程

（1）信号采集

设备在运行过程中，必然会产生力、热、振动、噪声等各种参数的变化。按照不同诊断目的和要求，使用传感器、数据采集器等技术手段，采集能表征设备工作状态的不同信息，就是信号采集过程。

（2）特征提取

将信号采集获得的数据信息进行分类、处理、加工，获得能表征设备运行特征的特征参量的过程，也就是特征的提取过程。

（3）状态识别

将经过信号处理后获得的设备特征参量，采用一定的判别模式、判别准则和诊断策略，对设备的状态做出判断，确定是否存在故障以及故障的类型、性质和程度等。

（4）诊断决策

根据状态识别的结果，决定采取的对策、措施，同时根据当前的检测信息预测机械设备运行状态的可能发展趋势，进行趋势分析。

以上四个步骤构成了一个循环，一个复杂、疑难的故障往往并不能通过一个循环就正确地找出症结所在，通常都需要经过多次诊断、重复循环，逐步加深认识的深度和判断的准确度，最后才能解决问题。

1.3　机械设备故障诊断方法的分类

机械设备有各种类型，其工作条件又各不相同，针对不同机器的故障往往需要采用不同的方法来诊断。对机器进行故障诊断的方法可以按如下几种方式进行分类。

（1）按诊断方法分类

① 基于信号处理的方法。对测得的振动量在时域、频域或时-频域进行特征分析，用于确定机器各种故障的类型和性质。

② 基于知识的方法。此方法通过处理测量到的输入输出信号来实现故障诊断。例如贝叶斯分类方法、神经网络分类方法和支持向量机等方法。其前提是必须拥有大量的关于系统故障的先验知识，具有实测的大量各类故障样本数据。这样才能够从这些故障样本实例中学到故障模式集，并对未知的故障模式进行判别。

③ 基于解析模型的方法。利用测得的振动参数对机器零部件的模态参数进行识别，以确定故障的原因和部位。此方法需要建立被诊断对象的较为精确的数学模型，其最大的优点是对于未知故障具有固有的敏感性。

④ 基于推理的方法。这种方法不依赖于系统的数学模型，而是根据人们长期的实践经验和获得的大量故障信息，由专家和知识工程师把这些专家的自然语言表述的抽象知识转换成计算机可以理解的表示形式，如产生式规则、框架表示、逻辑表示等。常用的方法有两类：基于专家系统的故障诊断方法和基于模糊逻辑的故障诊断方法。

（2）按诊断的目的和要求分类

① 功能诊断和运行诊断。功能诊断是针对新安装或刚维修后的设备，需要检查它们的运行工况和功能是否正常，并且按检查的结果对设备进行调整。而运行诊断是针对正常运行的设备，监视其故障的发生和发展。

② 定期（离线）诊断和连续（在线）诊断。定期诊断，也称离线（off line）诊断。定期或不定期地采用巡检方式采集现场数据，就地分析与诊断，或回放到计算机，由计算机软件进行监测与诊断分析。特点：离线分析对突发故障无能为力，但可精细分析。

连续诊断，也称在线（on line）诊断。此时，传感器及数据采集硬件、控制计算机及监测分析软件均为固定式，与被测设备连在一起，可以实时、在线监测设备的当前状态，捕捉突发故障并及时进行精细分析。

两种诊断方式的采用，取决于设备的关键程度、设备事故的严重程度、运行过程中性能下降的快慢以及设备故障发生和发展的可预测性。一般来说，对于大型、重要的设备多采用在线诊断；对于一般中小型设备往往采用离线诊断方式。

③ 直接诊断和间接诊断。直接诊断是直接确定关键部件的状态，如主轴承间隙、齿轮齿面磨损程度、燃气轮机叶片的裂纹大小以及在腐蚀环境下管道的壁厚等。直接诊断往往受到机器结构和工作条件的限制而无法实现，这时，就不得不采用间接诊断。

所谓间接诊断是通过二次诊断信息来间接判断机器中关键零部件的状态变化。多数二次诊断信息属于综合信息，例如用润滑油温升来反映主轴承的运行状态。因此，在间接诊断中出现误诊和漏检两种情况的可能性都会增大。

大多数情况下，机械故障诊断属于间接诊断方法。

④ 简易诊断和精密诊断。简易诊断一般通过便携式简单诊断仪器，如测振仪、声级计或红外测温仪等对设备进行人工监测。根据设定的标准或凭人的经验确定设备是否处于正常状态。

精密诊断一般要采用先进的传感器采集现场信号，然后采用精密诊断仪器和各种先进分析手段进行综合分析，确定故障类型、程度、部位和产生故障的原因，了解故障的发展趋势。

⑤ 常规工况下诊断和特殊工况下诊断。多数诊断是在机器正常工作条件下进行的，有时需要在特殊的工作条件下拾取信息。例如动力机组的起动和停车过程，需要跨过转子扭转、弯曲振动的几个临界转速。利用起动和停车过程的振动信号做时频分析等，能够得到许多在常规工况诊断中得不到的诊断信息。

（3）按诊断信号及诊断手段分类

① 振动诊断技术。对机器主要部位的振动值如位移、速度、加速度、转速及相位值等进行测定，并对测得的上述振动量在时域、频域、时-频域进行特征分析，判断机器故障的性质和原因。

② 噪声诊断技术。对机器噪声的测量可以了解机器运行情况并寻找故障源。

③ 温度、压力等常规参数诊断技术。机器设备系统的某些故障往往反映在一些工艺参数上，如温度、压力、流量的变化中。例如火车轴温在线监控系统，就是利用车轴轴承的温度来监控轴承的运行状态的。常规参数检测的特点是价格便宜，形式多样，例如，目前在一

些特殊场合使用的红外测温仪和红外热像仪等，都是采用非接触方式测温。

④ 无损诊断技术。包括超声波探伤法、X 射线探伤法、渗透探伤法和磁粉探伤法等，这些方法多用于材料表面或内部的缺陷检测，应用面较广。例如在役铁路轨道的超声波探伤技术；锅炉或输油（气）管道焊缝的 X 射线探伤法等。

⑤ 油液分析技术。油液分析技术可分为两大类：一类是油液本身的物理、化学性能分析，另一类是对油液污染程度的分析，具体对应的方法有光谱分析法与铁谱分析法。

1.4 机械设备故障诊断技术的发展趋势

机械设备故障诊断技术虽然只有半个多世纪的发展历史，但机械故障诊断技术在理论和实际应用中均取得了显著的成果。机械故障诊断技术的应用领域也从最早期的航天、军工等不断扩大到汽轮机、发电机、压缩机、发动机、机床等设备。另外机械故障诊断的手段也越来越丰富，这些都显示出了机械故障诊断技术强大的生命力。

当前设备故障诊断技术的研究重点集中在以下几个方面。

（1）故障机理与征兆联系方面的研究

故障机理研究的目的是为了掌握各种故障的成因，研究故障征兆与故障原因间的关系，弄清故障的产生机理和表征形式。转子裂纹、磨碰、轴系扭振以及现代大型复杂机电系统机电耦合机理问题都是目前研究的重点。它主要依赖机械振动力学等相关的基础学科知识，建立相应的动力学模型，进行计算机仿真计算，是设备状态监测与故障诊断的基础。目前国内外学者在这个方面已经取得了显著的研究成果。

（2）多种故障诊断方法的融合及复合诊断技术

随着新的信号处理技术方法在设备故障诊断领域中的应用，传统的基于快速傅里叶变换的机械设备信号分析技术有了新的突破。国内外主要应用的诊断理论、技术和方法层出不穷，如神经网络、模糊理论、小波分析、数据融合技术、混沌理论、分形理论、灰色理论、粗糙集理论等。每一种故障诊断理论和方法都存在自己的优点和缺点，这些方法交叉融合，从而构成复合故障诊断方法。它充分利用各种特征信息，提高诊断速度和精确度，实现优势互补，在机械设备的故障诊断中显示出极大的潜力。

（3）故障诊断的远程化、网络化

随着网络技术的发展，实现多专家与多系统共同诊断的一种有效解决途径就是建立基于网络的远程故障监测与诊断系统。网络化的远程设备故障诊断系统中储存了多种设备的故障诊断知识和经验，可响应不同监测现场用户的使用要求，避免系统的重复开发和维护，显著降低了系统的费用。另一方面，由于其构造于网络之上，系统知识库中的专家知识来源广泛，可以得到不断充实。诊断规则可以是来自现场的企业单位的经验，也可来自从事设备故障理论研究的科研单位，知识库比较丰富，相应地也增强了诊断能力。

（4）多元传感器信息的融合技术

现代化的大生产要求对设备进行全方位、多角度的监测与控制，以便对设备的运行状态有全面的了解。可以采用多个传感器同时对设备的各个位置进行监测，然后利用迅速发展起来的信息融合技术对多传感器的信息进行融合，以得到较好的诊断结果。

总之，随着科学技术的发展，单一参数阈值比较的机器监测与诊断方法正开始向全息化、智能化监测方法过渡，监测手段也从依靠人的感官和简单仪器向精密电子仪器以及以计算机为核心的监测系统发展。应用领域也从应用较多的石化、电力等行业向一般的机械制造业等行业逐步发展。

第2章 机械故障诊断的振动力学基础

机械设备在运行过程中难免会出现故障，故障的原因很多而且复杂。机械设备故障诊断技术就是根据机械设备在运行过程中产生的各种现象，判断机械设备运行状态，确保其正常运行。机械设备故障诊断与医学诊断有许多相似之处，机械设备出现故障（隐患）时，会表现出各种征兆，诸如振动、温度、压力等信号的变化。其中获取机械设备振动信号是一种行之有效的方法。本章首先介绍机械振动基础知识，然后介绍机械设备故障诊断中振动信号的获取方法。

2.1 机械振动的概念及分类

2.1.1 机械振动的基本概念

机械振动是系统在某一位置（通常是静平衡位置）附近做往复运动。振动的强弱用系统的位移、速度或加速度表征。机械振动广泛存在于机械系统中，如钟摆的摆动、汽车的颠簸及活塞的运动等。机械振动的一个主要应用就是振动诊断，其以机械系统在某种激励下的振动响应作为诊断信息的来源，通过对所测得的振动参量（振动位移、速度或加速度）进行各种分析处理，并借助一定的识别策略，判断机械设备的运行状态，进而给出机械的故障部位、故障程度以及故障原因等方面的诊断结论。

2.1.2 机械振动的分类

（1）按产生振动的原因分类

根据机器产生振动的原因，可将机械振动分为三种类型。

① 自由振动：给系统一定的初始能量后所产生的振动。若系统无阻尼，则系统维持等幅振动；若系统有阻尼，则系统为自由衰减振动。

② 受迫振动：元件或系统的振动是由周期变化的外力作用所引起的，如不平衡、不对中所引起的振动。

③ 自激振动：在没有外力作用下，只是由于系统自身的原因所产生的激励引起的振动，如旋转机械的油膜振荡、喘振等。

机械故障领域所研究的振动，多属于受迫振动和自激振动。

对于减速箱、电动机、低速旋转设备等机械故障，主要以受迫振动为主，通过对受迫振动的频率成分、振幅变化等特征参数分析，来鉴别故障。

对于高速旋转设备以及能被工艺流体所激励的设备，如汽轮机、旋转空气压缩机等，除了需要监测受迫振动的特征参数外，还需监测自激振动的特征参数。

（2）按激振频率与工作频率的关系分类

① 同步振动：机械振动频率与旋转转速同步（即激振频率等于工作频率），由此产生的振动称为同步振动。例如转子不平衡会激起转子的同步振动。

② 亚同步振动：振动频率小于机械的旋转频率的振动称为亚同步振动，滑动轴承的油膜涡动频率约为同步旋转频率的一半，是典型的亚同步振动。

（3）按振动所处频段分类

按照振动频率的高低，通常把振动分在如下 3 个频段：

① 低频振动，$f<1\mathrm{kHz}$

采用低通滤波器（截止频率 $f_\mathrm{b}<1\mathrm{kHz}$）滤除高频信号，进行谱分析等处理。这个频段通常包含设备的直接故障频率成分，故不需要太复杂的信号处理手段，缺点是各种部件的故障频率混叠在一起，一些部件的微弱故障信号分离与识别困难。

② 中频振动，$f=1000\sim20000\mathrm{Hz}$

采用高通或带通滤波器滤除低频信号，再进行相关谱分析等处理。这个频段通常包含设备的结构共振故障频率成分，可采用加速度传感器获得。通常需要采用包络解调或细化等特殊信号处理方法，提取结构共振频率调制的低频故障信息，避免其他部件的低频段故障频率的影响。

③ 高频振动，$f>20\mathrm{kHz}$

这个频段仅用于滚动轴承诊断的冲击脉冲法，采用加速度传感器的谐振频率来获取故障的冲击能量等。

应当指出，目前，频段划分的界限尚无严格规定和统一标准。不同行业，或同一行业中对不同的诊断对象，其划分频段的标准都不尽一致。

（4）按描述系统的微分方程分类

可分为线性振动和非线性振动。线性振动可用常系数线性微分方程来描述，其惯性力、阻尼力及弹性力只分别与加速度、速度及位移成正比；非线性振动不存在这种线性关系，需要用非线性微分方程来描述。

（5）按振动系统的自由度分类

可分为单自由度和多自由度系统。自由度是指在任意时刻确定机械系统位置所需的独立坐标数目。

（6）按振动的运动规律分类

按振动的运动规律，一般将机械振动分为如图 2.1 所示的几种类型。

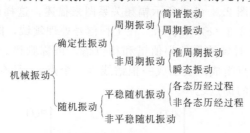

图 2.1　机械振动的分类

下面主要依据这种分类方式，分别对机械振动进行进一步详细描述。

2.1.3　机械振动的描述

（1）简谐振动

简谐振动可用图 2.2 上半部所示的弹簧质量模型来描述。当忽略摩擦阻力时，在外力作用下，将质量块离开平衡点后无初速度释放，在弹簧力的作用下，质量块会在平衡点做连续的左右振动，如果取其平衡位置为原点，运动轨道为 x 轴，那么质点离开平衡位置的位移 x 随时间 t 变化的规律如图 2.2 下半部分所示。如果没有任何阻力，这种振动便会不衰减地持续下去，这便是简谐振动。

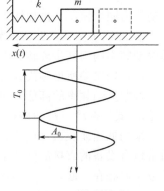

简谐振动 $x(t)$ 的数学表达式为：

$$x(t)=A_0\sin(2\pi f_0 t+\varphi_0) \qquad (2.1)$$

式中　　t——时间，s 或 ms；

　　　　A_0——振幅或幅值，μm 或 mm；

　　　　f_0——频率，Hz；

　　　　φ_0——初始相位，rad。

图 2.2　简谐振动

其中，振幅 A_0 表示质点离开平衡位置（$x=0$）时的最大位移的绝对值，称为振幅，振幅反映振动或故障的强弱。振幅不仅可以用位移表示，也可以用速度和加速度来表示。由于振幅是时变量，在时域分析中，通常用峰值 $|A_0|$，峰-峰值 $2A_0$ 表述瞬时振动的大小，用振幅的平方和或有效值表示振动的能量。例如，很多振动诊断标准都是以振动烈度来制定的，而振动烈度就是振动速度的有效值。

图中 T_0 是简谐振动的周期，即质点再现相同振动的最小时间间隔。其倒数称为频率 f_0，$f_0=1/T_0$，表示振动物体（或质点）每秒钟振动的次数，单位为 Hz。频率是振动诊断中一个最重要的参数，在机械设备中，每一个运动的零部件都有其特定的结构固有振动频率和运动振动频率，某种频率的出现往往预示着设备存在某种特定类型的故障，我们可以通过分析设备的频率特征来判别设备的工作状态。

频率 f_0 还可以用圆频率 ω_0 来表示，即：$\omega_0=2\pi f_0$。

φ_0 称为简谐振动的初相角或相位，如图 2.3（a）所示，表示振动质点的初始位置。相位测量分析在故障诊断中亦有相当重要的地位，可用于谐波分析、设备动平衡测量或振动类型识别等方面。

简谐振动的特征仅用幅值 A_0，频率 f_0（或周期 T_0）和相位 φ_0 三个特征参数就可以描述，故称其为振动三要素。

简谐振动的时域波形（也称简谐信号）如图 2.3（a）所示，其为复杂的曲线形式，不易识别。如果从振动的三要素的频率成分来看，它只含有一个频率为 f_0，幅值为 A_0 的单一简谐振动成分，可以用图 2.3（b）所示幅频关系图来描述，这样的图称为离散谱或线谱。同理，相频关系也可用图 2.3（c）来表示。在工程信号处理领域，图 2.3（b）和图 2.3（c）分别称为图 2.3（a）所示时域波形的幅值谱和相位谱，俗称频谱。可见，频谱可以把一条复杂的简谐曲线（由若干点组成）表示成一根谱线（一个点），具有信息简化和易于识别等特点，这是频谱表示方法的优点之一。

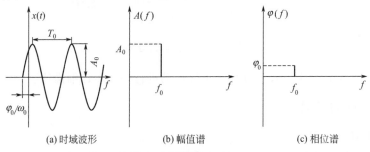

(a) 时域波形　　　　　　　(b) 幅值谱　　　　　　　(c) 相位谱

图 2.3　简谐信号及其频谱

简谐振动（信号）是最基本的振动（信号），不可以再分割。对于复杂的信号，我们可以采用第4章介绍的傅里叶变换方法，先把其变换为多个或无限个简谐振动（信号）的叠加过程，然后再绘制频谱。

（2）周期振动

实际上，很多机械振动并不具备简谐振动的特征，但在时间域上仍然呈现周期性，称为周期振动，或称非简谐周期振动，对于周期振动，当周期为 T_0 时，对任何时间 t 应该有：

$$x(t)=x(t\pm nT_0) \quad (n=1,2,3\cdots) \tag{2.2}$$

式中，T_0 为振动周期，s；$f_0=1/T_0$，为振动频率，Hz。

图2.4所示是两个简谐振动信号叠加成一个周期振动信号的例子。两个简谐信号 $x_1(t)=10\sin(2\pi 2t+\pi/6)$ ［图2.4（a）］和 $x_2(t)=5\sin(2\pi 3t+\pi/3)$ ［图2.4（b）］的合成信号如图2.4（c）所示，虽然可以看出其具有周期信号特征，但是却难以辨别其所包含的频率成分。如按图2.3所示的方法可以绘出其幅值频谱图如图2.4（d）所示，则可以清楚看出该合成信号的频率构成和幅值分布。

我们知道，多个振动信号叠加后的公共周期是所有叠加信号的周期的最小公倍数，因此，图2.4所示 $x_1(t)$ 和 $x_2(t)$ 的周期分别为 $T_1=1/2$、$T_2=1/3$，T_1、T_2 的最小公倍数为 $1=2T_1=3T_2$。即叠加后信号的合成周期为 T_0 为1，其倒数 $f_0=1/T_0$ 称为基波频率，简称基频。

（3）非周期振动

① 准周期振动

准周期振动信号具有周期信号的特征，实质为非周期信号。例如图2.5（c）所示的信号 $x(t)=0.9\sin(2\pi\sqrt{3}t)+0.9\sin(2\pi 2t)$ 由 $x_1(t)$、$x_2(t)$ 两个信号组成。$x_1(t)$ 信号的周期为 $T_1=1/\sqrt{3}$；$x_2(t)$ 信号的周期为 $T_2=1/2$。由于 $\sqrt{3}$ 为无理数，理论上，T_1 和 T_2 的最小公倍数趋于无穷大，合成信号 $x(t)$ 为非周期信号。实际上，$\sqrt{3}$ 只能取其近似值，例如当 $\sqrt{3}$ 的近似值为1.7时，$T_1=1/1.7$ 此时合成周期为 $T=17/T_1=20/T_2=10$；当 $\sqrt{3}$ 的近似值为1.73时，此时合成周期为 $T=173/T_1=200/T_2=100$。因此，实际信号呈现的是周期信号的特征。另外，准周期信号还可从其频谱中［图2.5（d）］分辨，通常两根谱线间不具备整数（公）倍数关系。

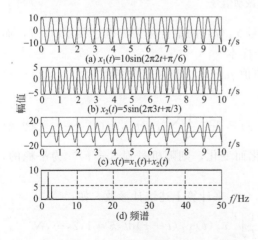

图2.4 两个正弦信号的叠加（有公共周期）

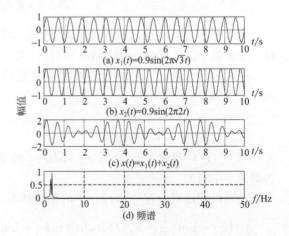

图2.5 两个正弦信号的叠加（无公共周期）

② 瞬态振动

瞬态振动只在某一确定时间内才发生，其不具备周而复始的特性，是非周期振动信号，也可以说它的周期 $T \rightarrow \infty$。因此，可以把瞬态振动信号看作是周期趋于无穷大的周期振动信号。

自由衰减振动［图 2.6（a）］是一个典型的瞬态振动。瞬态振动信号的频谱特征是连续的，如图 2.6（b）所示。

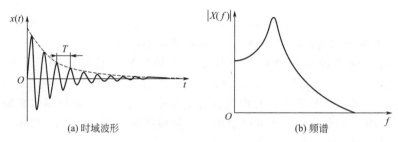

（a）时域波形　　　　　　（b）频谱

图 2.6　自由衰减振动

（4）随机振动

随机振动是一种非确定性振动，不能用精确的数学关系式加以描述，仅能用随机过程理论和数理统计方法对其进行处理，其时间历程曲线如图 2.7 所示。

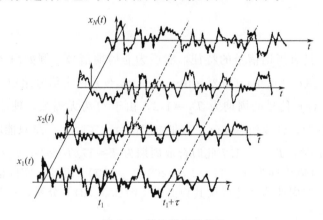

图 2.7　某机器振动信号

通常把图 2.7 所示的所有可能得到的振动信号 $x_k(t)$ 的集合称为随机过程 $\{x(t)\}$，而每一条曲线 $x_k(t)$ 称为随机过程 $\{x(t)\}$ 的一个样本。

随机过程 $\{x(t)\}$ 的统计特性可由其总体均值 $\mu_x(t_1)$ 和自相关函数 $R_x(t_1, t_1+\tau)$ 来评价。其中：

$$\mu_x(t_1) = \lim_{N \to \infty} \frac{1}{N} \sum_{k=1}^{N} x_k(t_1); R_x(t_1, t_1+\tau) = \lim_{N \to \infty} \frac{1}{N} \sum_{k=1}^{N} x_k(t_1) x_k(t_1+\tau) \quad (2.3)$$

若 $\mu_x(t_1)$ 和 $R_x(t_1, t_1+\tau)$ 不随 t_1 的变化而变化，则随机过程 $\{x(t)\}$ 为平稳的，否则为非平稳的。

也可以用随机过程 $\{x(t)\}$ 中的某个样本 $x_k(t)$ 来计算上述统计参数，如：

$$\mu_x(k) = \lim_{T \to \infty} \frac{1}{T} \int_0^T x_k(t) \mathrm{d}t, R_x(\tau, k) = \lim_{T \to \infty} \frac{1}{T} \int_0^T x_k(t) x_k(t+\tau) \mathrm{d}t, k = 1, 2, \cdots, N$$

$$(2.4)$$

如有下式存在：

$$\mu_x(t_1)=\mu_x(k)=\mu_x, R_x(t_1,t_1+\tau)=R_x(\tau,k)=R_x(\tau), k=1,2,\cdots,N \qquad (2.5)$$

则该平稳随机过程是各态历经的平稳随机过程。

对于各态历经的平稳随机信号，单个样本的统计特征与总体相同，所以可以使用单个样本代替总体。也就是说，如果能够证明某个随机过程是平稳且各态历经的，只需采集一个样本进行分析即可，这是随机信号处理的基础之一。

但是，上述计算需要大量的统计数据，显然是不可能实现的，通常只能根据经验来进行评估。一般来说，工程中所见的振动信号多数是平稳且各态历经的，如电机在稳定载荷和稳定转速下的振动信号；刀具在一定吃刀量和稳定走刀速度下的切削力信号等。而电机在启停过程中的振动信号；刀具在进刀和退刀过程中的切削力信号则为非平稳信号。

设备在实际运行中，由故障引起振动一般具有一定的周期成分，往往被淹没在随机振动信号之中。当设备故障程度加剧时，随机振动中的周期成分会加强，从而使整台设备振动增大。因此，从某种意义上讲，设备振动诊断的过程就是从随机振动信号中提取和识别周期性成分的过程。

2.2　机械系统振动的动力学基础

2.2.1　无阻尼自由振动

图 2.8 所示为单自由度无阻尼振动系统力学模型，该系统仅由质量元件和弹簧元件组成。假设系统质量为 m，弹簧刚度系数为 k。在静止状态下，由于重力 mg 的作用，弹簧被压缩 x_0，由此产生的弹性恢复力与重力相平衡，即：

$$mg = kx_0 \qquad (2.6)$$

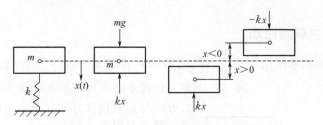

图 2.8　单自由度无阻尼振动系统力学模型

假设系统的坐标原点位于静平衡状态下质量的质心位置，x 坐标向下为正、向上为负，如图 2.8 所示。若弹簧被压缩，则产生向上的弹性恢复力；反之，若弹簧被拉，则产生向下的弹性恢复力。根据牛顿运动定律可列出如下方程：

$$\sum F = mg - k(x+x_0) = m\ddot{x}$$

根据式（2.6），可将上式整理为：

$$m\ddot{x} + kx = 0 \qquad (2.7)$$

式（2.7）为无阻尼自由振动微分方程。因为 m 与 k 为正值常数，由方程（2.7）可知，位移 x 与加速度 $\ddot{x}$ 方向相反，可将其变为：

$$\ddot{x} + \frac{k}{m}x = 0 \qquad (2.8)$$

令 $\omega_c^2 = \dfrac{k}{m}$，代入式（2.8），则有：

$$\ddot{x} + \omega_c^2 x = 0 \tag{2.9}$$

这是齐次二阶线性微分方程，该微分方程的通解为：

$$x = a\cos\omega_c t + b\sin\omega_c t \tag{2.10}$$

式中，a、b 为待定常数，可由振动的初始条件确定。由式（2.10）可知，无阻尼自由振动由两个圆频率相同的简谐振动合成，显然合成后仍为一个同频率的简谐振动，即：

$$x = A\sin(\omega_c t + \varphi) \tag{2.11}$$

式中 A——振幅，表示质量偏离平衡位置的最大值，$A = \sqrt{a^2 + b^2}$；

φ——初始相位，rad，$\varphi = \arctan\dfrac{a}{b}$。

以上公式表明，无阻尼自由振动是一个简谐振动，其振动频率 $\omega_c = \sqrt{\dfrac{k}{m}}$ 仅与系统本身质量 m 和刚度系数 k 有关，与初始条件无关，故称为系统固有圆频率。

下面讨论积分常数 A 和 φ 的表达式。

假设初始条件 $x(0) = x_0$，$\dot{x}(0) = v_0$，利用式（2.10）不难证明简谐振子对初始条件 x_0 和 v_0 的响应为：

$$x(t) = x_0\cos\omega_c t + \frac{v_0}{\omega_c}\sin\omega_c t \tag{2.12}$$

比较式（2.10）和式（2.12），并根据振幅 A 与相角 φ 的表达式，可以导出振幅 A 与相角 φ 的表达式为：

$$A = \sqrt{x_0^2 + \left(\frac{v_0}{\omega_c}\right)^2} \qquad \varphi = \tan^{-1}\frac{v_0}{x_0\omega_c} \tag{2.13}$$

2.2.2 有阻尼自由衰减振动

假设单自由度振动系统由质量块、阻尼器和弹簧组成，如图 2.9（a）所示。与无阻尼单自由度系统相比，系统增加了一项阻尼力 $c\dot{x}$，此力方向与运动速度方向相反，故取负号。同理，可建立微分方程为：

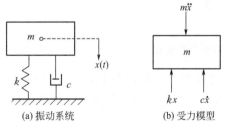

$$m\ddot{x} + c\dot{x} + kx = 0 \tag{2.14}$$

或：

$$\ddot{x} + 2n\dot{x} + \omega_c^2 x = 0 \tag{2.15}$$

(a) 振动系统　　(b) 受力模型

图 2.9　有阻尼振动系统力学模型

式中 c——黏性阻尼系数；

n——衰减系数，$n = \dfrac{c}{2m}$。

设式（2.15）的解为 $x = e^{st}$，令 $\xi = \dfrac{n}{\omega_n}$，称为相对阻尼系数或阻尼比。当 $n < \omega_c$ 且 $\xi < 1$ 时，系统处于弱阻尼状态时，可求得方程的通解为：

$$x = e^{-nt}\left(B_1\cos\sqrt{\omega_c^2 - n^2}\,t + B_2\sin\sqrt{\omega_c^2 - n^2}\,t\right) \tag{2.16}$$

或：

$$x = Ae^{-nt}\sin\left(\sqrt{\omega_c^2 - n^2}\, t + \varphi\right) \tag{2.17}$$

式中，$A = \sqrt{B_1^2 + B_2^2}$，$\varphi = \arctan\dfrac{B_1}{B_2}$，其中 B_1、B_2 均由初始条件决定。

由式（2.18）可知，系统振动已不再是简谐振动，其振幅被限制在指数衰减曲线 $\pm Ae^{-nt}$ 之内，且当 $t \to \infty$，$x \to 0$ 时振动才停止。故此振动称为自由衰减振动，n 称为衰减系数，n 越大表示阻尼越大，振幅衰减越快，如图 2.10 所示。严格说这已经不是周期振动，但仍然保持恒定的振动频率 ω_n，即系统的固有频率。

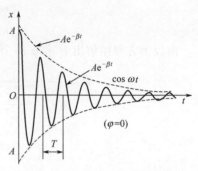

图 2.10　自由衰减振动响应曲线

在故障诊断信号中，很多信号都呈现这种自由衰减曲线的特征。例如滚动轴承由于周期性的缺陷冲击，会引起轴承及支承部件的自由衰减振动，这个自由衰减振动的频率就是某个部件某阶振动的固有频率。

2.2.3　简谐受迫振动

（1）弹簧质量块系统的简谐受迫振动

单自由度弹簧质量块系统如图 2.11 所示，其质量块 m 在外力 $F(t) = F_0\sin\omega t$ 作用下的运动方程为：

$$m\ddot{x} + c\dot{x} + kx = F_0\sin\omega t \tag{2.18}$$

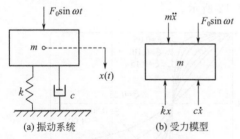

(a) 振动系统　　(b) 受力模型

图 2.11　激振力作用下有阻尼单自由度振动系统模型

式中，$F(t) = F_0\sin\omega t$ 是简谐激振力，为系统的输入。

式（2.18）可写成：

$$\ddot{x} + 2n\dot{x} + \omega_c^2 x = f_0\sin\omega t \tag{2.19}$$

式中，$f_0 = \dfrac{F_0}{m}$，其余同前。忽略阻尼，方程变为：

$$\ddot{x} + \omega_c^2 x = f_0\sin\omega t \tag{2.20}$$

该式为非齐次方程，它的全解为：

$$x(t) = x_1(t) + x_2(t) \tag{2.21}$$

其中，$x_1(t)$ 为方程的通解，$x_2(t)$ 为方程的特解。弱阻尼状态下的 $x_1(t)$ 就为前述的式（2.15）通解，为一个自由衰减振动，仅存在振动的初始阶段，可忽略不计。

特解 $x_2(t)$ 表示系统在简谐激振力作用下产生的受迫振动，是持续的等幅振动，称为稳态振动。根据微分方程非齐次项是简谐函数的特性，特解 $x_2(t)$ 的形式也应为简谐函数，其振动频率与外激振力频率相等，但与外激振力之间存在一定的相位差，且受迫振动的位移变化总是滞后于激振力的变化。设方程的特解为：

$$x(t) = B\sin(\omega t - \varphi) \tag{2.22}$$

式中，B 为稳态振动的振幅；φ 为相位差。

将式（2.22）代入式（2.20）得到：

$$-\omega^2 B\sin(\omega t - \varphi) + 2nB\omega\sin(\omega t - \varphi) + \omega_c^2 B\sin(\omega t - \varphi) = f_0\sin\omega t$$

展开其中 $\sin(\omega t - \varphi)$ 项，得到：

$$\left[(\omega_c^2 - \omega^2)B - f_0\cos\varphi\right]\sin\omega t\cos\varphi + \left[2n\omega\cos\varphi - (\omega_c^2 - \omega^2)\sin\varphi\right]B\cos\omega t$$

$$+(2nB\omega-f_0\sin\varphi)\sin\omega t\sin\varphi=0$$

在任意时间 t，同角的正弦、余弦不可能同时为零，因此要使上式成立，必须有：

$$\begin{cases} (\omega_c^2-\omega^2)B-f_0\cos\varphi=0 \\ 2n\omega\cos\varphi-(\omega_c^2-\omega^2)\sin\varphi=0 \\ 2nB\omega-f_0\sin\varphi=0 \end{cases} \qquad (2.23)$$

由以上方程组解出 B 和 φ 两个待定系数，即：

$$B=\dfrac{F_0}{k\sqrt{\left(1-\dfrac{\omega^2}{\omega_c^2}\right)^2+\left(2\dfrac{n}{\omega_c}\dfrac{\omega}{\omega_c}\right)^2}}=\dfrac{B_0}{\sqrt{(1-\lambda^2)^2+(2\xi\lambda)^2}} \qquad (2.24)$$

$$\varphi=\arctan\dfrac{2n\omega}{\omega_c^2-\omega^2}=\arctan\dfrac{2\xi\lambda}{1-\lambda^2} \qquad (2.25)$$

式中　B_0——等效于激振力 F_0 静止地作用于弹簧上产生的静变形，$B_0=\dfrac{F_0}{k}$；

λ——频率比，等于系统激振频率 ω 与系统固有频率 ω_c 之比，$\lambda=\dfrac{\omega}{\omega_c}$。

由式（2.24）可以看出，受迫振动的振幅 B 与激振力的振幅 F_0 成正比，令：

$$\beta=\dfrac{B}{B_0}=\dfrac{1}{\sqrt{(1-\lambda^2)^2+(2\xi\lambda)^2}} \qquad (2.26)$$

式中，β 为振幅放大因子，表示强迫振动的振幅与静变形之比。根据式（2.25）和式（2.26）绘制的幅频响应曲线和相频响应曲线如图 2.12 所示。

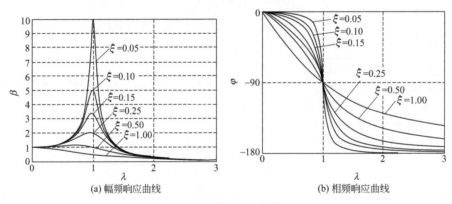

(a) 幅频响应曲线　　　　　　　(b) 相频响应曲线

图 2.12　受迫振动时的幅频响应曲线和相频响应曲线

通常把幅频曲线上幅值比最大处的频率 ω_r 称为位移共振频率。当令式（2.26）对 λ 的一阶导数为零时，可求得：

$$\omega_r=\omega_c\sqrt{1-2\xi^2} \qquad (2.27)$$

位移共振频率 ω_r 随着阻尼的减小而向固有频率 ω_c 靠近。在小阻尼时，ω_r 很接近 ω_c，故常采用 ω_r 作为 ω_c 的估计值。若输入为力，输出为振动速度时，则系统幅频特性的最大值处的频率称为速度共振频率。速度共振频率始终和固有频率相等。对于加速度响应的共振频率则总是大于系统的固有频率。

从相频曲线上可看到，不管系统的阻尼比是多少，在 $(\omega/\omega_c)=1$ 时位移始终落后于激振力 $90°$，这种现象称为相位共振。当系统有一定的阻尼时，位移幅频曲线峰顶变得平坦，位移共振率既不易测准又离固有频率较远。从相频曲线看，在固有频率处位移响应总是滞后90°，而且这段曲线比较陡峭，频率稍有偏移，相位就明显偏离90°。所以用相频曲线来测定固有频率比较准确。

由图 2.12 还可看出，在激振力频率远小于固有频率时，输出位移随激振频率的变化只有微小变化，几乎和"静态"激振力所引起的位移一样。在激振频率远大于固有频率时，输出位移接近零，质量块近于静止。在激振频率接近系统固有频率时，系统的响应特性主要取决于系统的阻尼，并随频率的变化而剧烈变化。总之，就高频和低频两频率区而言，系统响应特性类似于低通滤波器，但在共振频率附近的频率区，则根本不同于低通滤波器，输出位移对频率、阻尼的变化都十分敏感。

（2）由基础运动所引起的受迫振动

在许多情况下，振动系统的受迫振动是由基础运动所引起的。设基础的绝对位移为 x_1，质量块 m 的绝对位移为 x，分析图 2.13 右边自由体上的受力状况，可得：

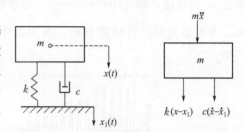

$$m\ddot{x} = -k(x - x_1) - c(\dot{x} - \dot{x}_1) \quad (2.28)$$

或：

$$m\ddot{x} + c\dot{x} + kx = c\dot{x}_1 + kx_1 \quad (2.29)$$

图 2.13　基础运动所引起的受迫振动

假设基础振动是简谐振动，$x_1(t) = a\sin\omega t$。与式（2.21）相比，可见系统相当于 2 个激振力，可用复指数方式求出系统的放大因子和相位如下：

$$\beta = \frac{B}{a} = \sqrt{\frac{1 + (2\xi\lambda)^2}{(1 + \lambda_2)^2 + (2\xi\lambda)^2}} \quad (2.30)$$

$$\varphi = \arctan\left(\frac{2\xi\lambda^3}{1 - \lambda^2 + (2\xi\lambda)^2}\right) \quad (2.31)$$

按式（2.30）和式（2.31）绘制的幅频响应曲线和相频响应曲线如图 2.14 所示。此图表明，当激振频率远小于系统固有频率（$\omega \ll \omega_c$）时，质量块相对基础的振动幅值为零，意味着质量块几乎跟随着基础一起振动，两者相对运动极小。而当激振频率远高于固有频率（$\omega \gg \omega_c$）时，β 接近于 1，这表明质量块和壳体之间的相对运动（输出）和基础的振动（输入）近于相等，从而表明质量块在惯性坐标中几乎处于静止状态，这种现象被广泛应用于测振仪器中。

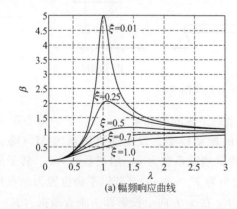

(a) 幅频响应曲线

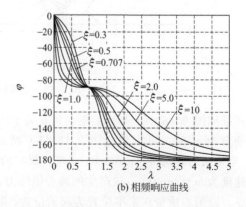

(b) 相频响应曲线

图 2.14　基础激振时的幅频响应曲线和相频响应曲线

2.2.4 单自由度系统振动理论的应用

（1）利用冲击响应测试叶片固有频率

为了避免设备的某些部件（如发电机定子线圈、汽轮机叶片等）在运行中发生共振现象，在机组检修时经常需要测试这些部件的固有频率，可以采用前述的有阻尼自由衰减振动方法来测得。以汽轮机叶片测试为例，在叶片端部施加一个脉冲冲击力，相当于给定初始条件为 $x(0)=0$，$\dot{x}(0)=v_0$，原因是脉冲作用时间极短，系统在瞬间无法获得位移增量，因此 $x(0)=0$；但是，系统可以获得一个初始的速度增量，其与冲击力的幅值 F 成正比，与质量 m 成反比，即 $\dot{x}(0)=v_0=\dfrac{F}{m}$。记录此时叶片受到冲击作用后的振荡衰减加速度信号波形，并对该波形进行频谱分析，找出其中的主频，即可求出叶片固有频率 ω_c，如图 2.15 所示。

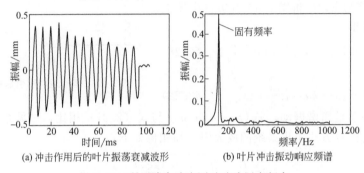

(a) 冲击作用后的叶片振荡衰减波形　　(b) 叶片冲击振动响应频谱

图 2.15　利用冲击响应测试叶片固有频率

（2）刚性转子偏心质量激振下系统的响应

旋转机械如电动机、离心泵等设备的转动部件，通常称为转子，转子在运行中最常见的故障就是不平衡，表现为存在偏心质量。如果系统的激振力是因转子的偏心质量引起的，则与简谐激振力直接作用于质量块上的受迫振动情况略有不同，下面详细讨论。

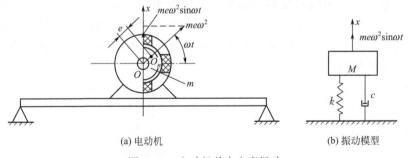

(a) 电动机　　　　　　(b) 振动模型

图 2.16　电动机单自由度振动

系统如图 2.16（a）所示，电动机安装于由槽钢组成的简支梁上。当转子的偏心距为 e，偏心质量为 m 时，可以建立图 2.16（b）所示的振动模型。设电动机质量为 M（略去梁重），电动机转速为 n（r/min），系统（梁）的弹簧刚度系数为 k，阻尼系数为 c。转子的旋转角速度为 $\omega=2\pi n/60$，故产生的离心惯性力大小为 $F_0=me\omega^2$。若以平衡位置为原点建立坐标 x，设偏心质量在水平位置为起始位置，则 F_0 在 x 方向上投影即为垂直激振力 F_x：

$$F_x=F_0\sin\omega t=me\omega^2\sin\omega t \tag{2.32}$$

根据前面的推导方法，直接可列出振动微分方程：

$$M\ddot{x} + c\dot{x} + kx = me\omega^2\sin\omega t$$

或：

$$\ddot{x} + 2n\dot{x} + \omega_c^2 x = \frac{me\omega^2}{M}\sin\omega t \tag{2.33}$$

在此仅讨论稳态特解，按式（2.22），设特解为：

$$x(t) = B\sin(\omega t - \varphi) \tag{2.34}$$

其中：

$$B = \frac{me}{M} \times \frac{\lambda^2}{\sqrt{(1-\lambda^2)^2 + (2\xi\lambda)^2}} \tag{2.35}$$

$$\varphi = \arctan\frac{2\xi\lambda}{1-\lambda^2} \tag{2.36}$$

振幅放大因子为：

$$\beta = \frac{BM}{me} \times \frac{\lambda^2}{\sqrt{(1-\lambda^2)^2 + (2\xi\lambda^2)^2}} \tag{2.37}$$

由式（2.37）可以看出，放大系数与偏心质量矩 me 成正比，所以要减少系统的振动，必须减少转动部分的偏心，因此发电机、离心式压缩机和汽轮机转子通常都要做动平衡试验，校正不平衡状态，以减少不平衡引起的振动。

2.3　机械振动测量与分析诊断系统简介

振动测试的目的是对机器设备的振动量进行定量检测，进而分析产生振动的原因，找出发生故障的部位。为了获取机械设备的振动信息，可以采用不同的振动测量与分析系统。

图 2.17 所示系统是一种最简单的振动测量系统。加速度传感器将被测的机械振动量信息转换成电量信息输入振动计，从振动计上可以直接读出振动量的位移、速度和加速度的有效值等参数，主要用于现场测量与诊断。有些超小型振动计可以将加速度传感器和放大器直接安装在仪器中，非常适合设备点检等定期诊断工作。

图 2.17　简单的振动测量系统　　　　图 2.18　便携式测振与分析系统

图 2.18 所示是目前应用较普遍的便携式测振与分析系统。数据采集分析仪（也称数据采集器）能把现场的振动信号采集并记录下来。仪器本身具有现场频谱分析等功能，也可以通过串行通讯方式或通过移动存储设备与计算机进行数据交换，由计算机完成振动数据的分类、存储及更高级的信号处理工作。为了现场使用方便，系统中的仪器多采用电池供电工作，而且体积小，便于携带。

对于在役的大型重要设备，例如汽轮机组，多数采用固定式在线振动监控系统，如图 2.19 所示。振动数据（如振动位移等）一般经现场监控仪表后，再进入在线监控计算机或离线的便携数据采集设备。监控仪表主要完成振动烈度或有效值的实时监测，并根据设定的安全阈值来控制或启动安全控制系统，保证设备能在振动超限时及时停车，避免恶性事故发生。这种系统一般检测参数较多，成本较高。

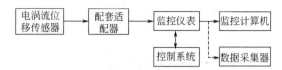

图 2.19　在线式振动监控、诊断系统

为了在实验室中获取振动信号，往往采用若干个独立仪器组成的测试系统，如图 2.20 所示。可针对故障模拟试验台等设备进行振动（例如加速度）检测与分析，其特点是组成和分拆容易，适合多种检测方式，可以提高仪器设备的利用率。

图 2.20　实验室振动测试诊断系统

在这些检测与诊断系统中，后端的分析仪器产品种类繁多，这里不做详细介绍。考虑到传感器是振动参数能否准确获取的关键一环，下面仅对传感器部分做一简单介绍。

2.4　机械振动故障信号测取传感器

目前，机械振动故障信号测取传感器常用电涡流位移、磁电式速度和压电式加速度传感器三种，可以分别获取振动的位移、速度和加速度三种信号。

2.4.1　电涡流位移传感器

（1）电涡流位移传感器的工作原理

电涡流位移传感器是一种非接触式测振传感器，工作原理是利用金属导体在交变磁场中的涡电流效应。金属导体置于变化的磁场中或在磁场中作切割磁力线运动时，导体内将产生呈漩涡状的感应电流，此电流叫涡电流，这种现象叫电涡流效应。

图 2.21 为电涡流位移传感器原理图，传感器主要由线圈和被测金属导体组成。根据电磁感应定律，当线圈通以正弦交变电流 I_1 时，线圈周围空间必然产生正弦交变磁场 H_1，使置于此磁场中的金属导体中感应涡电流 I_2，I_2 又产生新的交变磁场 H_2。根据楞次定律，H_2 将反作用于原磁场 H_1，由于涡流磁场的作用，使得原线圈的等效阻抗 Z 发生变化，变化程度与线圈与导体间的距离 δ 有关，并且还与金属导体的电阻率 ρ、磁导率 μ 以及线圈的激磁电流频率 f 有关。

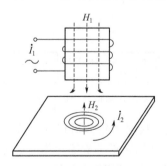

图 2.21　电涡流位移传感器原理图

如果保持其他参数不变，而只改变其中一个参数，传感器线圈阻抗 Z 就是这个参数的单值函数。通过与传感器配用的测量电路测出阻抗 Z 的变化量，即可实现对该参数的测量。

（2）电涡流位移传感器特点

电涡流位移传感器具有线性范围大、灵敏度高、频率范围宽（从直流到数千赫）、抗干扰能力强、不受油污等介质影响等特点。其结构如图 2.22 所示，典型的测试系统如图 2.23 所示。这类传感器采用非接触方式测量，能方便地测量运动部件与静止部件的间隙变化，例如轴与滑动轴承的振动位移等。试验证明：表面粗糙度对测量几乎无影响，但表面微裂缝和被测材料的电导率和磁导率对灵敏度有影响。所以在测试前最好用和试件材料相同的样件在校准装置上直接校准以取得特性曲线。这类传感器在汽轮机组、空气压缩机组等回转轴系的振动监测、故障诊断中应用甚广。

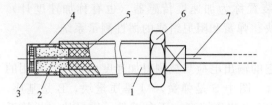

图 2.22 电涡流位移传感器结构示意图
1—壳体；2—框架；3—线圈；4—保护套；
5—填料；6—螺母；7—电缆

图 2.23 电涡流位移传感器测试系统

电涡流传感器在选型时最根本的依据就是被测对象表面的变化范围（即测量范围）。一般来说，电涡流位移传感器的探头直径越大其测量范围也越宽，而其灵敏度越小。

2.4.2 速度传感器

（1）工作原理

速度传感器也是基于电磁感应原理的，基本原理如图 2.24 所示，这种传感器有两个基本元件：线圈和永久磁铁。当被测物体发生振动时，速度传感器和被测物体一起运动，但是由于速度传感器内的支撑弹簧的存在，使得永久磁铁和线圈做相对运动，线圈切割磁力线，导体两端就感应产生电动势。在磁通密度与导线长度一定时，此电动势与导线切割磁力线的速度成正比。

根据线圈运动方法的不同，这类传感器又可分为相对式和惯性式两种。

图 2.25 为惯性式磁电速度传感器的结构图。磁靴 2 用铝架 5 固定在外壳 4 里。线圈 7、阻尼环 3 通过芯杆连在一起，再通过弹簧片 1 和 9 悬挂在传感器的外壳上。使用时，振动传感器与被测振动体紧固在一起。当被测振动体振动时，壳体也随之振动，线圈阻尼器与壳体间产生相对运动，从而切割磁力线产生感应电动势，此电动势通过接线座 11 输出到后续测量放大电路中。

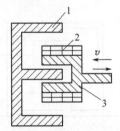

图 2.24 磁电式速度传感器原理
1—永久磁铁；2—线圈；3—运动部分

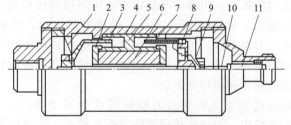

图 2.25 惯性式磁电速度传感器
1,9—弹簧片；2—磁靴；3—阻尼环；4—外壳；5—铝架；
6—磁钢；7—线圈；8—线圈架；10—导线；11—接线座

（2）特点

速度传感器的特点是：不需外部电源，输出阻抗低，不易受电磁场的干扰，即使在复杂的现场，接很长的导线仍能有较高的信噪比。但它不适用于测定冲击振动，惯性式速度传感器的频率范围一般为 8～1000Hz。

速度传感器安装十分方便，多用于移动式的定期检测与诊断场合。

2.4.3 加速度传感器

在机械设备故障与诊断中最常用的振动测量参数是加速度。能感受机械设备某些特征参数中加速度的变化，并转换成可用输出信号的装置称为加速度传感器（也有称加速度计）。目前测量加速度的传感器基本上都是基于质量块、弹簧和阻尼组成的惯性测量系统。

（1）压电式加速度传感器工作原理

压电式加速度传感器是一种惯性传感器，它的输出电荷与被测得加速度成正比。常用的压电式加速度传感器的结构形式如图 2.26 所示。图中 S 是弹簧，M 是质量块，B 是基座，P 是压电元件，R 是夹持环。图 2.26（a）是中心安装压缩型，压电元件—质量块—弹簧系统装在圆形中心支柱上，支柱与基座连接。这种结构有高的共振频率。然而基座 B 与测试对象连接时，如果基座 B 有变形则将直接影响拾振器输出。此外，测试对象和环境温度变化将影响压电晶片，并使预紧力发生变化，易引起温度漂移。图 2.26（b）为环形剪切型，结构简单，能做成极小型、高共振频率的加速度传感器，环形质量块粘到装在中心支柱上的环形压电元件上。由于黏结剂会随温度增高而变软，因此最高工作温度受到限制。图 2.26（c）为三角剪切型，压电晶片被夹牢在三角形中心柱上。加速度传感器感受轴向振动时，压电晶片承受切应力。这种结构对底座变形和温度变化有极好的隔离作用，有较高的共振频率，且幅频特性线性度好。

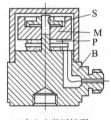 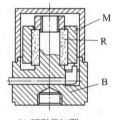 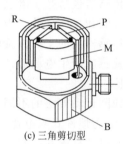

(a) 中心安装压缩型　　　(b) 环形剪切型　　　(c) 三角剪切型

图 2.26　压电式加速度传感器

（2）压电式加速度传感器的力学模型

压电式加速度传感器的力学模型如图 2.27 所示。其壳体和振动系统固接，壳体的振动等于系统的振动。内部的质量块对壳体的相对运动量将作为力学模型的输出，供机-电转换元件转换成电量输出，该输出是振动系统的绝对振动量。不难看出，这种压电式加速度传感器实质上是遵循由基础运动所引起的受迫振动规律，其频率应特性与二阶系统的幅频和相频特性类似。

压电式加速度传感器的幅频特性如图 2.28 所示，在小于 1Hz 的频段中，加速度传感器输出明显减小。加速度传感器的使用上限频率取决于幅频曲线中的共振频率。通常传感器仅使用频响特性的直线部分，因此有效工作频率上限远低于其共振频率

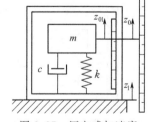

图 2.27　压电式加速度
传感器的力学模型

ω_c，一般测量的上限频率取传感器固有频率的 1/3，这时测得的振动量的误差不大于 12%（约 1dB）。对于灵敏度较高的通用型加速度传感器，其固有频率在 30kHz 左右，故有 10kHz 的测量上限频率。

当振动测量用于机器设备监测与诊断时，对于检测结果的重复性和线性度要求不高，此

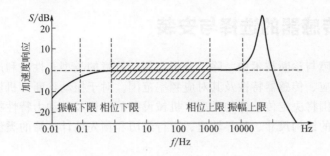

图 2.28 压电式加速度传感器的幅频特性

时采用的频率范围可适当放宽。

图 2.28 所示的幅频曲线是在刚性连接的情况下得到的，实际使用时往往不一定采用这种连接方式，因而共振频率和使用上限频率都会有所下降。故障诊断中加速度传感器常用的固定方法见图 2.29 所示。其中采用钢螺栓固定，是可以使共振频率能达到出厂共振频率的最好方法；手持探针测振方法在多点巡回测试时使用特别方便，但测量误差较大，重复性差，使用上限频率一般不高于 1000Hz；用专用永久磁铁固定加速度传感器，使用方便，多在低频测量中使用。例如，某种典型的加速度传感器采用上述固定方法的共振频率分别为：钢螺栓固定法约为 31kHz，永久磁铁固定约为 7kHz，手持法约为 2kHz。

（3）加速度传感器的特点

加速度传感器具有较宽的频带（0.2～10000Hz），本身质量较小（一般为 2～50g），动态范围大，灵敏度高（特别是在高频部分更显出其优于其他形式的传感器）等特点。因而在振动测试中得到广泛的应用。但在选用加速度传感器时，除了应注意其工作频率范围，尽量使被测频率在传感器频率特性曲线的直线内（图 2.28）这一点之外，对传感器的安装方式也应给予足够的重视。

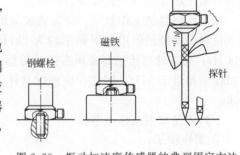

图 2.29 振动加速度传感器的典型固定方法

（4）加速度传感器与测试仪器的连接方式

加速度传感器的输出是一个低电平、高阻抗信号，为了与动态信号分析仪等后续数据采集与分析等设备相连，加速度传感器需要用一个电荷放大器来转换。如图 2.30（a）所示。另外还有一种 ICP 加速度传感器（集成电路压电传感器），能直接转换成适合的输出信号与动态信号分析仪连接，如图 2.30（b）所示。ICP 加速度传感器的主要优点是不需要用电荷放大器转换电信号，也不需要用高价的低噪音电缆做信号转换线。由于采用恒流源方式传输信号，ICP 加速度传感器需要外部提供直流电源（24VDC）。

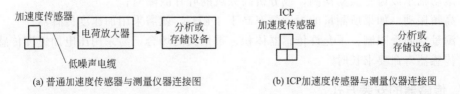

（a）普通加速度传感器与测量仪器连接图   （b）ICP加速度传感器与测量仪器连接图

图 2.30 加速度传感器系统配置

2.5　振动传感器的选择与安装

在机械设备故障与诊断技术中，除了分析与判断故障的类型、性质和严重性外，还必须研究被测参量的响应、传感器特性及其对应频率范围。对于振动诊断，机械设备的结构、测量的目的和频率范围将决定传感器的类型，机械设备的结构及其动力特性将决定传感器的配置点，而机械设备的结构尺寸、临界转速、运行经历和预先估计故障的类型和内容，将确定安装多少个传感器。

2.5.1　传感器的选择原则

确定测量参数很大程度取决于机器设备本身。例如像汽轮机、旋转压缩机等柔性转子，转子产生的力大部分消耗在转轴和轴承之间的相对运动上，用非接触式传感器测量轴与轴承之间的相对位移是最好的测量方式。相反，对于像电动机等刚性转子，转子产生的力大部分消耗在结构运动上，则最好采用速度传感器或加速度传感器测量壳体振动。

当旋转部件处于不易接触到的设备内部时，一般只能采用速度或加速度传感器，需要时可采用积分方式得到位移信号。

机械设备状态的响应是在选择传感器过程中需要考虑的另一方面，即被测参量在机械设备状态变化时应能显示或响应最大变化量。

机械设备的频率范围是在选择传感器过程中需要考虑的第三方面。如果频率范围包括例如齿轮啮合频率一类高频成分，最好选择加速度传感器测量；如果测量仅限于运转频率，则视具体情况选择位移或速度传感器测量。

振动传感器的工作频率，应涵盖被测量的最高频率或最高有效频率。一般情况下，非接触式位移传感器的限用上限频率约为 2kHz；速度传感器受结构限制其频率范围约为 10～1500Hz；而加速度传感器是所有振动传感器中频率范围最宽的，它能测量振动频率从低于 0.1Hz 到超过 20kHz。因此，应根据具体工况，合理选择振动参量和传感器，以满足测量要求。

下列情况常用位移传感器：

① 柔性转子；

② 位移幅值参数特别重要时；

③ 低频振动，此时速度或加速度数值太小，不便于采用速度或加速度传感器测量。

下列情况可采用速度传感器：

① 振动频率低时；

② 移动方式检测时，速度传感器的使用方法多为手持式接触测量，而非固定方式；

③ 采用振动烈度评价机械故障程度时。

下列情况可采用加速度传感器：

① 滚动轴承或齿轮振动检测，或分析高频域的叶片故障时；

② 高频振动，如果所测量的振动频率高于 1 kHz，就需采用加速度传感器；

③ 测量空间受限制，不允许传感器体积、重量大的场合，易采用压电加速度传感器；

④ 传感器寿命要求长时。

2.5.2　传感器的安装方式

传感器选型一经确定，就需采取最合理的安装方式，确保测量过程的可靠性和安全性。

仅介绍加速度传感器和电涡流位移传感器的安装方式。

（1）加速度传感器安装方式

除了已讨论过振动加速度传感器与被测构件的固定方法（图 2.29）以外，还要考虑被检测与诊断部件的位置和故障类型，确定加速度传感器在设备上的合适安装位置。下面以滚动轴承为例介绍。

滚动轴承因故障引起的冲击振动由冲击点以半球面波方式向外传播，通过轴承零件、轴承座传到箱体或机架。由于冲击振动所含的频率很高，通过零件的界面传递一次，其能量损失约 80%。因此，测量点应尽量靠近被测轴承的承载区，应尽量减少中间环节，探测点离轴承外圈的距离越短、越直接越好。

图 2.31（a）表示了传感器位置对故障检测灵敏度的影响。如传感器放在承载方向时灵敏为 100%，则在承载方向 ±45°方向上降为 95%（−5dB），在轴向则降为 22%～25%（−12～−13dB）。在图 2.31（b）中，当止推轴承有故障产生冲击向外散发球面波时，如轴承盖正对故障处的读数为 100% 时，在轴承座轴向的读数降为 5%（−19dB）。在图 2.31（c）和（d）中给出了传感器安放的正确位置和错误位置，较粗的弧线表示振动较强烈的部位，较细的弧线表示因振动波通过界面衰减导致振动减弱的情况。

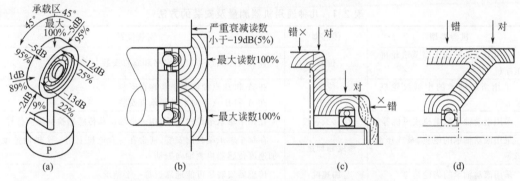

图 2.31　加速度传感器位置对故障检测灵敏度的影响

（2）电涡流位移传感器安装方式

当采用电涡流位移传感器测量轴的径向振动时，要求轴的直径 D 大于探头直径 d 的三倍以上。安装使用这类传感器时要注意在传感器端部附近除了被测物体表面外，不得有其他导体与之靠近，避免传感器端部线圈磁通有一部分从其他导体穿过，从而改变线圈与被测物的耦合状态，如图 2.32（a）、（b）所示。对于图 2.32（c）、（d）所示的支架安装方式，传感器的伸出距离为 $1.5d$ 时最佳。

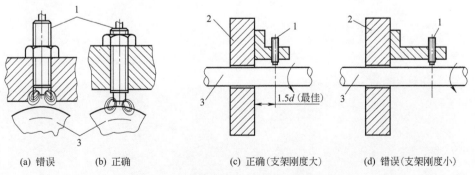

(a) 错误　　(b) 正确　　(c) 正确（支架刚度大）　　(d) 错误（支架刚度小）

图 2.32　电涡流位移传感器的固定方式

1—传感器；2—支架；3—转轴

当需要测量轴心位置或轴心轨迹时，每个测点应同时安装两个传感器探头，两个探头应分别安装在轴承两边的同一平面上相隔 $90°\pm5°$。由于轴承盖一般是水平剖分的，因此通常将两个探头分别安装在垂直中心线每一侧 $45°$ 处，如图 2.33 所示。

针对一台动力机械（如汽轮机组，图 2.34 所示），在表 2.1 总结性地介绍了传感器安装和使用方法。但这只能作为一般的指导性使用，有些关键设备对传感器的合理安装要求十分严格，特别是对位移和加速度传感器的安装，还应参考厂家介绍的安装方法。

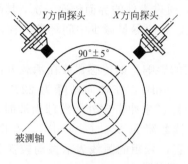

图 2.33 位移传感器的径向布置

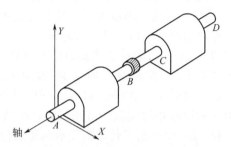

图 2.34 传感器的安装位置示意图

表 2.1 几种通用机器测量及安装的方法

机器类型	传感器	安装位置
采用滑动轴承的大型蒸汽轮机、压缩机、泵等	位移	在 A、B、C、D 点径向水平和垂直安装
采用滑动轴承的中型汽轮机、泵等	位移 速度	在 A 和 B 点径向水平和垂直安装 在 A 和 B 点径向水平和垂直安装
采用滑动轴承的电机或风机等	位移或速度	在每个轴承端径向安装，用一个轴位移传感器检测轴向位移
采用滚动轴承的电机、泵或压缩机等	速度和加速度	在每个轴承端径向安装，通常在一台电机上用一个轴向速度/加速度传感器检测轴向振动
采用滚动轴承的齿轮箱等	加速度	传感器安装尽可能地靠近每一个轴承
采用滑动轴承的齿轮箱等	位移	在每一个轴承上径向水平和垂直检测轴向压力磨损

第3章 机械故障信号的幅域与时域分析

机械振动信号处理的基本方法有幅域分析、时域分析和频域分析。简单的方法仅对波形的幅值进行统计分析，如计算波形的最大值、平均值和有效值，或研究时域波形幅值的概率分布形式等，在幅值上的各种统计处理通常称为幅域分析。

信号波形是某种物理量随时间变化的关系，信号在时间域内的变换或统计分析称为时域分析。频域分析是确定信号的频率结构，即信号中包含哪些频率成分，分析的结果是以频率为自变量的各种物理量的谱线或曲线。

不同的分析方法是从不同的角度观察、分析信号，使信号处理的结果更加利于故障分析与诊断。本章在简单介绍随机过程的基本理论基础上，主要介绍机械振动信号的幅域和时域分析方法。

3.1 随机信号的幅值概率密度函数

随机信号的幅值概率密度函数表示信号的幅值落在某一个指定区间内的概率，幅值概率密度函数提供了随机信号沿幅值域分布的信息，是随机信号的主要统计特性参数之一。在图3.1中，$x(t)$ 值落在 x 到 $x+\Delta x$ 之间的时间为 $T_x = \Delta t_1 + \Delta t_2 + \Delta t_3 + \Delta t_4$，其总的观测时间为 T，则出现频次可以用 T_x/T 的值确定，当 T 趋于无穷大时，这一比值就趋于 $x(t)$ 值落在 x 到 $x+\Delta x$ 之间的概率：

$$p_r[x < x(t) \leqslant x + \Delta x] = \lim_{T \to \infty} \frac{T_x}{T} \tag{3.1}$$

当 Δx 趋于零时，就得到该点的幅值概率密度函数：

$$p(x) = \lim_{\Delta x \to 0} \frac{p_r[x < x(t) \leqslant x + \Delta x]}{\Delta_x} = \lim_{\Delta x \to 0} \frac{1}{\Delta x} \left[\lim_{T \to \infty} \frac{T_x}{T} \right] \tag{3.2}$$

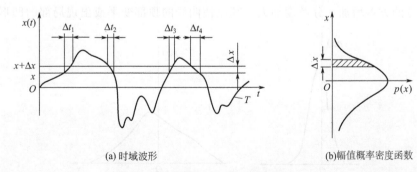

(a)时域波形　　　　　　　　　　(b)幅值概率密度函数

图 3.1　时域波形及幅值概率密度函数

典型信号的时域波形和幅值概率密度函数如图 3.2 所示。根据随机过程理论，随机信号的幅值概率密度函数符合正态分布规律，而确定性信号如简谐信号的幅值概率密度函数则呈盆形曲线，如图3.2（a）所示。一般故障信号多是随机信号和简谐信号的混合体，所以当信号幅值概率密度函数的正态分布曲线上端出现盆型漏斗时［图3.2（b）］，往往预示着系统存在故障征兆。

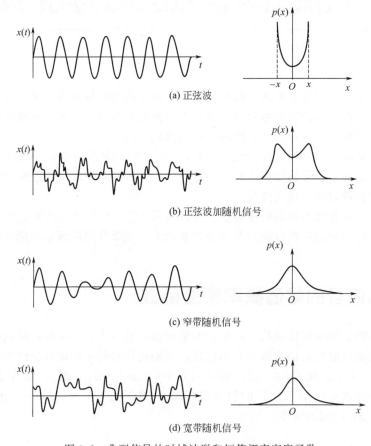

(a) 正弦波

(b) 正弦波加随机信号

(c) 窄带随机信号

(d) 宽带随机信号

图3.2　典型信号的时域波形和幅值概率密度函数

可以采用幅值概率密度函数直接进行设备状态的检测与诊断。图3.3是新旧机床变速箱的噪声分布规律，可见，新旧两个变速箱的分布规律有着明显的差异。这是因为机床齿轮箱中的零件由于磨损等原因使得配合间隙增大，在机床噪声中会出现大幅值周期性冲击成分，使得噪声信号的方差增加，分散度加大，甚至使曲线的顶部变平或出现局部的凹形。

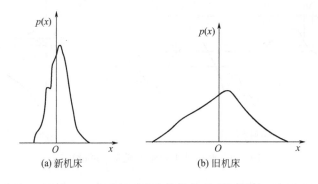

(a) 新机床

(b) 旧机床

图3.3　新旧机床变速箱噪声分布规律

3.2 信号幅域分析

信号的幅域分析也称统计特征分析，主要利用振动信号的幅值统计特征来进行分析和诊断。应用比较广泛的有均方根值、峰值指标、波形指标和峭度等指标。信号的幅域分析也属于时域分析，和相关分析等时域分析方法不同，幅域分析不考虑原始信号的时序，仅与信号的幅值大小及分布有关。幅域参数包括有量纲幅域参数和无量纲幅域参数两大类。

3.2.1 有量纲幅域参数

随机信号的幅值域参数与幅值概率密度函数有密切关系，对于各态历经的平稳信号，可以由幅值概率密度函数计算如下统计参数。

$$均值 \mu_x = \int_{-\infty}^{+\infty} x p(x) \mathrm{d}x \tag{3.3}$$

$$均方根值 \ x_{\mathrm{rms}} = \sqrt{\int_{-\infty}^{+\infty} x^2 p(x) \mathrm{d}x} \tag{3.4}$$

$$方差 \ \sigma_x^2 = \int_{-\infty}^{\infty} (x-\overline{x})^2 p(x) \mathrm{d}x = x_{\mathrm{rms}}^2 - \overline{x}^2 \tag{3.5}$$

$$绝对平均值 \ |\overline{x}| = \int_{-\infty}^{+\infty} |x| p(x) \mathrm{d}x \tag{3.6}$$

$$方根幅值 \ \ x_{\mathrm{r}} = \left[\int_{-\infty}^{+\infty} \sqrt{|x|} p(x) \mathrm{d}x\right]^2 \tag{3.7}$$

$$歪度 \ \alpha = \int_{-\infty}^{+\infty} x^3 p(x) \mathrm{d}x \tag{3.8}$$

$$峭度 \ \beta = \int_{-\infty}^{+\infty} x^4 p(x) \mathrm{d}x \tag{3.9}$$

以上参数计算需要用到幅值概率密度函数，不易计算。实际上对于各态历经的平稳随机信号，可以直接利用单个样本进行计算，公式如下：

$$均值 \ \mu_x = \lim_{T\to\infty} \frac{1}{T}\int_0^T x(t)\mathrm{d}t \tag{3.10}$$

$$均方根值 \ x_{\mathrm{rms}} = \sqrt{\lim_{T\to\infty} \frac{1}{T}\int_0^T x^2(t)\mathrm{d}t} \tag{3.11}$$

$$方差 \ \sigma_x^2 = \lim_{T\to\infty} \frac{1}{T}\int_0^T [x(t)-\overline{x}]^2 \mathrm{d}t = x_{\mathrm{rms}}^2 - \overline{x}^2 \tag{3.12}$$

$$绝对平均值 \ |\overline{x}| = \lim_{T\to\infty} \frac{1}{T}\int_0^T |x(t)| \mathrm{d}t \tag{3.13}$$

$$方根幅值 \ \ x_{\mathrm{r}} = \left[\lim_{T\to\infty} \frac{1}{T}\int_0^T \sqrt{|x(t)|}\mathrm{d}t\right]^2 \tag{3.14}$$

$$歪度 \ \alpha = \lim_{T\to\infty} \frac{1}{T}\int_0^T x^3(t)\mathrm{d}t \tag{3.15}$$

$$峭度 \ \beta = \lim_{T\to\infty} \frac{1}{T}\int_0^T x^4(t)\mathrm{d}t \tag{3.16}$$

其中，信号的均值 μ_x 反映信号中的静态部分，多数情况下表示振动的平衡位置；均方根值反映信号的能量大小，相当于电学中的有效值，多用于评价振动等级或烈度；方差 σ_x^2 仅反映了信号 $x(t)$ 中的动态部分，反映振动信号以平衡位置为中心的幅值变化程度，若信

号 $x(t)$ 的均值 μ_x 为零，则均方值（均方根值的平方）等于方差。

歪度 α 表示信号的幅值概率密度函数 $p(x)$ 对纵坐标的不对称性，α 越大，越不对称（可参见后面的图 3.4）。峭度 β 表示正态分布曲线的性状，当 β 较小时表示分布曲线瘦而高，成为正峭度；当 β 较大时，分布曲线具有负峭度，此时正态分布曲线峰顶的高度低于正常正态分布曲线（可参见后面的图 3.5）。

以上参数是理论上的统计真值，实际工程信号采样长度有限，一般采用下述的估计值。本书以后不提示统计真值和估计值的区别，实际计算过程均为有限长度的估计值，有时为了说明问题方便，也常常使用统计真值的理论公式。

对于时间序列信号 x_1，x_2，$\cdots$，x_N，有量纲幅域参数估计值的计算公式如下：

$$均值 \ \overline{x} = \frac{1}{N}\sum_{i=1}^{N}x_i \tag{3.17}$$

$$均方根值（有效值） \ x_{\rm rms} = \sqrt{\frac{1}{N}\sum_{i=1}^{N}x_i^2} \tag{3.18}$$

$$平均幅值 \ |\overline{x}| = \frac{1}{N}\sum_{i=1}^{N}|x_i| \tag{3.19}$$

$$方根幅值 \ x_{\rm r} = \left[\frac{1}{N}\sum_{i=1}^{N}\sqrt{|x_i|}\right]^2 \tag{3.20}$$

$$最大值 \ x_{\max} = \max\{|x_i|\} \tag{3.21}$$

$$峰-峰值 \ x_{\rm p-p} = \max\{x_i\} - \min\{x_i\} \tag{3.22}$$

$$歪度 \ \alpha = \frac{1}{N}\sum_{i=1}^{N}x_i^3 \tag{3.23}$$

$$峭度 \ \beta = \frac{1}{N}\sum_{i=1}^{N}x_i^4 \tag{3.24}$$

3.2.2 无量纲幅域参数

有量纲幅域参数的大小与信号（振动）绝对幅值有关，也就是和振动产生的工作条件有关，不同工作条件下的有量纲幅域参数不可比，为此构造了无量纲幅域参数。对于时间序列信号 x_1，x_2，$\cdots$，x_N，无量纲幅域参数的计算公式如下：

$$波形指标 \ S_{\rm f} = \frac{x_{\rm rms}}{|\overline{x}|} \tag{3.25}$$

$$峰值指标 \ C_{\rm f} = \frac{x_{\max}}{x_{\rm rms}} \tag{3.26}$$

$$脉冲指标 \ I_{\rm f} = \frac{x_{\max}}{|\overline{x}|} \tag{3.27}$$

$$裕度指标 \ CL_{\rm f} = \frac{x_{\max}}{x_{\rm r}} \tag{3.28}$$

$$峭度指标 \ K_{\rm r} = \frac{\beta}{x_{\rm rms}^4} \tag{3.29}$$

其中，裕度指标 $CL_{\rm f}$ 是无量纲的歪度指标，表示信号的幅值概率密度函数 $p(x)$ 对纵坐标的不对称性。如果 $CL_{\rm f}$ 越大，越不对称，且不对称有正（右偏移）负（左偏移）之分，如图 3.4 所示。旋转机械等设备的振动信号由于存在某一方向的摩擦或碰撞，或者某一方向的支撑刚度较弱，会造成振动波形的不对称，使裕度指标增大。

峭度指标 K_r 对大幅值最为敏感，当大幅值出现的概率增加时，K_r 值会迅速增加，这对探测信号中含有脉冲的故障特别有效。峭度指标 K_r 的物理意义如图 3.5 所示。$K_r=3$ 时定义分布曲线具有正常峰度（即零峭度）；当 $K_r>3$ 时，分布曲线具有正峭度，此时正态分布曲线峰顶的高度高于正常正态分布曲线，故称为正峭度。当 $K_r<3$ 时，分布曲线具有负峭度，此时正态分布曲线峰顶的高度低于正常正态分布曲线，故称为负峭度。

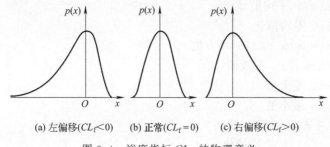

(a) 左偏移($CL_f<0$)　(b) 正常($CL_f=0$)　(c) 右偏移($CL_f>0$)

图 3.4　裕度指标 CL_f 的物理意义

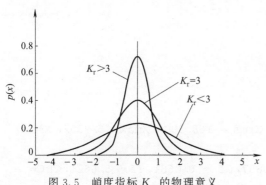

图 3.5　峭度指标 K_r 的物理意义

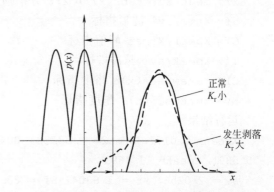

图 3.6　滚动轴承振动幅值概率密度分布图

图 3.6 为滚动轴承的振动幅值概率密度分布图。实线为正常时，幅值概率密度函数近似为正态分布；虚线为发生剥落时，此时幅值概率密度函数呈现头部窄、底部宽的形式，K_r 值较大表明信号中冲击成分幅值增大（底部宽），但是能量不大（值小），即系统处于剥落故障开始发生的时刻。

另外，必须着重指出，信号的均值 $\overline{x}$ 反映信号中的静态部分，一般对诊断不起作用，但对计算上述参数有很大影响。所以，一般在计算时应先从数据中去除均值，保留对诊断有用的动态部分，这一过程称为零均值化处理，其计算方法如下：

假设原始时间序列信号 x_1，x_2，$\cdots$，x_N，其均值 $\overline{x}=\dfrac{1}{N}\sum\limits_{i=1}^{N}x_i$，则均值化后的新时间序列计算式为：

$$x_i'=x_i-\overline{x}, \quad i=1,2,\cdots,N \tag{3.30}$$

可以采用 MATLAB 计算上述各项幅域参数及幅值概率密度函数。参考程序如下：

```
FS= 1000;    % 采样频率 1000Hz
SF= 10;      % 信号频率 10Hz
n= 0:5119;   % 生成 5120 点的序列
t= n/FS;     % 生成 5120 点时间序列
```

```
x= randn(5120,1)'+ 3*sin(2*pi*n*SF/FS)% 生成一个随机信号+ 正弦信号
subplot(1,2,1)
plot(t,x,'k')% 绘制原始信号,见图 3.7(a)
[pdft,x1]= ksdensity(x(:));% 幅值概率密度函数
subplot(1,2,2)
plot(x1,pdft,'k')% 绘制幅值概率密度函数,见图 3.7(a)
Xmean= mean(x)% 平均值
x= x- Xmean;% 零均值化
Xrms2= mean(sum(x.^2))% 均方值
Xrms= sqrt(Xrms2)% 有效值
Xmax= max(x)% 最大值
Xmin= min(x)% 最小值
Xpeak= max1- min1% 峰- 峰值
av= mean(abs(x))% 平均幅值
xr= mean(sqrt(abs(x)))^2;% 方根幅值
Sf= Xrms/av% 波形指标
Cf= Xpeak/Xrms% 峰值指标
If= Xpeak/av% 脉冲指标
CLf= skewness(x)% 裕度指标
Kv= kurtosis(x)% 峭度指标
```

运行结果:

Xmean= 0.0177, Xrms2= 2.8325e+ 004, Xrms = 168.3009, Xmax= 5.9302, Xmin= - 5.5391, Xpeak= 11.4693

av = 2.0256, xr = 1.8304, Sf = 83.0857, Cf = 0.0681, If = 5.6621, CLf = - 0.0230, Kv= 1.9780

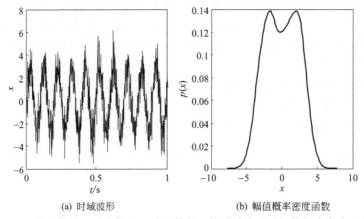

(a) 时域波形   (b) 幅值概率密度函数

图 3.7 典型信号(正弦信号+随机信号)的时域波形及幅值概率密度函数

  几种典型信号的无量纲幅域诊断参数值如表 3.1 所示。对于正弦波和三角波,不管幅值和频率为多少,这些参数值是不变的,说明这些参数仅取决于信号的幅值概率密度函数,而与频率和幅值无关。因为对这类信号,频率不会改变其幅值概率密度函数,而振幅的变化对这些参数计算式中分子和分母的影响相同,因而可以抵消。

表 3.1　典型信号的无量纲幅域诊断参数值

信号		波形参数	峰值指标	脉冲指标	裕度指标	峭度指标
正弦波		1.11	1.41	1.57	1.73	1.50
三角波		1.56	1.73	2.0	2.25	1.80
正态随机信号峰值概率	32%	1.45	1	1.25	1.45	3
	4.55%		2	2.51	2.89	
	0.27%		3	3.76	4.33	
	6×10^{-7}%		5	6.27	7.23	

表 3.2 为齿轮振动信号的无量纲幅域诊断参数。新齿轮经过运行产生了疲劳剥落故障，振动信号中有明显的冲击脉冲，各幅域参数中除了波形参数外，均有明显上升。

表 3.2　齿轮振动信号的无量纲幅域诊断参数

齿轮类型	裕度指标	峭度指标	脉冲指标	峰值指标	波形参数
新齿轮	4.143	2.659	3.536	2.867	1.233
坏齿轮	7.246	4.335	6.122	4.797	1.276

峭度指标、裕度指标和脉冲指标对冲击脉冲型故障比较敏感。当早期发生故障时，大幅值的脉冲还不是很多，均方根值变化不大，上述参数已有增加。当故障逐步发展时，它们上升较快；但上升到一定程度后，由于分母上的有效值增大，这些指标反而会逐步下降。这表明这些参数对早期故障有较高敏感性，但稳定性不很好。均方根值则相反，虽然对早期故障不敏感，但稳定性好，随着故障发展单调上升。

图 3.8 为某滚动轴承振动信号的峭度指标和有效值随轴承疲劳试验时间的变化过程，可见，两个指标的变化符合上述规律。因此，要想取得较好的故障监测效果，一般可以采取以下措施：

① 同时用峭度指标与有效值进行故障监测，以兼顾敏感性与稳定性。

② 连续监测可发现峭度指标的变化趋势，当指标值上升到顶点开始下降时，就要密切注意是否有故障发生。

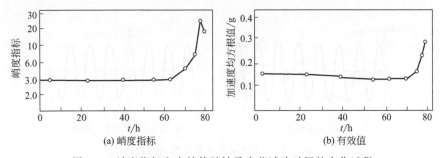

(a) 峭度指标　　　　　　　　(b) 有效值

图 3.8　峭度指标和有效值随轴承疲劳试验时间的变化过程

3.3　信号的相关分析

3.3.1　自相关函数

（1）自相关函数的定义

已知时间函数 $x(t)$，其自相关函数 $R_x(\tau)$ 的定义为：

$$R_x(\tau) = \lim_{T \to \infty} \frac{1}{T} \int_0^T x(t)x(t+\tau)\mathrm{d}t \quad (3.31)$$

$R_x(\tau)$ 主要用来描述 $x(t)$ 与其自身延时 τ 时刻之后的 $x(t+\tau)$ 相似程度，相似程度越高，相关值越大。$R_x(\tau)$ 的计算原理如图3.9所示。

（2）自相关函数的性质

① $R_x(\tau)$ 为实偶函数，即 $R_x(\tau)=R_x(-\tau)$。

② 当 $\tau=0$ 时，$R_x(\tau)$ 的值最大，即 $R_x(0) \geqslant R_x(\tau)$，并等于信号的均方值 Ψ_x^2。

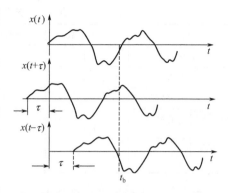

图3.9 自相关函数计算示意图

$$R_x(0) = \lim_{T \to \infty} \frac{1}{T} \int_0^T x(t)x(t+0)\mathrm{d}t = \lim_{T \to \infty} \frac{1}{T} \int_0^T x^2(t)\mathrm{d}t = \Psi_x^2 \quad (3.32)$$

③ 当 $\tau \to \infty$ 时，可认为 $x(t)$ 和 $x(t+\tau)$ 之间无关，即：

$$R_x(\tau \to \infty) \to \mu_x^2 \quad (3.33)$$

若 $x(t)$ 的均值为0，则 $R_x(\tau \to \infty) \to 0$。

性质②和③的图像如图3.10所示。

④ 周期函数的自相关函数仍是同频率的周期函数。假设正弦函数 $x(t) = x_0 \sin(\omega t + \varphi)$ 的初始相位 φ 是一个随机变量，根据自相关函数的定义，可求的自相关函数为：

$$R_x(\tau) = \frac{x_0^2}{2} \cos\omega\tau$$

可见正弦函数的自相关函数是一个余弦函数，如图3.11所示。在 $\tau=0$ 时具有最大值 $x_0^2/2$，它保留了变量 $x(t)$ 的幅值信息 x_0 和频率 ω 信息，但丢掉了初始相位 φ 信息。

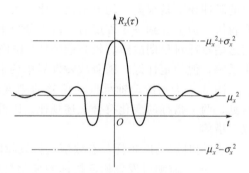

图3.10 自相关函数图

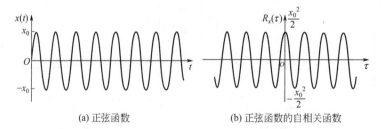

(a) 正弦函数　　　　(b) 正弦函数的自相关函数

图3.11 正弦函数及其自相关函数

自相关函数主要用于检测混淆在随机信号中的周期信号成分，因为周期信号的自相关函数会按原频率重复出现，而随机信号在时间位移 τ 稍大时，由于自身的相乘消除作用，自相关函数很快趋于零（假设均值 $\mu_x=0$），如图3.12所示。

设测得信号 $y(t)=x(t)+n(t)$，其中 $x(t)$ 为正弦信号，$n(t)$ 为噪声，$x(t)$ 与 $n(t)$ 相互独立，则有：

$$R_y(\tau) = R_x(\tau) + R_n(\tau)$$

当 τ 很大时，$R_n(\tau) \to 0$，因此：

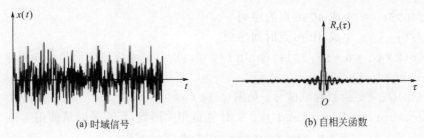

(a) 时域信号　　　　　　　　　　(b) 自相关函数

图 3.12　随机信号及其自相关函数

$$\lim_{\tau \to \infty} \frac{R_y(\tau)}{R_x(\tau)} = 1$$

即当 τ 大到一定程度时，$y(t)$ 与 $x(t)$ 完全相关。

实际工程信号多数是随机噪声和确定性周期信号的混合体，如图 3.13 所示。一般情况下，周期信号和故障特征有关，随机噪声对诊断无用。此时，可以利用随机信号的自相关函数迅速衰减，而周期函数不衰减的特性，在自相关图的右侧部分测取信号的周期，也就是说，自相关函数是从干扰噪声中找出周期信号或瞬时信号的重要手段，延长变量 τ 的取值，就可将信号中的周期分量 τ_0 暴露出来。

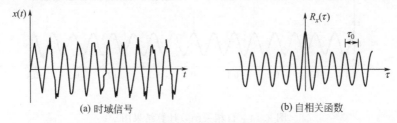

(a) 时域信号　　　　　　　　　　(b) 自相关函数

图 3.13　随机噪声加周期信号的自相关函数

(3) 自相关函数的计算

由于采样点数的限制，按照式（3.31）进行自相关函数的计算是不可能的，因为我们只能得到有限的样本曲线及有限的数据长度。对于连续的模拟信号 $x(t)$，如测量时间长度为 T，则其自相关函数可按下式计算：

$$\hat{R}_x(\tau) = \frac{1}{T-\tau} \int_0^{T-\tau} x(t)x(t+\tau)\mathrm{d}t \quad (0 \leqslant t \leqslant T) \tag{3.34}$$

式中，$\hat{R}_x(\tau)$ 表示 $R_x(\tau)$ 的估计值，时延 τ 一定要远小于 T，以保证测量精度。

对于从连续信号采样所得的离散的数字信号 $x(n)$，$n = 1, 2, \cdots, N$，其自相关函数可按下式估算：

$$\hat{R}_x(k) = \frac{1}{N-k} \sum_{n=1}^{N-k} x(n)(n+k) \quad k = 0, 1, 2, \cdots, M; \quad M \ll N \tag{3.35}$$

为了保证测量精度，同样要使最大计算时延量 M 远远小于数据点数 N，以上可由计算机实现，称为直接计算法。因其计算量很大，近代的信号分析中已不采用这种方法，而是利用自相关函数与功率谱密度函数的关系，采用快速傅里叶变换算法实现，这部分内容将在第 5 章介绍。

可以采用 MATLAB 来计算自相关函数，实例程序及计算结果如下：

```
FS= 10000;   % 采样频率 1000Hz
SF= 20;      % 信号频率 10Hz
```

```
n= 0:4095;    % 生成 4096 点的序列
t= n/FS;      % 生成 4096 点时间序列
x= sin(2*pi*n*SF/FS)+ randn(4096,1)';    % 生成正弦信号+ 随机序列
subplot(2,1,1);
plot(t,x);    % 绘制时域信号, 见图 3.14 (a)
[a,b]= xcorr(x,'unbiased');    % 计算自相关函数,互相关时请使用
                % [a,b]= xcorr(x,y,'unbiased')
subplot(2,1,2);
tt= b/FS;     % 计算相关函数的时间轴
plot(tt,a);   % 绘制自相关函数, 见图 3.14 (b)
```

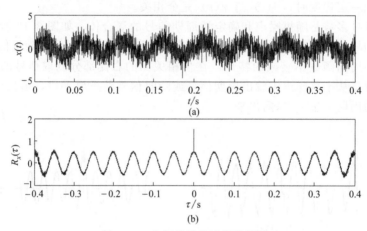

图 3.14 自相关函数计算结果图

3.3.2 互相关函数

（1）互相关函数的定义

已知两个不同的信号 $x(t)$ 和 $y(t)$，$x(t)$ 与 $y(t)$ 的互相关函数 $R_{xy}(\tau)$ 定义为：

$$R_{xy}(\tau) = \lim_{T \to \infty} \frac{1}{T} \int_0^T x(t) y(t+\tau) \mathrm{d}t \qquad (3.36)$$

互相关函数用于评价两个信号之间的相似程度，其计算原理如图 3.15 所示。

（2）互相关函数的性质

① 互相关函数是非奇、非偶函数，即 $R_{xy}(\tau) = R_{yx}(-\tau)$。

② $|R_{xy}(\tau)| \leqslant \sqrt{R_{xx}(0) R_{yy}(0)}$，即 $R_{xy}(0)$ 一般不是最大值，$R_{xy}(\tau)$ 的峰值不在 $\tau=0$ 处。$R_{xy}(\tau)$ 的峰值偏离原点的位置 τ_0 反映了两信号时移的大小，此时两信号的相关程度最高，如图 3.16 所示。例如，当 $x(t) = x_0 \sin(\omega t + \theta)$，$y(t) = y_0 \sin(\omega t + \theta + \varphi)$ 时，其互相关函数 $R_{xy}(\tau)$ 为：

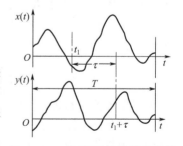

图 3.15 互相关函数计算示意图

$$R_{xy}(\tau) = \lim_{T \to \infty} \frac{1}{T} \int_0^T x(t) y(t+\tau) \mathrm{d}t$$

$$= \frac{1}{T_0} \int_0^{T_0} x_0 y_0 \sin(\omega t + \theta) \sin[\omega(t+\tau) + \theta - \varphi] \mathrm{d}t$$

$$= \frac{x_0 y_0}{2} \cos(\omega\tau - \varphi) \tag{3.37}$$

由此可见，在 $\tau = \varphi/\omega = \tau_0$ 处，$R_{xy}(\tau)$ 取得最大值，表明两个信号此时最相关，因为 $y(t)$ 延时 φ/ω 时刻后与 $x(t)$ 最相近。与自相关函数不同，两个同频率的谐波信号的互相关函数不仅保留了两个信号的幅值 x_0、y_0 信息、频率 ω 信息，而且还保留了两信号的相位差（此处为 φ）信息。

③ 两个统计独立的随机信号，当均值为零时，则 $R_{xy}(\tau) = 0$。

④ 两个不同频率的周期信号互不相关，即互相关函数为零。假设对两个不同频率的简谐波信号：

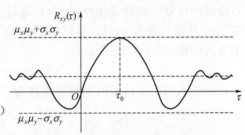

图 3.16 互相关函数的性质

$$x(t) = A_0 \sin(\omega_1 t + \theta), \quad y(t) = B_0 \sin(\omega_2 t + \theta + \varphi)$$

进行相关分析，则：

$$\begin{aligned} R_{xy}(\tau) &= \lim_{T\to\infty} \frac{1}{T} \int_0^{T_0} x(t) y(t+\tau) dt \\ &= \frac{1}{T_0} \int_0^{T_0} A_0 B_0 \sin(\omega_1 t + \theta) \sin[\omega_2(t+\tau) + \theta - \varphi] dt \\ &= \frac{A_0 B_0}{2T_0} \int_0^{T_0} \{\cos[(\omega_2 - \omega_1)t + (\omega_2\tau - \varphi)] - \cos[(\omega_2 + \omega_1)t + (\omega_2\tau + 2\theta - \varphi)]\} dt \\ &= 0 \end{aligned}$$

即 $R_{xy}(\tau) = 0$。

⑤ 周期信号与随机信号的互相关函数为零。由于随机信号 $y(t+\tau)$ 在时间 $t \to t+\tau$ 内并无确定的关系，它的取值显然与任何周期函数 $x(t)$ 无关，因此，$R_{xy}(\tau) = 0$。

3.3.3 相关分析的应用

（1）自相关函数的应用

用轮廓仪测得一机械加工表面的粗糙度信号 $a(t)$，并进行自相关分析，得到自相关函数 $R_a(\tau)$，如图 3.17 所示。根据 $R_a(\tau)$ 就可以判断造成机械加工表面的粗糙度的原因。

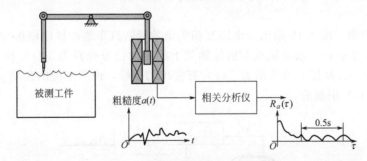

图 3.17 表面粗糙度的相关检测法

观察 $a(t)$ 的自相关函数 $R_a(\tau)$，发现其呈周期性，这说明造成粗糙度的原因之一是某种周期因素。从自相关函数图可以确定周期因素的频率为：

$$f = \frac{1}{T} = \frac{1}{0.5/3} = 6 \quad （Hz）$$

根据加工该工件的机械设备中的各个运动部件的运动频率（如电动机的转速，拖板的往复运动次数，液压系统的油脉动频率等），通过测算和对比分析，运动频率与 6Hz 接近的部件的振动，就应该是造成该粗糙度的主要原因。

（2）互相关函数的应用

相关分析在机械设备故障诊断和振动控制中最直接的应用是传递问题，其中包括传递路径的识别和故障源的识别这两类问题，间接的应用是相关测速和相关定位问题。

设时间信号（振动或噪声）$x(t)$ 通过一个非频变线性路径进行传递，传递过程中产生时延 τ_1，并混入噪声 $n(t)$，可以用图 3.18（a）描述。若传递路径的衰减因子为常数 α，则这个系统的输出 $y(t)$ 可表示为：

$$y(t) = \alpha x(t - \tau_1) + n(t)$$

计算输入与输出信号的互相关函数为：

$$
\begin{aligned}
R_{xy}(\tau) &= \lim_{T \to \infty} \frac{1}{T} \int_0^T x(t) y(t + \tau) \mathrm{d}t \\
&= \lim_{T \to \infty} \frac{1}{T} \int_0^T x(t) \left[\alpha x(t + \tau - \tau_1) + n(t + \tau) \right] \mathrm{d}t \\
&= \lim_{T \to \infty} \frac{1}{T} \int_0^T \alpha x(t) x(t + \tau - \tau_1) + \lim_{T \to \infty} \frac{1}{T} \int_0^T x(t) n(t + \tau) \mathrm{d}t \\
&= R_x(\tau - \tau_1) + R_{xn}(\tau) \\
&= R_x(\tau - \tau_1)
\end{aligned}
$$

根据互相关的性质⑤，式中 $R_{xn}(\tau) = 0$，计算结果为 $x(t)$ 在 $\tau = \tau_1$ 的互相关函数，如图 3.18（b）所示。该图表示 $y(t)$ 在延时 τ_1 时刻后与 $x(t)$ 相关，或者说 $y(t)$ 是延时 τ_1 时刻后，并且幅值衰减了的 $x(t)$。

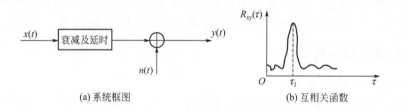

(a) 系统框图　　　　　　　(b) 互相关函数

图 3.18　某信号的传递过程

① 故障源检测　图 3.19 给出一个用互相关函数诊断汽车驾驶员座椅振动源的例子。座椅上的振动信号为 $y(t)$，前轮轴梁和后轮轴架上的振动信号分别为 $x(t)$ 和 $z(t)$，分别求 $R_{xy}(\tau)$ 和 $R_{zy}(\tau)$。从图上可看出 $R_{xy}(\tau)$ 有突出的谱峰，说明座椅的振动 $y(t)$ 主要是由于前轮的振动 $x(t)$ 引起的。

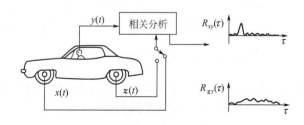

图 3.19　利用相关分析进行故障源检测

② 相关定位 用互相关分析法确定深埋地下的输油管裂损位置，如图 3.20 所示。漏损处 K 可视为向两侧传播声音的声源，在两侧管道上分别放置传感器 1 和 2。因为放置传感器的两点相距漏损处距离不等，则漏油的声响传至两传感器的时间就会有差异，在互相关函数图上 $\tau = \tau_m$ 处有最大值，这个 τ_m 就是时差，用 τ_m 就可以确定漏损处的位置。

假设 v 为声音在管道中的传播速度，则漏损处 K 距中心点 O 的距离 S 为：

$$S = \frac{1}{2} v \tau_m$$

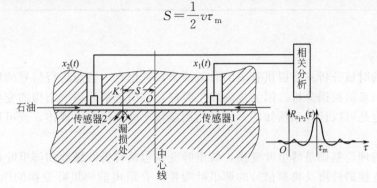

图 3.20 利用相关分析进行线性定位实例

第4章　故障诊断信号的频域分析方法

随机信号的时域分析只能提供有限的时域故障特征信息，若想进行信号的精密分析与诊断，需要更进一步的频谱分析。因为故障发生时往往会引起信号频率结构的变化，而且很多故障特征频率也是可以计算和预知的，通过监测该频率的幅值变换规律，就可以监控故障的发展过程。

频谱分析的理论基础是傅里叶变换，傅里叶变换包括傅里叶级数和傅里叶积分。本章主要介绍傅里叶变换的性质及典型信号的傅里叶变换，介绍离散傅里叶变换的图解推演过程，讨论离散傅里叶变换过程中产生的误差及提高频谱精度的方法，最后简单介绍离散傅立叶变换的快速算法。

4.1　傅里叶级数和傅里叶积分

4.1.1　傅里叶级数

（1）基本原理

给定一个周期函数 $x(t)=x(t\pm nT_0)$（$n=1$，2，3…，N），在一定条件下，可以根据如下公式展成傅里叶级数。

$$x(t)=\frac{a_0}{2}+\sum_{n=1}^{\infty}(a_n\cos2\pi nf_0t+b_n\sin2\pi nf_0t) \tag{4.1}$$

式中　f_0——基频，Hz，$f_0=1/T_0$，H_2；

　　　T_0——周期，s。

系数 $\{a_n\}$ 和 $\{b_n\}$ 用下面的公式进行计算，即：

$$a_n=\frac{2}{T}\int_0^{T_0}x(t)\cos2\pi nf_0t\,\mathrm{d}t \quad (n=1,2,3\cdots) \tag{4.2}$$

$$b_n=\frac{2}{T}\int_0^{T_0}x(t)\sin2\pi nf_0t\,\mathrm{d}t \quad (n=1,2,3\cdots) \tag{4.3}$$

$$\frac{a_0}{2}=\frac{1}{T}\int_0^{T_0}x(t)\mathrm{d}t=\mu_x \tag{4.4}$$

式中，μ_x 是 $x(t)$ 的均值，称为直流分量；a_n，b_n 为交流分量，也称谐波分量。

在数学上，傅里叶级数的概念是任何一个周期函数都可以采用无限个三角函数去拟合。在信号处理领域的物理意义为：对任何一个周期信号都可以分解成如式（4.2）～式（4.4）的直流成分和无限个不能再分解的简谐信号（谐波分量）的叠加，或称任意周期信号中包括的频率成分如式（4.2）和式（4.3）所示。工程信号处理的一个主要任务就是分析和处理复杂信号中所包含的频率成分，这可以由傅里叶变换来完成。

利用和差化积公式，我们可以得到更简洁的傅里叶级数表达式：

$$x(t) = A_0 + \sum_{n=1}^{\infty} A_n \sin(2\pi n f_0 t + \varphi_n) \tag{4.5}$$

于是，幅值 A_n 和相位 φ_n 可分别表示为：

$$A_n = \sqrt{a_n^2 + b_n^2} \tag{4.6}$$

$$\varphi_n = \arctan \frac{b_n}{a_n} \tag{4.7}$$

式中，$a_n = A_n \sin \varphi_n$；$b_n = A_n \cos \varphi_n$；$a_0 = A_0$。

也可以采用复数描述傅里叶级数，根据欧拉公式有：

$$\cos\theta = \frac{1}{2}(e^{j\theta} + e^{-j\theta}) \tag{4.8}$$

$$\sin\theta = \frac{1}{2j}(e^{j\theta} - e^{-j\theta}) = -\frac{j}{2}(e^{j\theta} - e^{-j\theta}) \tag{4.9}$$

代入式（4.1）式变为：

$$\begin{aligned}
x(t) &= \frac{a_0}{2} + \sum_{n=1}^{\infty}(a_n \cos 2\pi n f_0 t + b_n \sin 2\pi n f_0 t) \\
&= a_0 + \sum_{n=1}^{\infty}\left[\frac{a_n}{2}(e^{j2\pi n f_0 t} + e^{-j2\pi n f_0 t}) + \frac{-jb_n}{2}(e^{j2\pi n f_0 t} - e^{-j2\pi n f_0 t})\right] \\
&= a_0 + \sum_{n=1}^{\infty}\frac{1}{2}(a_n - jb_n)e^{j2\pi n f_0 t} + \sum_{n=1}^{\infty}\frac{1}{2}(a_n + jb_n)e^{-j2\pi n f_0 t}
\end{aligned}$$

若令后半部 $n = -m$，则有：

$$x(t) = a_0 + \sum_{n=1}^{\infty}\frac{1}{2}(a_n - jb_n)e^{j2\pi n f_0 t} + \sum_{m=\infty}^{-1}\frac{1}{2}(a_m - jb_m)e^{j2\pi m f_0 t}$$

根据 a_n 和 b_n 函数的奇偶性，有 $a_{-n} = a_n$，$b_{-n} = -b_n$，上式变为：

$$\begin{aligned}
x(t) &= a_0 + \sum_{n=1}^{\infty}\frac{1}{2}(a_n - jb_n)e^{j2\pi n f_0 t} + \sum_{n=\infty}^{-1}\frac{1}{2}(a_n - jb_n)e^{j2\pi n f_0 t} \\
&= \sum_{-\infty}^{+\infty}\frac{1}{2}(a_n - b_n)e^{j2\pi n f_0 t} \\
&= \sum_{-\infty}^{+\infty}C_n e^{j2\pi n f_0 t}
\end{aligned}$$

即：

$$x(t) = \sum_{-\infty}^{+\infty}C_n e^{j2\pi n f_0 t} \tag{4.10}$$

式中，$C_0 = a_0$；$C_n = \frac{1}{2}(b_n - ja_n)$，$n \geq 1$；$C_{-n} = \frac{1}{2}(b_n + ja_n)$，$n \geq 1$。

此时出现了负频率，这是由于用复数表示 $\cos$，$\sin$ 函数的结果。

下面求系数 C_n：

$$\begin{aligned}
C_n &= \frac{(b_n - ja_n)}{2} = \frac{1}{2}\frac{2}{T_0}\left[\int_{-\frac{T_0}{2}}^{\frac{T_0}{2}}x(t)\cos 2\pi n f_0 t\,\mathrm{d}t - j\int_{-\frac{T_0}{2}}^{\frac{T_0}{2}}x(t)\sin 2\pi n f_0 t\,\mathrm{d}t\right] \\
&= \frac{1}{T_0}\int_{-\frac{T_0}{2}}^{\frac{T_0}{2}}x(t)e^{-j2\pi n f_0 t}\,\mathrm{d}t \qquad\qquad n \neq 0 \tag{4.11}
\end{aligned}$$

可见 C_n 是一个复数量。由于 C_n 本身可以表示信号的幅值和相位,所以 C_n 称为有限区间 $(-T_0/2, T_0/2)$ 上信号 $x(t)$ 的离散频谱。

其中,$|C_n| = \dfrac{1}{2}\sqrt{a_n^2 + b_n^2} = \dfrac{1}{2}A_n$,称为幅值谱,为复数谱的幅值,为实谱幅值 A_n 的一半;$\arg(C_n) = \arctan\dfrac{b_n}{a_n} = \varphi_n$,称为相位谱。

(2) 周期信号傅里叶级数谱的特点

根据式(4.5)可以绘出傅里叶级数的幅值谱图如图 4.1 所示。可见,周期信号的频谱是离散的,每条谱线只出现在基波频率 f_0 的整倍数上,不存在非整倍数的频率分量;随着谐波次数的增加,谐波幅值是逐渐下降的。根据这些特征,很容易在频域内判别信号是周期还是非周期的。

例如,第 2 章的图 2.4(c)中的两个周期信号的频率分别为 2Hz 和 3Hz,其合成显然为周期信号,且基频为 1Hz。图 2.4(d)为其计算频谱图,并没有图 4.1 的特征,其实,此时如果

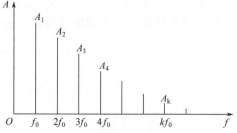

图 4.1 傅里叶级数的幅值谱图

认为基频幅值为零,其仍然具有周期函数的主要频谱特征。另外,也可对图 2.5(c)中的合成信号进行频谱分析,结果如图 2.5(d)所示,显然图中两个信号频率不成比例关系,虽然其时域波形很像周期信号,但是其谱特征为非周期信号(实际为准周期信号)。

(3) 典型信号的傅里叶级数谱

傅里叶级数的典型例子是方波信号 [见图 4.2(a)],方波的傅里叶级数表达式为:

$$x(t) = \frac{4A_0}{\pi}\left(\sin 2\pi f_0 t + \frac{1}{3}\sin 6\pi f_0 t + \frac{1}{5}\sin 10\pi f_0 t + \frac{1}{7}\sin 14\pi f_0 t + \cdots\right)$$

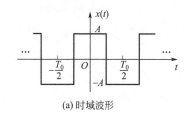

(a) 时域波形

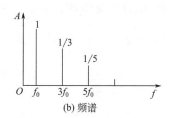

(b) 频谱

图 4.2 方波及其频谱

方波的频谱特点是只有奇次谐波。根据方波信号的频谱图 4.2(b),也很容易判断其为周期信号。

4.1.2 傅里叶积分

(1) 基本定义

根据傅里叶级数的概念,周期信号 $x(t)$ 的频谱是离散的,其频谱分辨率 Δf 等于基频及周期 T_0 的倒数:

$$\Delta f = f_0 = 1/T_0$$

可以把非周期函数看成一个周期 $T_0 \to \infty$ 的周期函数,则频谱分辨率 $\Delta f = f_0 = 1/T_0 \to 0$,此时,谱线间的间隔为无限小,相当于各谱线已经连在一起了,谱线由离散变为连续,所以称非周期信号的频谱是连续的。

实际上，对于非周期信号，傅里叶级数不存在，因此离散的傅里叶公式也不存在，但是，却有称为傅里叶积分的形式存在。

假设 $x(t)$ 定义在 $[-\infty, \infty]$ 之上，且绝对可积，由于 $\Delta f = f_0 \rightarrow 0$，可认为 $nf_0 \rightarrow f$，于是式（4.11）变为：

$$X(f) = \int_{-\infty}^{+\infty} x(t)e^{-j2\pi ft} \mathrm{d}t \tag{4.12}$$

式中，$X(f)$ 称为 $x(t)$ 的傅里叶积分，也称傅里叶变换。$X(f)$ 实际为连续表达式而非离散的谱线，所以称 $X(f)$ 为单位频率轴上的谱密度。

式（4.12）也可记为：

$$X(f) = F[x(t)] \quad 或 \quad x(t) \overset{F}{\rightarrow} X(f) \tag{4.13}$$

反之，有逆傅里叶变换：

$$x(t) = \int_{-\infty}^{\infty} X(f)e^{j2\pi ft} \mathrm{d}f \tag{4.14}$$

也可记为：

$$x(t) = F^{-1}[X(f)] \quad 或 \quad x(t) \overset{F^{-1}}{\rightarrow} X(f) \tag{4.15}$$

对于正反傅里叶变换，可以记为：

$$x(t) \overset{F}{\leftrightarrow} X(f) \tag{4.16}$$

考虑到以后描述傅里叶变换的方便性和统一性，以后统一用上述的傅里叶积分公式描述傅里叶变换。

（2）典型信号的傅里叶积分

根据傅里叶积分公式，可对一个典型的非周期的矩形窗函数进行傅里叶变换。

矩形窗函数 $w(t)$ 的定义如下：

$$w(t) = \begin{cases} 1 & |t| \leqslant \dfrac{\tau}{2} \\ 0 & |t| > \dfrac{\tau}{2} \end{cases} \tag{4.17}$$

其时域波形如图 4.3（a）所示，根据傅里叶积分公式，其频谱为

$$W(f) = \int_{-\infty}^{+\infty} w(t)e^{-j2\pi ft} \mathrm{d}t = \int_{-\frac{\tau}{2}}^{+\frac{\tau}{2}} e^{-j2\pi ft} \mathrm{d}t = \frac{-1}{j2\pi f}(e^{-j\pi f\tau} - e^{j\pi f\tau})$$

根据尤拉公式 $e^{j\theta} = \cos\theta + j\sin\theta$ 和 $e^{-j\theta} = \cos\theta - j\sin\theta$，有：

$$W(f) = \frac{\sin\pi f\tau}{\pi f} = \tau \frac{\sin\pi f\tau}{\pi f\tau} = \tau \mathrm{sinc}(\pi f\tau) \tag{4.18}$$

可见，$W(f)$ 是一个连续函数，说明非周期信号的频谱是连续的。式中 $\mathrm{sinc}(x) = \sin x / x$，该函数在信号分析中很有用，$\mathrm{sinc}(x)$ 函数的图像如图 4.4 所示，它以 2π 为周期

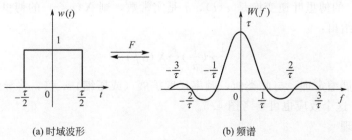

(a) 时域波形　　　　(b) 频谱

图4.3　矩形窗函数及其频谱

并随 x 的增加而作衰减振荡，$\mathrm{sin}c(x)$ 是偶函数，其在 $n\pi$（$n=\pm1$，±2，$\cdots$）处值为零。据此，可以计算并绘出矩形窗函数的频谱如图 4.3（b）所示。

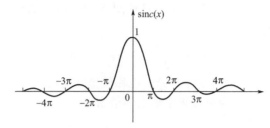

图 4.4　$\mathrm{sin}c(x)$ 函数频谱

4.2　傅里叶变换的基本性质

（1）线性叠加定理

若有 $x(t)\overset{F}{\leftrightarrow}X(f)$，$y(t)\overset{F}{\leftrightarrow}Y(f)$，则下列变换对成立：

$$ax(t)+by(t)\overset{F}{\leftrightarrow}aX(f)+bY(f) \tag{4.19}$$

式中，a、b 均为常数。

（2）时间展缩定理

若有 $x(t)\overset{F}{\leftrightarrow}X(f)$，则 $x(at)$ 的傅里叶变换为

$$x(at)\overset{F}{\leftrightarrow}\frac{1}{a}X\left(\frac{f}{a}\right) \tag{4.20}$$

式中，a 为大于零的常数。

证明，令 $t'=at$，代入到式（4.20）中进行傅里叶变换，即：

$$\int_{-\infty}^{+\infty}x(at)e^{-j2\pi ft}\,\mathrm{d}t=\int_{-\infty}^{+\infty}x(t')e^{-j2\pi f\frac{t'}{a}}\frac{\mathrm{d}t'}{a}=\frac{1}{a}\int_{-\infty}^{+\infty}x(t')e^{-j2\pi\frac{f}{a}t'}\,\mathrm{d}t'=\frac{1}{a}X\left(\frac{f}{a}\right)$$

这一性质如图 4.5 所示。时间尺度的扩展（或压缩）a 倍，相应地频率尺寸压缩（或扩展）a 倍。应当指出，当时间尺度扩展时，不仅频率尺寸缩小，而且频率域里的垂直幅度增大，以使曲线下的面积保持不变。

在日常生活中，我们也能见到这种现象。比如使用干电池的录音机，在电量不足时放音，声音会变得低沉而缓慢，这是由于带速变慢（时间尺度的扩展），使得频带收缩到低频段（频率尺寸压缩）引起的。在利用磁带记录仪进行信号采集时，经常用较快的速度录制被测信号，再用较慢的速度回放、采样，以便适应后续处理设备的频带宽度有限的情况。

（3）频率展缩定理

如果 $X(f)$ 的傅里叶逆变换是 $x(t)$，a 是实常数，则 $X(af)$ 的傅里叶逆变换可由下面傅里叶变换对给出：

$$\frac{1}{a}x\left(\frac{t}{a}\right)\overset{F}{\leftrightarrow}X(af) \tag{4.21}$$

证明同时间展缩定理，与此类似，频率尺度扩展（或压缩）a 倍，将导致时间尺度压缩（或扩展）a 倍，这个效应也可参考图 4.5。

（4）时移定理

若 $x(t)$ 的傅里叶变换为 $X(f)$，则有：

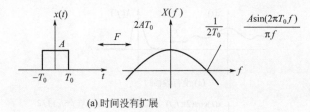

(a) 时间没有扩展

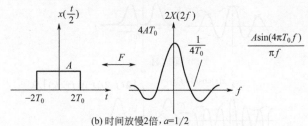

(b) 时间放慢2倍，$a=1/2$

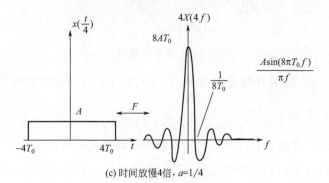

(c) 时间放慢4倍，$a=1/4$

图 4.5 时间展缩图

$$x(t-t_0) \overset{F}{\leftrightarrow} X(f)e^{-j2\pi ft_0} \tag{4.22}$$

证明：令 $s=t-t_0$，则有

$$\int_{-\infty}^{+\infty} x(t-t_0)e^{-j2\pi ft}\mathrm{d}t = \int_{-\infty}^{+\infty} x(s)e^{-j2\pi f(s+t_0)}\mathrm{d}s = e^{-j2\pi ft_0}\int_{-\infty}^{+\infty} x(s)e^{-j2\pi ft}\mathrm{d}s = e^{-j2\pi ft_0}X(f)$$

可见，因时间位移引起了 $x(t)$ 的相角变化。如令 $X(f)=A(f)e^{-j2\pi ft}$，有

$$e^{-j2\pi ft_0}X(f)=A(f)e^{-j2\pi ft}e^{-j2\pi ft_0}=A(f)e^{-j2\pi f(t-t_0)}$$

这也是可以理解为：不同时刻采集的信号，只存在相位上的差别，幅值不变。

（5）频移定理

如果 $X(f)$ 的自变量移动一个常量 f_0，则它的傅里叶逆变换被乘以 $e^{-j2\pi ft_0}$，即：

$$x(t)e^{-j2\pi ft_0} \overset{F}{\leftrightarrow} X(f-f_0) \tag{4.23}$$

与时移定理证明类似，令 $s=f-f_0$ 求得：

$$\int_{-\infty}^{+\infty} X(f-f_0)e^{j2\pi ft}\mathrm{d}f = \int_{-\infty}^{+\infty} X(s)e^{-j2\pi f(s+f_0)}\mathrm{d}s = e^{j2\pi tf_0}\int_{-\infty}^{+\infty} x(s)e^{-j2\pi ft}\mathrm{d}s = e^{j2\pi tf_0}x(t)$$

图 4.6 可以直观说明频率位移效应。假定频率函数 $X(f)$ 为实函数，这时，频域内的频谱左、右位移后叠加再折半，即相当于时间函数 $x(t)$ 与一个余弦函数相乘，此余弦函数的频率等于频率的位移量 f_0，这个过程通常称为调制。

由图 4.6 可见，频域双边谱的分离是由时间域幅度调制而引起的。

（6）卷积定理

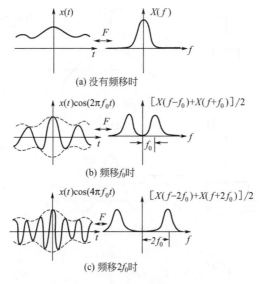

图 4.6 频率位移图

如果 $x(t)$ 和 $y(t)$ 分别有傅里叶变换 $X(f)$ 和 $Y(f)$，卷积定理用傅里叶变换对表示为：

$$x(t) * y(t) \overset{F}{\longleftrightarrow} X(f)Y(f) \tag{4.24}$$

为证明这个结果，首先，对式（4.24）左端进行傅里叶变换：

$$\int_{-\infty}^{+\infty}[x(t)*y(t)]e^{-j2\pi ft}\mathrm{d}t = \int_{-\infty}^{+\infty}\left[\int_{-\infty}^{+\infty}x(\tau)y(t-\tau)\mathrm{d}\tau\right]e^{-j2\pi ft}\mathrm{d}t$$

它等效于（假定积分顺序可以交换）：

$$\int_{-\infty}^{+\infty}x(\tau)\left[\int_{-\infty}^{+\infty}y(t-\tau)e^{-j2\pi ft}\mathrm{d}t\right]\mathrm{d}\tau \tag{4.25}$$

根据时延定理，式（4.25）中方括弧内的项变为：

$$\int_{-\infty}^{+\infty}y(t-\tau)e^{-j2\pi ft}\mathrm{d}t = e^{-j2\pi f\tau}Y(f)$$

于是，式（4.25）可写为：

$$\int_{-\infty}^{+\infty}x(\tau)\left[\int_{-\infty}^{+\infty}y(t-\tau)e^{-j2\pi ft}\mathrm{d}t\right]\mathrm{d}\tau = \int_{-\infty}^{+\infty}x(\tau)e^{-j2\pi f\tau}Y(f)\mathrm{d}\tau$$

$$= Y(f)\int_{-\infty}^{+\infty}x(\tau)e^{-j2\pi f\tau}\mathrm{d}\tau = Y(f)X(f)$$

同理可以证明它的逆过程为：

$$x(t)y(t)\overset{F}{\longleftrightarrow}X(f)*Y(f) \tag{4.26}$$

通常使用卷积定理时，可以将频域的卷积计算转换为时域的相乘计算，或时域卷积计算转换成频域乘积计算，以避免复杂的卷积计算过程。卷积定理还是傅里叶变换分析在许多方面应用的基础，将会看到这个定理在频谱分析中的应用是十分重要的。

4.3 典型信号的傅里叶变换

4.3.1 单位脉冲信号（δ 函数）

（1）δ 函数的定义

$$\delta(t)=\begin{cases}\infty & t=0\\0 & t\neq 0\end{cases} \tag{4.27}$$

$\delta(t)$ 是一广义函数，如图 4.7（b）所示，它可以看作是图 4.7（a）所示的矩形函数 $S_\delta(t)$ 当 $\varepsilon\to 0$ 时的极限。

$$\lim_{\varepsilon\to 0}S_\delta(t)=\delta(t)$$

需要说明，$\delta(t)$ 函数下所包含的面积为 1，即：

$$\int_{-\infty}^{+\infty}\delta(t)\mathrm{d}t=\lim_{\varepsilon\to 0}\int_{-\frac{\varepsilon}{2}}^{\frac{\varepsilon}{2}}S_\delta(t)\mathrm{d}t=\lim_{\varepsilon\to 0}\left[\varepsilon\times\frac{1}{\varepsilon}\right]=1 \tag{4.28}$$

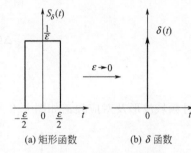

图 4.7　单位脉冲函数

（2）δ 函数的性质

① δ 函数的筛选性质

a. 任何一函数 $x(t)$ 与 $\delta(t)$ 相乘的积分值等于此函数在零点的函数值 $x(0)$。

证明：由于 $\delta(t)$ 的定义而使 $\delta(t)$ 与 $x(t)$ 的乘积仅在 $t=0$ 处有值，其值为 $\delta(t)\times x(0)$，所以：

$$\int_{-\infty}^{+\infty}\delta(t)x(t)\mathrm{d}t=\int_{-\infty}^{+\infty}\delta(t)x(0)\mathrm{d}t=x(0)\int_{-\infty}^{+\infty}\delta(t)\mathrm{d}t=x(0)$$

b. 任一函数 $x(t)$ 与具有时移 t_0 的单位脉冲函数 $\delta(t-t_0)$ 乘积的积分值是在该时移点上此函数的函数值 $x(t_0)$。

$$\int_{-\infty}^{+\infty}\delta(t-t_0)x(t)\mathrm{d}t=x(t_0) \tag{4.29}$$

这可由上面的方法同样得到证明。

根据这些性质可以看到函数 $x(t)$ 与处于时间轴上某点的单位脉冲函数相乘后的积分都等于该点的函数值，而其他所有点皆为零。这样，就等于通过这一处理将任意点的函数值筛选出来。这一特性后面被用来描述信号的采样过程。

② δ 函数的卷积性质

a. 任一函数 $x(t)$ 与 $\delta(t)$ 的卷积仍是此函数本身：

$$x(t)^*\delta(t)=x(t) \tag{4.30}$$

证明：根据卷积定义，有

$$x(t)^*\delta(t)=\int_{-\infty}^{+\infty}x(\tau)\delta(t-\tau)\mathrm{d}\tau$$

由于 $\delta(t)$ 为偶函数，$\delta(-t)=\delta(t)$，即 $\delta[-(t-\tau)]=\delta(\tau-t)=\delta(t-\tau)$，于是有

$$\int_{-\infty}^{+\infty}x(\tau)\delta(t-\tau)\mathrm{d}\tau=\int_{-\infty}^{+\infty}x(\tau)\delta(\tau-t)\mathrm{d}\tau=x(t)\ (\delta\ \text{函数的筛选性质})$$

b. 同理，任一函数 $x(t)$ 与具有时移 t_0 的单位脉冲函数 $\delta(t\pm t_0)$ 的卷积是时移后的该函数 $x(t-t_0)$

$$x(t)^*\delta(t\pm t_0)=x(t\pm t_0) \tag{4.31}$$

也可以采用图 4.8 所示的图解方法描述，一个在坐标原点对称的矩形函数 $x(t)$ 与具有时移的两个单位脉冲 $\delta(t+t_0)$ 和 $\delta(t-t_0)$ 作卷积，其结果是将 $x(t)$ 移至在这两个单位脉冲函数所在位置上，即一函数与时间轴上任一点的单位脉冲函数卷积，其结果是将该函数原封不动地搬移到单位脉冲函数所在的时间轴位置。

（3）δ 函数的频谱

$\delta(t)$ 为非周期函数，其频谱函数应按傅里叶积分求取：

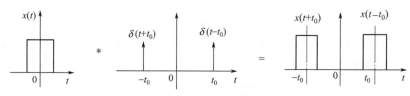

图 4.8 任一函数与 δ 函数的卷积

$$\Delta(f) = \int_{-\infty}^{+\infty} \delta(t) e^{-j2\pi ft} \, dt$$
$$= e^{-j2\pi f0} \qquad \text{(根据筛选性质)}$$
$$= 1$$

其时频域波形及对应频谱如图 4.9 所示。

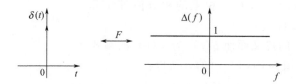

图 4.9 δ 函数的频谱

根据傅里叶变换的对称性,频域中的单位脉冲函数的时域表达式应为 1,即:

$$1 \overset{F}{\longleftrightarrow} \Delta(f) \tag{4.32}$$

再根据傅里叶变换的时移和频移性质,可以得到在时域有时移和在频域有频移的单位脉冲函数的对应域的表达式为:

$$\delta(t - t_0) \overset{F}{\longleftrightarrow} 1 e^{-j2\pi ft_0} \tag{4.33}$$

$$e^{-j2\pi f_0 t} \overset{F}{\longleftrightarrow} \Delta(f - f_0) \tag{4.34}$$

(4) δ 函数的物理意义

δ 函数也叫冲击函数,是用以把一些抽象的不连续的物理量表示成形式上连续且能进行各种数学运算的广义函数。例如,它可以把集中载荷表示为分布载荷(分布面积为零,载荷集度为无穷大),把理想的碰撞冲量表示成一般冲量(作用的时间为零,作用力为无穷大),可以作为一种理想的脉冲激励函数。

例如第 2 章的 2.2.4 的第一个例子,采用敲击实验法测量叶片的共振频率,就是利用脉冲激励原理实现的。由锤敲击产生的冲击脉冲相当一个 δ 函数,其频谱在理论上是一根直线,也就是在所有的频段具有相同的能量,称为白噪声。在与叶片的固有频率交叉处,会产生共振,引起系统的自由衰减振动,检测这个振动频率就是被测叶片的固有频率。

反之,直流信号的频谱是 δ 函数 [式 (4.32)],所以当信号中含有直流成分时,也就是有一个均值成分存在的话,在频谱中的 0 频率附近就会有较高幅值的谱峰(δ 函数)出现,这会严重影响其他计算结果的显示比例,而且处于 0 点附近,不易被察觉,易产生误判,如图 4.10 (a) 所示。所以,如前所述,信号处理前一般都要进行零均值化处理。零均值化处理后的频谱如图 4.10 (b) 所示,可见,简谐信号的幅值已变为最大值,说明 δ 函数的影响已经被剔除。

(5) δ 函数的应用

利用 δ 函数可以画出余弦、正弦函数的实、虚部频谱图。根据欧拉公式:

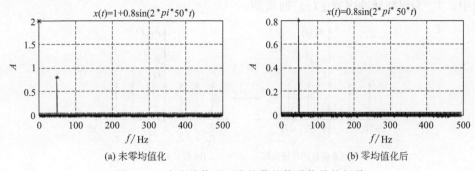

(a) 未零均值化　　　　　　　　　　　　　　(b) 零均值化后

图 4.10　含有均值和不含均值的简谐信号的频谱

$$\cos 2\pi f_0 t = \frac{1}{2}(e^{j2\pi f_0 t} + e^{-j2\pi f_0 t})$$

$$\sin 2\pi f_0 t = \frac{1}{2j}(e^{j2\pi f_0 t} - e^{-j2\pi f_0 t}) = -\frac{j}{2}(e^{j2\pi f_0 t} - e^{-j2\pi f_0 t})$$

对上述两式两边取傅里叶变换，并根据 δ 函数的频谱，得

$$F[\cos 2\pi f_0 t] = \frac{1}{2}[\delta(f+f_0) + \delta(f-f_0)]$$

$$F[\sin 2\pi f_0 t] = -\frac{j}{2}[\delta(f+f_0) - \delta(f-f_0)]$$

故余弦函数只有实频谱图，与纵轴偶对称；正弦函数只有虚频谱图，与纵轴奇对称，如图 4.11（c）所示。如前所述，频谱中出现了负频率成分，这是由于用复数表示 cos，sin 函数的结果。一般情况下，我们采用双边频谱表示，如图 4.11（d）所示，可见如果用复数方式的傅里叶变换，频谱是正负频率对称的，且幅值只有实数谱幅值的 1/2。

　　一般周期函数的复频谱，其实频谱总是偶对称的，虚频谱总是奇对称的，这也是识别周期信号的一个特征。

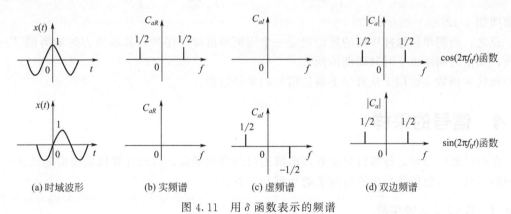

(a) 时域波形　　　　　(b) 实频谱　　　　　(c) 虚频谱　　　　　(d) 双边频谱

图 4.11　用 δ 函数表示的频谱

4.3.2　周期单位脉冲函数（梳状 δ 函数）

（1）定义

周期单位脉冲序列 $\delta_T(t)$ 如图 4.12（a）所示，其解析表达式为：

$$\delta_T(t) = \sum_{n=-\infty}^{+\infty} \delta(t - nT_s) \tag{4.35}$$

式中，T_s 为周期脉冲序列 $g(t)$ 的周期。

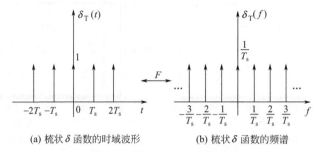

(a) 梳状 δ 函数的时域波形   (b) 梳状 δ 函数的频谱

图 4.12   周期单位脉冲序列及其频谱

（2）梳状 δ 函数的频谱

可以借助 δ 函数来求取梳状 $\delta_T(t)$ 函数的傅里叶变换：

$$\Delta_T(f) = \int_{-\infty}^{+\infty} \delta_T(t) e^{-j2\pi ft} \mathrm{d}t = \int_{-\infty}^{+\infty} \left[\frac{1}{T_s} \sum_{n=-\infty}^{+\infty} e^{-j2\pi n f_0 t} \right] e^{-j2\pi ft} \mathrm{d}t$$

$$= \frac{1}{T_s} \int_{-\infty}^{+\infty} \left[\sum_{n=-\infty}^{+\infty} e^{-j2\pi n f_0 t} \right] e^{-j2\pi ft} \mathrm{d}t$$

根据上述 δ 函数时域对应的特点，可以求 n 为各自然数时的频谱，例如

$$n = 0 \qquad \Delta_T(f) = \frac{1}{T_s} \int_{-\infty}^{+\infty} [1] e^{-j2\pi ft} \mathrm{d}t = \frac{1}{T_s} \delta(f)$$

$$n = \pm 1 \qquad \Delta_T(f) = \frac{1}{T_s} \int_{-\infty}^{+\infty} [1 \times e^{\pm 2\pi f_0 t}] e^{-j2\pi ft} \mathrm{d}t = \frac{1}{T_s} \delta(f \mp f_0)$$

$$\cdots$$

最后可得：

$$\Delta_T(f) = \frac{1}{T_s} \sum_{-\infty}^{+\infty} \delta(f - n f_0) = \frac{1}{T_s} \sum_{-\infty}^{+\infty} \delta\left(f - \frac{n}{f_s} \right) \tag{4.36}$$

其谱图如 4.12（b）所示。

总之，周期单位脉冲序列的频谱仍是一个周期单位脉冲序列，其幅值为时域周期 T_s 的倒数，频谱的周期也是时域周期的倒数。

梳状 δ 函数主要用于从数学上描述信号的采样过程。

4.4   信号的采样

在信号处理领域，计算机只能处理离散的时间序列函数，因此计算机系统需要把连续变化的信号变成离散信号后再进行相关的处理与运算。

4.4.1   连续信号的采样

一个连续时间信号 $x(t)$ 的采样过程如图 4.13 所示，图 4.13（b）中的采样开关称为采样器，在采样器作用下的实际采样信号用 $x^*(t)$ 表示。

信号处理系统的采样一般多为定时等间隔周期采样，采样间隔为 Δt，此时，当 $t = n\Delta t$ 时刻，采样开关闭合，采样器的输出恒等于 $x(t)|_{t=n\Delta t}$ 采样开关闭合时间为 τ，到达 $t = n\Delta t + \tau$ 时刻，采样开关打开，采样器的输出为零。这样，在采样器的作用下就得到了图 4.13（c）所示的采样器的输出信号 $x^*(t)$。

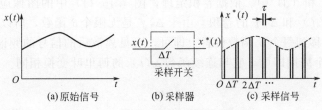

图 4.13　连续时间信号的采样过程

为了说明采样的基本原理，引入理想采样的概念。即当 $\tau \ll \Delta t$ 时，可以假设 $\tau = 0$，这时的采样开关称为理想采样开关，信号 $x(t)$ 经理想采样开关变为离散时间信号 $x^*(t)$ 的过程即为理想采样过程。

梳状 δ 函数 $\delta_T(t)$ 可以作为理想采样开关，来描述理想的采样过程。从数学上讲，采样信号 $x^*(t)$ 可以看成 $x(t)$ 和 $\delta_T(t)$ 的乘积，即：

$$x^*(t) = x(t) \sum_{n=-\infty}^{+\infty} \delta(t - n\Delta t) = \sum_{n=-\infty}^{+\infty} x(t)\delta(t - n\Delta t) \tag{4.37}$$

利用 δ 函数的筛选性质：

$$x^*(t) = \sum_{n=-\infty}^{+\infty} x(t)\delta(t - n\Delta t) = x(n\Delta t) , \ n = 1, 2, \cdots \tag{4.38}$$

从物理意义上，式（4.37）描述的理想采样过程可理解为脉冲调制过程：输入信号 $x(t)$ 作为调制信号，单位脉冲序列 $\delta_T(t)$ 作为载波，经过理想采样开关，得到理想采样序列 $x^*(t)$，如图 4.14 所示。

因此，理想采样器可形象地视作一个调制器，被调制信号为模拟量输入信号以采样开关的单位脉冲串作为调制频率，即梳状单位脉冲函数，如图 4.14（b）上方图所示。

4.4.2　采样定理

信号的采样确定了连续时间信号 $x(t)$ 的采样表达式 $x^*(t)$，那么，采样间隔 Δt 必须符合什么样的条件时，$x^*(t)$ 才能保留有原连续时间信号 $x(t)$ 的所有信息。香农（Shannon）采样定理解决了此类问题。

设连续时间信号 $x(t)$，其傅里叶变换为 $X(f)$，$X(f)$ 频谱中的最终高频率成分为 f_c。对连续时间信号 $x(t)$

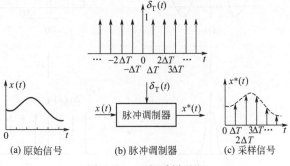

图 4.14　理想采样过程

采样，采样频率为 f_s。采样后的离散时间信号为 $x^*(t)$。如果满足条件 $f_s > 2f_c$，则可以从离散时间信号 $x^*(t)$ 中恢复原连续时间信号 $x(t)$。否则，会发生频率混叠，从离散信号 $x^*(t)$ 中无法恢复原连续时间信号 $x(t)$。

我们可以用下面的图解说明这个过程。

假设 $x(t)$ 为连续函数，$\delta_T(t)$ 为无穷脉冲序列，其采样间隔为 Δt，波形如图 4.15（a），（b）所示。将 $x(t)$ 与 $\delta_T(t)$ 相乘即可以得到离散的 $x^*(t)$ 信号，其波形如图 4.15（e）所示，此过程称为采样，也称为时域离散，$\delta_T(t)$ 叫做采样函数。

可以利用卷积定理来讨论采样在频域中的变化过程。$x(t)$ 和 $\delta_T(t)$ 的傅里叶变换分别表示于图 4.15（c）和（d）中。依据卷积定理，图 4.15（f）中的图像应是图 4.15（c）和（d）的频域函数 $X(f)$ 和 $\Delta_T f$ 的卷积。由于 $\Delta_T f$ 是无限个 δ 函数，所以根据 δ 函数卷积性质，只需将 $X(f)$ 移到每个 δ 函数位置上即可，可见离散后的信号的频谱是一个周期函数，只需观察其中的一个周期即可，它与连续函数 $x(t)$ 的傅里叶变换相同。

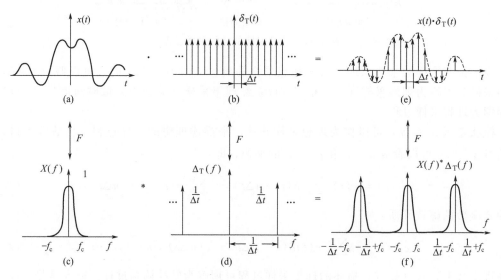

图 4.15　波形采样过程（普通采样频率）

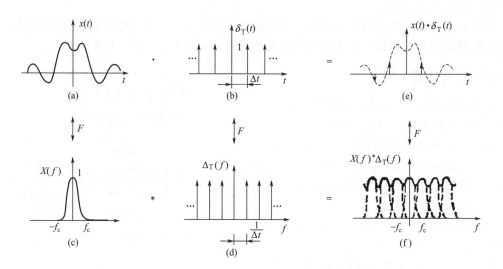

图 4.16　波形采样过程（较低采样频率）

如在上例中，加大采样间隔 Δt，其结果如图 4.16 所示。可见由于增大了 Δt，频域采样函数 $\Delta_T f$ 就变得更密，因为频域脉冲函数的间隔减小，它们与频谱 $X(f)$ 的卷积就产生了波形的相互重叠，如图 4.16（f）所示，函数的傅里叶变换由于采样引起的这种畸变称为混叠效应。

混叠效应产生的原因在于采样间隔 Δt 太大，也就是采样频率过低。如何才能不产生这种现象呢？在图 4.17 中可以看出，当 $\Delta_T f$ 脉冲函数的频率间隔小于 $2f_c$，即 $1/T_s < 2f_c$ 时，卷积便出现重叠现象，这里 f_c 是连续函数 $x(t)$ 的最高频率成分。

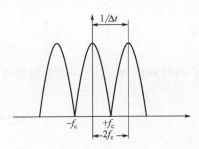

图 4.17 不产生混叠现象时的频谱

如果令 $f_s = \dfrac{1}{\Delta t}$，$f_s$ 称为采样频率，则不发生混叠效应的公式为：

$$f_s = \frac{1}{\Delta t} \geqslant 2f_c$$

即：

$$f_s \geqslant 2f_c$$

如果认为信号中的最高频率 f_{max} 等于 f_c 的话，则有：

$$f_s \geqslant 2f_{max} \tag{4.39}$$

这就是香农采样定理。

实际工程中，取：

$$f_s = (2.56 \sim 4)f_{max} \tag{4.40}$$

对未知的信号最高频率成分 f_{max}，可由信号的低通滤波器的截止频率产生。

4.4.3　采样点数与频率分辨率

信号分析处理过程中，首先要确定的是采样频率 f_s，采样频率应符合采样定理。其次要确定采样点数 N 和频率分辨率 Δf。采样点数受到快速傅里叶变换（FFT）变换的限制，一般情况下，只能取 1024 或 2048 这类 2^m 的点数（原因详见 4.6 所述），考虑到显示器分辨率的限制，多数采用 1024 点。采样频率 f_s、采样点数 N 和频率分辨率 Δf 之间的关系如下：

$$\Delta f = \frac{1}{T_0} = \frac{1}{N\Delta t} = \frac{f_s}{N} \tag{4.41}$$

式中，T_0 为采样总长度；Δt 为采样间隔。

频率分辨率决定了频谱的分析精度，要想提高频率分辨率（降低 Δf），应尽量减少采样频率 f_s，或增加采样点数 N。

例，已知某信号的最高频率 $f_{max} = 1500\text{Hz}$，希望达到的频率分辨率 $\Delta f = 5\text{Hz}$，试选择采样频率 f_s、采样长度 T_0 及采样点数 N。

解：采样频率 $f_s \geqslant 2f_{max}$，取：

$$f_s = 2.5f_{max} = 2.5 \times 1500 = 3750\text{Hz}$$

频率分辨率 $\Delta f = 1/T_0$，采样长度 T_0 为：

$$T_0 = 1/\Delta f = 1/5 = 0.2\text{s}$$

采样点数 $N = T_0/\Delta t = Tf_s$，于是：

$$N = T_0 f_s = 0.2 \times 3750 = 750$$

此时，N 应取 1024，采样频率为：

$$f_s = N/T_0 = 1024/0.2 = 5120\text{Hz}$$

由于采样长度未变，此时，频率分辨率仍然不变，且 $f_s \geqslant 2f_{max}$，符合要求。

4.5　离散傅里叶变换（DFT）

利用计算机计算傅里叶变换时，需要研究适用于机器计算的傅里叶变换，即所谓离散傅里叶变换（Discrete Fourier Transform，DFT）。

4.5.1 DFT 的理论公式

连续时间信号 $x(t)(0 \leqslant t < T)$ 经采样后得到长度为 N 的时间序列 $x(n)$，可将傅里叶积分公式

$$X(f) = \int_0^T x(t)e^{-j2\pi ft}\,\mathrm{d}t \tag{4.42}$$

化为：

$$X(f) \approx \sum_{n=0}^{N-1} x(n\Delta t)e^{-j2\pi f\Delta t}\Delta t \tag{4.43}$$

式中，$\Delta t = T_0/N$，称为采样间隔。

此时频谱 $X(f)$ 仍是连续的，但是，实际运算中只能对有限项进行计算，因此必须对连续的频率轴离散化，以便与时域采样信号相对应。取 $\Delta f = 1/T_0 = 1/(N\Delta t)$，则式（4.43）变为：

$$X(k\Delta f) \approx \sum_{n=0}^{N-1} x(n\Delta t)e^{-j2\pi k\Delta fn\Delta t} \qquad (k=0,1,2,\cdots,N-1) \tag{4.44}$$

因为 $\Delta f\Delta t = \dfrac{1}{T_0}\Delta t = \dfrac{1}{N\Delta t}\Delta t = \dfrac{1}{N}$，所以式（4.44）可写为

$$X(k\Delta f) \approx \sum_{n=0}^{N-1} x(n\Delta t)e^{-j2\pi k\frac{n}{N}} \qquad (k=0,1,2,\cdots,N-1) \tag{4.45}$$

当已知 Δf 和 Δt 时，可以不在公式中列出，令其为 1，则有更简洁的公式：

$$X(k) = \sum_{n=0}^{N-1} x(n)e^{-j2\pi nk/N} \qquad (k=0,1,2,\cdots,N-1) \tag{4.46}$$

式中　n——时域离散值的序列号；

　　　k——频域离散值的序列号。

同理，离散的傅里叶逆变换为：

$$x(n) = \sum_{k=0}^{N-1} X(k)e^{j2\pi nk/N} \qquad (n=0,1,2,\cdots,N-1) \tag{4.47}$$

为了书写方便，令 $W_N = e^{-j2\pi/N}$，把式（4.46）和式（4.47）写成如下的形式

$$X(k) = \sum_{n=0}^{N-1} x(n)W_N^{nk} \qquad (k=0,1,2,\cdots,N-1) \tag{4.48}$$

$$x(n) = \sum_{k=0}^{N-1} X(k)W_N^{-nk} \qquad (n=0,1,2,\cdots,N-1) \tag{4.49}$$

当然，在需要具体计算离散频率值时，还需引入参量 Δf 的具体值进行计算。

4.5.2 DFT 计算过程的图解说明

根据 DFT 的定义，一个连续函数的 DFT 求解过程需要三步：时域离散、时域截断和频域离散，时域离散的过程已经在 4.4 中讨论过了，这里仅简单介绍，重点讨论时域截断和频域离散后两步过程。

（1）第一步：时域离散

如图 4.18（a）～（c）所示，对 $x(t)$ [图 4.18（a）] 进行波形采样，即将 $x(t)$ 乘以采

样函数 $\delta_T(t)$ [图 4.18（b）]，采样间隔为 Δt。图 4.18（c）表示采样结果和它的傅里叶变换。这是对原始波形的第一次修改，一般将这一步修改叫做时域离散。由前面的 4.4.2 可知，采样后多少会产生一些混叠误差，可遵循采样定理来减少这一误差。

（2）第二步：时域截断

采样后的函数 $x^*(t)=x(t)\delta_T(t)$，仍有无穷多个样本值，不适合计算机计算，所以必须将采样后的函数 $x^*(t)$ 进行截断，使之为有限个样本点。图 4.18（d）表示了截断函数（矩形窗函数）和它的傅里叶变换。T_0 为截断函数的区间宽度。图 4.18（e）表示截断后有限宽度的离散时间函数，其傅里叶变换是带混叠效应的频率函数与截断窗函数的傅里叶变换作卷积。它的影响已在图 4.18（e）中表示出来，使其傅里叶变换结果出现了皱褶（为了清楚起见，图中有意夸大了），称为频率泄漏。要想减少这种频率泄漏，可将截断窗函数的长度尽可能选得长些，因为矩形函数的傅里叶变换是 $\sin(T_0\pi f)/\pi f$，若增加截断函数的长度 T_0，该函数就越近于 δ 函数。这时，在频域的函数卷积中由于截断所引起的皱褶（或误差）

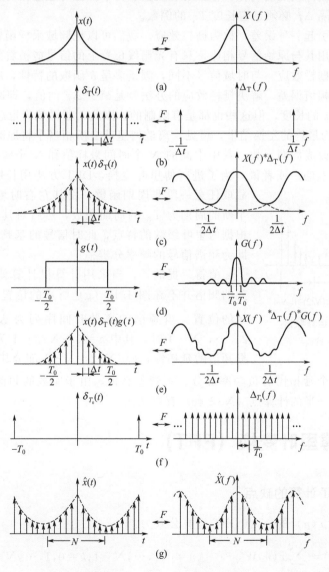

图 4.18　DFT 过程的图解说明

也就越小。一般总希望截断函数的长度尽可能选得长些，但是，由于计算机内存的限制，不可能无限长，因此，频率泄漏现象总是存在的，这在后面我们还要讨论。这是对原信号傅里叶变换的第二次修改，称为对离散波形的时域截断，时域截断会产生频域泄漏误差。

（3）第三步：频域离散（或称时域延拓）

将原始波形修改到图4.18（e）还不行，因为频域函数还是连续的，仍不能用计算机进行频域的计算。所以还必须用频域采样函数 $\Delta_{T_0}(f)$ 把频域函数离散化。根据式（4.41），频率离散的间隔 Δf 应为 $1/T_0$。

我们知道，时域采样引起频域的周期化。那么，在频域上采样的结果也会引起时域函数的周期化。当用图4.18（f）所示频域采样函数 $\Delta_{T_0}(f)$ 与图4.18（e）所示的频域函数相乘时，相当于图4.18（f）所示时域函数 $x(t)\delta_T(t)g(t)$ 与 $\delta_{T_0}(t)$ 相卷积，由于 $\delta_{T_0}(t)$ 也是梳状 δ 函数，相当于把 $x(t)\delta_T(t)g(t)$ 平移至各个 δ 函数处，如图4.18（g）的 $\hat{x}(t)$ 所示，这引起了时域函数的周期化，称为时域延拓。为了保证时域延拓时周期函数能够首尾相接，频域采样间隔 Δf 必须是窗长度 T_0 的倒数。

频域采样也会引起一种误差，称为栅栏效应。我们可以把频域采样函数出现的位置想象成光栅的一根线，用其与原始信号相比，只有光栅线位置上的信号能被看到，其他都被栅栏挡住了，所以称为栅栏效应。与时域信号不同，频谱多呈 δ 函数的特性，所以很小的栅栏效应就会引起很大的幅值误差。解决栅栏效应的办法就是减少 Δf 的值，即减少采样频率，或加长时域截断窗 T_0 的长度，但这些也都是有限制的。因此，栅栏效应也总是多少存在的。

图4.18（g）为最终的变换结果，可见，离散傅里叶变换相当于将原时间函数和频域函数二者都截断并修改成周期函数。其中中间的 N 个时间采样值和 N 个频域采样值为真值，其余均为周期化产生的。或者说，为了进行傅里叶变换，DFT方法用长度为 T_0 矩形函数截取任意一段非周期函数，将其左右时域延拓后，形成一个新的周期为 T_0 的周期函数，然后对其进行傅里叶变换。根据傅里叶级数的特点，此时信号的基频 $f_0 = 1/T_0 = \Delta f$，即为频谱信号的频率分辨率。

值得一提的是，当采用计算机计算傅里叶变换时，得到的频谱并不在图4.18（g）所示的位置。而在图4.19所示的位置。当频谱的离散时间序列为 $\hat{X}(k)$，$k = 0, 1, 2, \cdots, N-1$ 时，其中 $k = 0 \sim N/2 - 1$ 为正频率部分，根据频谱的延拓性，$k = N/2 \sim N-1$ 部分其实为负频率部分，或者说是右边第一个延拓谱的负频率部分。不管怎么说，由于实数的频谱是正负频率对称的，因此，只有前一半的计算点（$N/2$ 点）有意义。

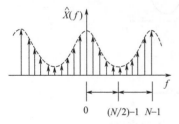

图4.19 DFT运算频谱
的实际位置

4.6 快速傅里叶变换（FFT）

4.6.1 直接 DFT 计算的缺点

已知时间序列 $x(n)$ 的 N 点 DFT 运算公式为：

$$X(k) = \sum_{n=0}^{N-1} x(n) W_N^k \qquad (n = 0, 1, \cdots, N-1; k = 0, 1, \cdots, N-1)$$

N 点 DFT 计算过程如下：

$$X(0) = \sum_{n=0}^{N-1} x(n) W_N^0 = x(0) W_N^0 + x(1) W_N^0 + \cdots = \sum_{n=0}^{N-1} x(n)$$

$$X(1) = \sum_{n=0}^{N-1} x(n) W_N^n = x(0) W_N^0 + x(1) W_N^1 + x(2) W_N^2 + \cdots + x(n-1) W_N^{N-1}$$

$$X(2) = \sum_{n=0}^{N-1} x(n) W_N^{2n} = x(0) W_N^0 + x(1) W_N^2 + x(2) W_N^4 + \cdots + x(n-1) W_N^{2(N-1)}$$

$$\cdots$$

$$X(N-1) = \sum_{n=0}^{N-1} x(n) W_N^{(N-1)n} = x(0) W_N^0 + x(1) W_N^{N-1} + x(2) W_N^{(N-1)2} + x(N-1) W_N^{(N-1)^2}$$

由上式可看出，若计算所有的离散值 $X(k)$，由于 W_N 和 $x(n)$ 可能都是复数值，故需要进行 N^2 次复数乘法和 $N(N-1)$ 复数加法的运算。已知一次复数乘法等于四次实数乘法，一次复数加法等于两次实数加法。因此，对大的 N 来说（数据处理中一般取 $N=1024$），这是一个相当大的运算量。所以，虽然早就有了 DFT 理论及计算方法，但因计算工作量大、计算时间长，限制了实际应用，迫使人们想办法提高对 DFT 的计算速度。1965年，美国学者库利（Cooly）和图基（Tueky）提出了快速算法，即 FFT（Fast Fourier Transform，FFT）算法。目前已发展有多种形式，它们之间的计算效果略有不同。下面仅以基 2 算法计算序列数长 $N=2^i$（i 为正整数）的频谱，用以说明 FFT 变换的基本原理。

4.6.2 快速傅里叶变换（FFT）的方法

(1) FFT 的基本原理

设一个总长为 N 的时间序列信号 $x(n)$，$x(0)$，$x(1)$，$\cdots$，$(N-1)$，先把其分成两个序列：

偶序列 $\qquad g(n) = x(2n) \qquad (n=0,1,2,\cdots,N/2-1)$ (4.50)

奇序列 $\qquad h(n) = x(2n+1) \qquad (n=0,1,2,\cdots,N/2-1)$ (4.51)

再分别计算上述两个序列的 DFT：

$$G(k) = \sum_{n=0}^{\frac{N}{2}-1} g(n) W_{\frac{N}{2}}^{nk} = \sum_{n=0}^{\frac{N}{2}-1} g(n) e^{-j2\pi \frac{nk}{N/2}}$$

$$\left(k=0,1,2,\cdots,\frac{N}{2}-1 \right)$$

$$H(k) = \sum_{n=0}^{\frac{N}{2}-1} h(n) W_{\frac{N}{2}}^{nk} = \sum_{n=0}^{\frac{N}{2}-1} h(n) e^{-j2\pi \frac{nk}{N/2}}$$

计算上述两式各需要 $\left(\dfrac{N}{2}\right)^2$ 次复乘，共需要 $2\left(\dfrac{N}{2}\right)^2$ 次，为了简便起见，不考虑加法的运算时间，库利和图基发现有下面的公式存在：

$$X(k) = G(k) + e^{-j2\pi \frac{k}{N}} H(k) \qquad (k=0,1,2,\cdots,N-1)$$ (4.52)

证明：

$$X(k) = \sum_{n=0}^{\frac{N}{2}-1} g(n) e^{-j2\pi \frac{nk}{N/2}} + e^{-j2\pi \frac{k}{N}} \sum_{n=0}^{\frac{N}{2}-1} h(n) e^{-j2\pi \frac{nk}{N/2}}$$

$$= \sum_{n=0}^{\frac{N}{2}-1} x(2n) e^{-j2\pi \frac{2nk}{N}} + e^{-j2\pi \frac{k}{N}} \sum_{n=0}^{\frac{N}{2}-1} x(2n+1) e^{-j2\pi \frac{2nk}{N}}$$

$$= \sum_{n=0}^{\frac{N}{2}-1} x(2n) e^{-j2\pi(2n)k/N} + \sum_{n=0}^{\frac{N}{2}-1} x(2n+1) e^{-j2\pi(2n+1)/N}$$

$$= \sum_{n=0}^{N-1} x(n) e^{-j2\pi nk/N} = X(k)$$

由于合并增加了 N 次复乘,总的计算量为 $2\left(\dfrac{N}{2}\right)^2 + N$ 次,相对直接 DFT 的计算次数 N^2,减少的次数等于:

$$N^2 - \left(2\left(\frac{N}{2}\right)^2 + N\right) = \frac{N^2}{2} - N$$

可见计算次数可以减少一半以上。因此,原始序列 $x(n)$ 的 DFT 可以按照式 (4.52) 所示的方法,直接从两个半序列 $g(n)$ 和 $h(n)$ 的 DFT 求出。式 (4.52) 是 FFT 算法的核心方程。按照这个原理,如果序列 $x(n)$ 的原始采样数 N 是 2 的幂次,则每半个序列 $g(n)$ 和 $h(n)$,它们自己可以再分为 1/4 序列,1/8 序列等等,直到最后的子序列成为各剩一项为止。而单项数列的 DFT 等于单项自身,即:

$$X(0) = \sum_{n=0}^{0} x(0) e^{-j2\pi 00/1} = x(0) \quad (N=1)$$

这时共需要分解的次数为 $\lg_2 N$,如 $N=4$ 时,分解次数为 2。由于单个子序列的 DFT 就是其自身,所以原来计算子序列 DFT 的复乘次数 N^2 也就没有了,仅剩下合并时的复乘计算次数为 $N\lg_2 N$。因此,当进行 N 点 FFT 运算时,可节约的复乘次数为:

$$N\lg_2 N / N^2 = \lg_2 N / N \tag{4.53}$$

表 4.1 给出了不同 N 点 FFT 运算时的计算效率。

表 4.1　FFT 计算效率表

N	4	16	64	256	1024	4096	16384
$\lg_2 N / N$	2	4	10.7	32	102.4	341.3	1120.3

(2) 计算实例

计算 4 个点的 FFT 变换。已知 $N=4$,$x(n) = \{x_0, x_1, x_2, x_3\}$,其分解与合并蝶形流程图如图 4.20 所示,分解次数为 2,根据式 (4.52) 完成的合并过程为:

第一次合并,此时 $N=2$:

$$G(0) = GG + e^{-j2\pi k/N} GH = x_0 + x_2 e^{-j2\pi 0/N} = x_0 + x_2$$

$$G(1) = GG + e^{-j2\pi k/N} GH = x_0 + x_2 e^{-j\pi} = x_0 - x_2$$

$$(e^{-j\pi} = \cos\pi - j\sin\pi = -1)$$

同理:

$$H(0) = x_1 + e^{-j2\pi k/N} x_3 = x_1 + x_3$$

$$H(1) = x_1 + e^{-j2\pi k/N} x_3 = x_1 - x_3$$

第二次合并,$N=4$:

$$X(0) = G(0) + e^{-j2\pi k/N} H(0) = x_0 + x_2 + e^{-j2\pi 0/4}(x_1 + x_3) = x_0 + x_2 + x_1 + x_3$$

$$X(1) = G(1) + e^{-j2\pi k/N} H(1) = G(1) + e^{-j2\pi 1/4} H(1) = G(1) - jH(1) = x_0 - x_2 - j(x_1 - x_3)$$

$$X(2)=G(2)+e^{-j2\pi k/N}H(2)=G(0)+e^{-j2\pi 2/4}H(0)$$
$$=G(0)+e^{-j\pi}H(0)$$
$$=x_0+x_2-(x_1+x_3)$$

[根据周期性 $G(2)=G(0+N/2)$
$$=G(0+2)$$
$$=G(0), \quad H(2)类似]$$

$$X(3)=G(3)+e^{-j2\pi k/N}H(3)$$
$$=G(1)+e^{-j2\pi 3/4}H(1)$$
$$=G(1)+e^{-j3\pi/2}H(1)$$
$$=x_0+x_2+j(x_1+x_3)$$

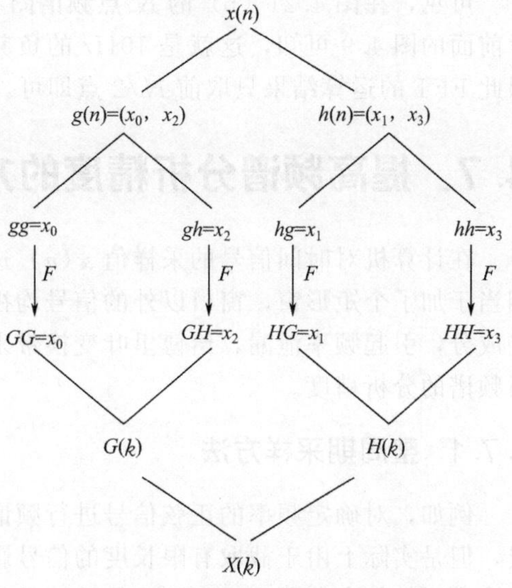

总共复乘次数 8 次，直接时需要 16 次。

图 4.20　分解与合并蝶形流程图

（3）FFT 的计算机实现

对一个时间函数 $x(t)=10.0^*\sin(2\pi f_c t)$ 进行分析，其中信号频率 $f_c=10\mathrm{Hz}$，采样频率 $f_s=100\mathrm{Hz}$，采样点数 $N=1024$ 点，其 MATLAB 程序段如下，计算结果如图 4.21 所示。

```
fc= 10;% 信号频率
Fs= 100;% 采样频率
N= 1024;% 采样点数
n= 0:N-1;% 设定时间轴序列
x= 10.0* sin(2* pi* n* fc/Fs);% 产生信号
y= fft(x,N);% FFT 计算
Ay = sqrt(y.* conj(y))* 2.0/N;% 计算幅值谱
f= (0:length(Ay)-1)* Fs/length
(Ay);% 设定频率轴序列
figure;
plot(f(1:N/2),Ay(1:N/2),'black');% N/2点频谱输出,见图 4.21(a)
grid;
figure;
plot(f(1:N),Ay(1:N),'black');% N点频谱输出,见图 4.21(b)
grid;
```

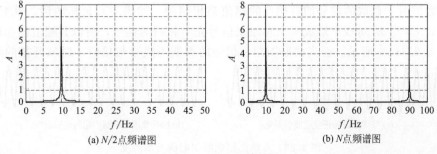

(a) $N/2$ 点频谱图 (b) N 点频谱图

图 4.21　FFT 运算结果

可见，在图 4.21（b）的 N 点频谱图上除了 10Hz 处的谱峰外，还有 90Hz 的谱峰，参考前面的图 4.9 可知，这就是 10Hz 的负频率成分，即被测 10Hz 信号的幅值轴对称成分。因此 FFT 的运算结果只取前 $N/2$ 点即可，即图 4.21（a）所示的 $N/2$ 点频谱图是正确的。

4.7 提高频谱分析精度的方法

在计算机对时间信号的采样值 $x(n)$ 进行 DFT 运算时，只能取有限点数进行计算。这相当于加了个矩形窗，窗口以外的信号均视为零。这种时域上的截断效应导致频域内附加一些成分，引起频率泄漏，给傅里叶变换带来误差。一般可以采用下述方法克服这种误差，提高频谱的分析精度。

4.7.1 整周期采样方法

例如，对确定频率的正弦信号进行频谱分析。理论上其谱图只有在确定频率处有一根谱线，但是实际上由于截取有限长度的信号影响，在其频谱图上除了主要频率分量外，还出现了许多附加频率分量，从而造成能量不是集中于确定频率上，部分能量泄漏到其他频率上。这就是前面所说的频率泄漏误差，又称为截断误差。但是在某些时候这种截断误差并不明显，如图 4.22（a）所示，而有时候又非常严重，如图 4.22（b）所示，可见在采样频率、采样长度大约相同的情况下，频率泄漏现象并不一样。

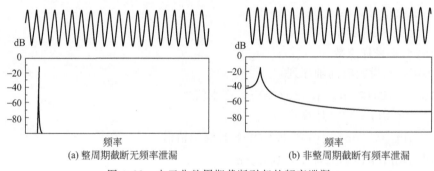

(a) 整周期截断无频率泄漏   (b) 非整周期截断有频率泄漏

图 4.22 由于非整周期截断引起的频率泄漏

实际上，图 4.22（a）和（b）是对同一个简谐信号的采样分析结果，两者的区别是：图 4.22（a）的采样总长度与信号的周期成整数倍，而图 4.22（b）中的不成整数倍。前者称整周期采样，后者称非整周期采样。两者采样频率相同，产生两种不同的分析结果的原因，可由 DFT 的时域延拓过程来说明。

我们知道，DFT 方法用一定长度的矩形窗函数截取任意一段非周期函数，将其左右时域延拓后，形成一个新的周期函数，然后对其进行傅里叶变换。当这个窗长度与被测信号的周期成整数倍时，截取的信号的首尾点的幅值是相同的，如果左右延拓的话，就会衔接上，在 $[-\infty, +\infty]$ 时间域上形成一个和原来信号完全相同的信号，所以其幅值谱和理论值相同。如图 4.23（a）所示。而当截取周期与信号的周期不成整数倍时，时域延拓的结果就会

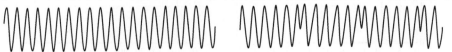

(a) 整周期截断正弦波波形不变   (b) 因非整周期截断引起的波形改变

图 4.23 非整周期截断引起的波形改变

出现断点，引起的波形畸变［如图 4.23（b）所示］，这样在频谱中必然会衍生出很多的频率成分去弥补这些断点。

4.7.2　窗函数法

对于随机信号，并不存在特定的周期成分，所以整周期采样法并不适用，这时，一般多采用窗函数法解决频率泄漏问题。

（1）基本窗函数

① 矩形窗函数（图 4.24）

$$w(t)=\begin{cases}1 & 0\leqslant t\leqslant T_0 \\ 0 & t<0,t>T_0\end{cases} \tag{4.54}$$

则

$$W(f)=T_0\frac{\sin(\pi T_0 f)}{\pi T_0 f} \tag{4.55}$$

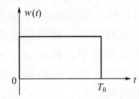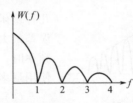

图 4.24　矩形窗函数及其频谱

② 汉宁窗（Hanning）（图 4.25）

$$w(t)=\begin{cases}0.5[1-\cos(2\pi t/T_0)] & 0\leqslant t\leqslant T_0 \\ 0 & t<0,t>T_0\end{cases} \tag{4.56}$$

则

$$W(f)=\frac{T_0}{2}\times\frac{\sin(\pi T_0 f)}{\pi f T_0}\left[\frac{1}{1-(fT_0)^2}\right] \tag{4.57}$$

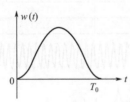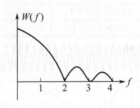

图 4.25　汉宁窗函数及其频谱

③ 海明窗（Hamming）（图 4.26）

$$w(t)=\begin{cases}0.5[1-0.85\cos(2\pi t/T_0)] & 0\leqslant t\leqslant T_0 \\ 0 & t<0,t>T_0\end{cases} \tag{4.58}$$

则

$$W(f)=\frac{T_0}{2}\times\frac{\sin(\pi T_0 f)}{\pi f T_0}\left[\frac{0.54-0.23(fT_0)^2}{1-(fT_0)^2}\right] \tag{4.59}$$

（2）窗函数的指标

如图 4.27 所示，窗函数的指标有下列几个：

① 最大旁瓣值。用最大旁瓣峰值与主瓣峰值之比，取对数表达式，即 $20\lg A_旁/A_主$，

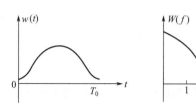

图 4.26 海明窗函数及其频谱

以分贝 (dB) 为单位，此值为负值，越小越好。

② 旁瓣衰减率。用 10 个相邻旁瓣峰值的衰减比的对数表示，记为 dB/10oct，此值大则旁瓣衰减快，即泄漏少。

③ 主瓣宽。以下降 3dB 时的带宽表示，通常用 3dB 带宽×Δf 给出，Δf 为频率分辨率。主瓣窄的优点是可以精确定出其峰值频率。

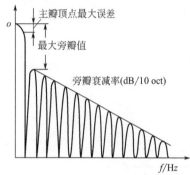

图 4.27 窗函数指标

④ 主瓣顶点最大误差以％表示。表 4.2 给出常用的几种窗函数的指标。矩形窗频率泄漏最严重，主瓣顶点误差最大，但主瓣最窄，故只用在要精确定出主瓣峰值频率时。在这几种窗中，Hanning 窗频率泄漏最少，故使用最多，但主瓣较宽，主瓣顶点误差也不小。

（3）应用实例

图 4.28 给出了一周期波形在用矩形窗［图（a）为整周期截断，图（b）为非整周期截断］，Hanning 窗及 Hamming 窗（均为非整周期截断）处理后的频谱图。图上的时域波形均已经过加窗处理。可见经 Hanning 窗处理后［图 4.28 (c)］的频谱最接近图 4.28（a）（此时为整周期截断、无频率泄漏），但各谱峰变宽了。

表 4.2 常用窗函数的比较

窗函数	最大旁瓣值 /dB	旁瓣衰减率 /(dB/10 oct)	主瓣宽 3dB 带宽×Δf	主瓣顶点最大误差 /％
矩 形	−13(21％)	−20	0.89	−35.24
Hanning	−12.47(2.7％)	−30	1.44	14.12
Hamming	−42.9(0.7％)	−20	1.34	14.14

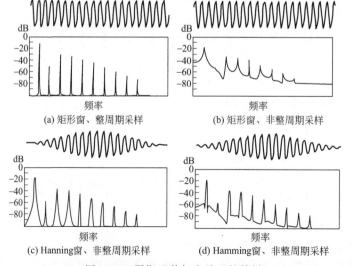

(a) 矩形窗、整周期采样   (b) 矩形窗、非整周期采样

(c) Hanning窗、非整周期采样   (d) Hamming窗、非整周期采样

图 4.28 周期函数加窗处理的结果

4.8 傅里叶频谱信息的表示方法

4.8.1 确定性信号的傅里叶谱

(1) 确定性信号傅里叶谱的特性及表示方法

确定性信号 $x(t)$ 的傅里叶谱 $X(\omega)$ 是个复数，因此它包含实频、虚频或幅频以及相频等信息。工程中为使用方便，常采用以下几种表示方法。

① 实频特性及虚频特性表示

即将傅里叶变换结果 $X(\omega)$ 写成：

$$X(\omega) = R(\omega) + jI(\omega)$$

其中，$R(\omega)$ 为 $X(\omega)$ 的实部，$I(\omega)$ 为 $X(\omega)$ 的虚部，反映 $R(\omega)$ 及 $I(\omega)$ 变化规律的曲线，分别称为实频特性曲线 [图 4.29 (a)] 及虚频特性曲线 [图 4.29 (b)]。工程中也将 $R(\omega)$ 称为 $X(\omega)$ 的实频谱，$I(\omega)$ 称为 $X(\omega)$ 的虚频谱。

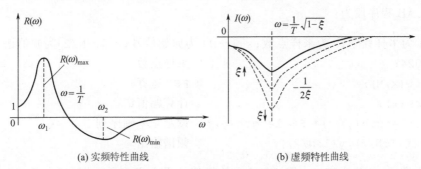

(a) 实频特性曲线　　　　　　　　(b) 虚频特性曲线

图 4.29　实频特性及虚频特性图

② 幅频特性及相频特性表示法。将 $X(\omega)$ 写成：

$$X(\omega) = A(\omega)e^{j\varphi(\omega)}$$

的形式。其中 $A(\omega)$ 为 $X(\omega)$ 的幅值，$\varphi(\omega)$ 为 $X(\omega)$ 的相位。反映 $A(\omega)$ 及 $\varphi(\omega)$ 变换规律的曲线，分别称为幅频特性曲线和相频特性曲线，如图 4.30 所示。工程中，也称 $A(\omega)$ 为幅值谱，$\varphi(\omega)$ 为相位谱。

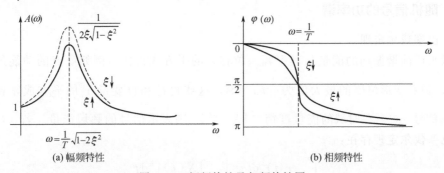

(a) 幅频特性　　　　　　　　(b) 相频特性

图 4.30　幅频特性及相频特性图

③ 幅-相频率特性或奈魁斯特图表示法。即将 $X(\omega)$ 视为极坐标中的一个矢量，用此矢量端点随频率 ω 而变化的轨迹来表示 $X(\omega)$ 的办法，称为 $X(\omega)$ 的幅-相频率特性，或奈奎斯特表示法。这样的矢端轨迹曲线称为幅-相频率特性曲线或奈奎斯特图，如图 4.31 所示。

显然，其上任意一点均综合反映了 $X(\omega)$ 的实频，虚频及幅频相频信息。

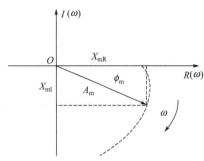

图 4.31　幅-相频率特性（奈奎斯特图）

对于频谱中的幅值信息，工程中还有下面的表示方法。

（2）傅里叶幅值信息的表示方法

① 幅值谱 A_m。此处采用离散公式描述，假设时间序列函数 $x(n)$ 的 FFT 变换为 $X(k)$，那么，幅值谱 A_m 是 $X(k)$ 的模，即 $A_m=|X(k)|$。幅值谱客观地反映了信号 $x(n)$ 中各频率分量的实际贡献，并同等地看待它们对信号的重要性，因而是一种等权（权重均为 1）谱。

假设原始信号为 $x(n)$，　（$n=0,1,2,\cdots,$ $N-1$），其 FFT 变换结果为 $X(k)=R_e(k)+jI_m(k)$，则其幅值谱表达式为：

$$A_m=|X(k)|=\sqrt{R_e(k)^2+I_m(k)^2} \qquad \left(k=0,1,2,\cdots,\frac{N}{2}-1\right) \tag{4.60}$$

MATLAB 程序段为：

```
% SF 为采样频率;N 为采样点数;x[1~N] 为原始信号;y[1~N/2]为幅值谱
N= 1024;                          % 采样点数
x= fft(x,N);                      % FFT 运算
y= abs(x);                        % 计算幅值谱
f= (0:length(y)-1)* SF/length(y); % 设定频率轴序列
plot(f(1:N/2),y(1:N/2));          % 频谱输出
```

② 均方谱 S_m。均方谱 S_m 用 $X(k)$ 的幅值的平方来表示，即 $S_m=A_m^2=|X(k)|^2$。它对贡献大的频率分量加大权，贡献小的频率分量加小权，突出主要矛盾，显然是一种变权谱（权重为每个频率分量的幅值本身）。

③ 对数谱 L_m。定义为 $L_m=\ln A_m=\ln|X(k)|$，它对贡献小的频率分量加大权，贡献大的频率分量加小权，突出次要矛盾，这也是一种变权谱。

对数谱通常采用分贝（dB）单位，此时 $L_m=20\lg A_m=20\lg|X(k)|$。

4.8.2　随机信号的功率谱

（1）巴塞伐尔定理

一般来说简谐振动的能量与其振幅（位移）的平方成正比。例如质点的动能最大值为 $\frac{1}{2}m\omega x^2$，弹簧变形位能的最大值为 $\frac{1}{2}kx^2$ 等，这些也都和自变量 x 的平方成正比。所以 $x^2(t)$ 是信号 $x(t)$ 在时域的能量度衡，$|X(f)|^2$ 则表示信号的频域能量。若 $x(t)$ 为实数，有巴塞伐尔定理存在：

$$\int_{-\infty}^{+\infty}x(t)^2\mathrm{d}t=\int_{-\infty}^{+\infty}|X(f)|^2\mathrm{d}f \tag{4.61}$$

该式表示信号的时域能量等于频域能量，或者说傅里叶变换是能量守恒的。

（2）功率谱密度函数

由于随机信号一般是非周期的，且是无限持续的，因此不符合傅里叶积分的绝对可积条件，所以不存在傅里叶变换，但是其功率是有限的。因此，我们可以求取功率函数的傅里叶变换。

信号 $x(t)$ 在时间 $[-T/2, T/2]$ 域内的能量 E_x 为：

$$E_x = \int_{-\frac{T}{2}}^{+\frac{T}{2}} x(t)^2 \mathrm{d}t \tag{4.62}$$

当 $T \to \infty$ 时，平均功率为：

$$P_x = \lim_{T \to \infty} \frac{1}{T} \int_{-\frac{T}{2}}^{+\frac{T}{2}} x(t)^2 \mathrm{d}t \tag{4.63}$$

根据巴塞伐尔定理 [式 (4.61)]，上式可写为：

$$P_x = \lim_{T \to \infty} \frac{1}{T} \int_{-\frac{T}{2}}^{+\frac{T}{2}} |X(f)|^2 \mathrm{d}f = \int_{-\infty}^{+\infty} \lim_{T \to \infty} \frac{|X(f)|^2}{T} \mathrm{d}f$$

令：

$$S_x(f) = \lim_{T \to \infty} \frac{|X(f)|^2}{T} \tag{4.64}$$

则平均功率可表示为：

$$P_x = \int_{-\infty}^{+\infty} S_x(f) \mathrm{d}f$$

显然，$S_x(f)$ 具有单位频率轴上的平均功率量纲，称为功率谱密度函数，简称功率谱。

实数的功率谱 $S_x(f)$ 仍然是正负频率轴对称的，实际上只使用其中的一半，称为单边功率谱密度，考虑其总能量，记为：

$$G_x(f) = 2S_x(f) = \lim_{T \to \infty} \frac{2|X(f)|^2}{T} \tag{4.65}$$

称为双边功率谱密度，简称功率谱，其和单边功率谱的关系见图 4.32 所示。

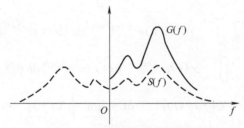

图 4.32 单边和双边功率谱密度

假设原始信号为 $x(n)$，$(n = 0, 1, 2, \cdots, N-1)$，其 FFT 变换结果为 $X(k) = R_e(k) + jI_m(k)$，则其功率谱 $G_x(k)$ 的估计值为：

$$\hat{G}_x(k) = \frac{2|X(k)|^2}{T} = 2[R_e(k)^2 + I_m(k)^2]/N\Delta t \qquad \left(k = 0, 1, 2, \cdots, \frac{N}{2}-1\right) \tag{4.66}$$

一般情况下，可以不考虑采样间隔 Δt 的影响，令 $\Delta t = 1$，则上式可简写为：

$$\hat{G}_x(k) = 2[R_e(k)^2 + I_m(k)^2]/N \qquad \left(k = 0, 1, 2, \cdots, \frac{N}{2}-1\right) \tag{4.67}$$

MATLAB 程序段为：

```
% SF 为采样频率;N 为采样点数;x[1~N] 为原始信号;X1[1~N/2] 为功率谱
N= 1024;                          % 采样数
y= fft(x,N);                      % FFT 运算
Py = y.* conj(y)) * 2/N;          % 计算功率谱
f= (0:length(Py)-1)* SF/length(Py); % 设定频率轴序列
plot(f(1:N/2),Py(1:N/2));         % 功率谱输出
```

（3）利用自相关函数求自功率谱

由于随机信号的积分不收敛，不满足傅里叶变换的基本条件，其傅里叶变换不存在，无法直接从原始信号获得功率谱。而均值为零的随机信号的自相关函数在 $R_x(\tau \to \infty)=0$ 时是收敛的，其可以满足傅里叶变换的绝对可积条件 $\int_{-\infty}^{\infty} |R_x(\tau)| \mathrm{d}\tau < \infty$，而且自相关函数也包含原始信号的周期频率成分，因此，我们还可以由自相关函数计算功率谱。

根据维纳-辛钦公式，有：

$$S_x(f) = \int_{-\infty}^{+\infty} R_x(\tau) e^{-2\pi f\tau} \mathrm{d}\tau \tag{4.68}$$

反之有：

$$R_x(\tau) = \int_{-\infty}^{+\infty} S_x(f) e^{2\pi f\tau} \mathrm{d}f \tag{4.69}$$

此式表明，$R_x(\tau)$ 与 $S_x(f)$ 是傅里叶变换对，功率谱 $S_x(f)$ 可由自相关函数求得，称之为自功率谱。

维纳-辛钦公式的证明：

$$\begin{aligned}
F[R_x(\tau)] &= \int_{-\infty}^{+\infty} R_x(\tau) e^{-j2\pi f\tau} \mathrm{d}\tau = \int_{-\infty}^{+\infty} \lim_{T\to\infty} \frac{1}{T} \left[\int_{-T/2}^{+T/2} x(t)x(t+\tau)\mathrm{d}t\right] e^{-j2\pi f\tau} \mathrm{d}\tau \\
&= \lim_{T\to\infty} \frac{1}{T} \int_{-\infty}^{+\infty} \left[\int_{-\infty}^{+\infty} x(t)x(t+\tau)\mathrm{d}t\right] e^{-j2\pi f\tau} \mathrm{d}\tau \\
&= \lim_{T\to\infty} \frac{1}{T} \int_{-\infty}^{+\infty} \left[\int_{-\infty}^{+\infty} x(t)x(t+\tau)\mathrm{d}t\right] e^{j2\pi ft} e^{-j2\pi f(t+\tau)} \mathrm{d}\tau \\
&= \lim_{T\to\infty} \frac{1}{T} \int_{-\infty}^{+\infty} \left[\int_{-\infty}^{+\infty} x(t+\tau) e^{-j2\pi f(t+\tau)}\mathrm{d}\tau\right] x(t) e^{j2\pi ft}\mathrm{d}t \quad (\text{交换积分顺序}) \\
&= \lim_{T\to\infty} \frac{1}{T} \int_{-\infty}^{+\infty} \left[\int_{-\infty}^{+\infty} x(s) e^{-j2\pi f(s)}\mathrm{d}s\right] x(t) e^{j2\pi ft}\mathrm{d}t \quad (\text{令 } s=t+\tau, \mathrm{d}\tau=\mathrm{d}s, \text{并代入}) \\
&= \lim_{T\to\infty} \frac{1}{T} \int_{-\infty}^{+\infty} X(f)x(t) e^{j2\pi ft}\mathrm{d}t = \lim_{T\to\infty} \frac{1}{T} X(f) \int_{-\infty}^{+\infty} x(t) e^{j2\pi ft}\mathrm{d}t \\
&= \lim_{T\to\infty} \frac{1}{T} X(f)X^*(f) = \lim_{T\to\infty} \frac{1}{T} |X(f)|^2 = S_x(f)
\end{aligned}$$

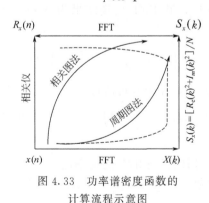

图4.33　功率谱密度函数的计算流程示意图

可见自功率谱和前面的功率谱的定义［见式（4.63）］相同，为了防止概念混淆，以后均统称为功率谱。由此可见，我们可以采用两种方法来计算功率谱。第一种方法是已知 $x(n)$ 的傅里叶变换 $X(k)$，按式（4.65）求出它的功率谱密度。由于序列 $x(n)$ 的离散傅里叶 $X(k)$ 具有周期函数的性质，所以这种方法称为周期图法。第二种是采用式（4.67）的方法，也就是先求自相关函数，然后再求功率谱密度，称为相关图法。这两种方法可用图4.33描述。目前，相关图法已经不再使用了，使用的是它的逆过程，即由功率谱密度求来自相关函数。其计算过程见图4.33中的虚线路径，可见一个自相关函数计算需要两次FFT才能完成，远比计算功率谱麻烦，所以现代信号处理工程应用中，除非特殊的相关定位等应用外，一般很少采用相关分析方法。

4.9 机械故障信息的其他表示方法

(1) 振动趋势图

趋势是观察的某个参数随时间的变化关系。在分析机组的振动随时间、负荷等参数变化时，趋势图非常直观，对运行人员监视机组状况很有用，如图 4.34 所示。

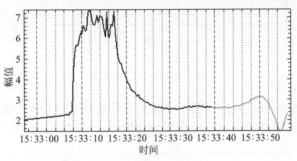

图 4.34 振动趋势图

(2) 三维瀑布图

用某一测点在连续时间范围内测的频谱图按时间顺序排列组成瀑布图，如图 4.35 所示。瀑布图中可以看到各种频率的组成与振幅是如何随时间变化的。主要用于观察设备启停过程中的频率变化过程，例如，图 4.35 为一个转子升速过程中产生油膜振荡过程时的振动瀑布图。开始时油膜涡动频率 $0.5R$ 随转速 R 的升高而升高，当达到 $R=2000\mathrm{c/min}$ 时，发生油膜振荡，此后振荡频率恒定，不随转速的升高而升高，这是油膜振荡的一个典型特征。

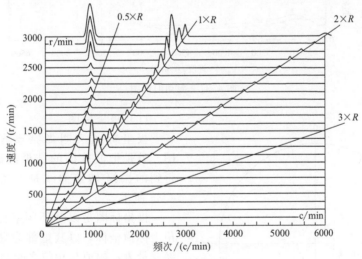

图 4.35 振动三维瀑布图

(3) 级联谱图

级联谱图是转速连续变化时的频谱图依次组成三维连续的频谱图，如图 4.36 所示。级联谱图 Z 轴是转速，各个频率的轴线是倾斜的直线，级联谱图用来分析与转速相关的故障比较直观。

(4) 伯德图

表示振动的幅值、相位随着转速变化的图形，如图 4.37 所示。

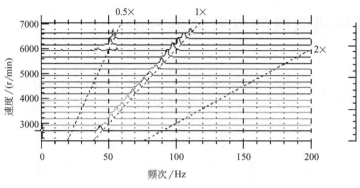

图 4.36　振动级联谱图

通常用来确定机组的临界转速。另一个重要用处就是在进行动平衡时有助于用来分析转子不平衡质量所处的轴向位置、不平衡振型的阶数。

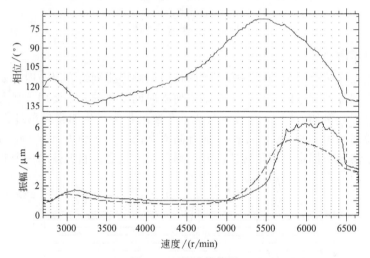

图 4.37　振动伯德图

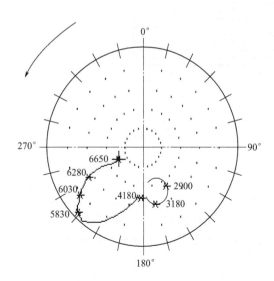

图 4.38　振动极坐标图

（5）极坐标图

极坐标图又叫做奈奎斯特（Nyquist）图。就是把波德图的结果绘制在极坐标上，得到的振幅-转速曲线是一条环形线，如图4.38所示。

极坐标图是以开环频率特性的实部为直角坐标横坐标，以其虚部为纵坐标，以 ω 为参变量表示幅值与相位之间的关系的图。

（6）相位及相位差图

所谓相位就是基频信号相对于转轴上某一确定标记的相位差。通过测定转子的相位信息，可以用来描述某一特定时刻机器转子的位置。结合频谱信息，其还是确定机器的不平衡或不对中故障类型的主要依据。

相位的检测方法如图4.39所示，在转轴

上设一键相位，并由一涡流式位移传感器（或电感式接近开关）进行监测，当转子每转一转时，传感器将接收一次凹槽的脉冲信号，称为转子的相位信号。

图中 φ_p 称为转子基准相位角，它定义为转子相位信号中第一个脉冲值与计时起点间的转角值。$\varphi_p = 2\pi f_r t_0$，其中 f_r 为转子的旋转频率（也称转频），t_0 为转子转过 φ_p 时所花的时间。

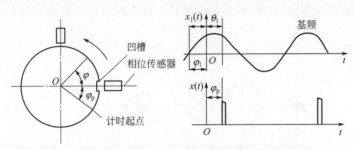

图 4.39 相位检测方法示意图

很多情况下，我们并不需要绝对的相位值，而只需要知道两点的相位差即可，例如一根轴的两端支承轴承的相同径向振动的相位差，可以采用同时采集两路信号进行高点比较的方法，观测两点的相位差，这对于甄别动不平衡和静不平衡是很有效的方法。将在第 8 章详细介绍。

（7）轴心轨迹

转子轴心相对于轴承座的运动轨迹，直观地反映了转子瞬时运动状态，它包含着许多有关机械运转状态的信息。因此，轴心轨迹分析是诊断设备故障很有用的一种方法，可以帮助判断摩擦、油膜涡动、油膜振荡等故障。

如将两路相位差为 90°的正弦或余弦电压信号加在示波器的 X 和 Y 轴输入端上，就可以得到所谓物理学中的李沙育图形。如果这两路信号是由相位差为 90°的两个电涡流传感器测得的轴与轴承孔之间的相对位移，所得到的李沙育图形就是轴心轨迹。检测时必须是在一个平面安装两个互相垂直的电涡流传感器，如图 4.40 所示。

典型的轴心轨迹图如图 4.41 所示。分析轨迹的形状，可以得知转子受力的状态，直观地区分多种类型故障。

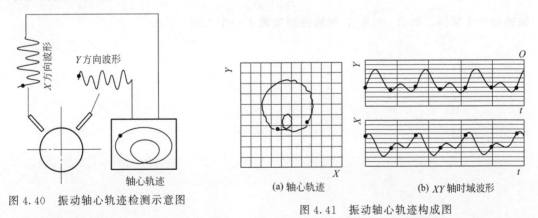

图 4.40 振动轴心轨迹检测示意图

(a) 轴心轨迹　(b) XY 轴时域波形

图 4.41 振动轴心轨迹构成图

（8）轴心位置分析

轴心在轴承中的位置以及偏位角（轴心与轴承中心连线和垂直线的夹角）是评判转子运

转平衡性的一个重要参数。轴心位置可由图 4.40 所示两路电涡流传感器的直流输出来求出。

（9）全息谱

构造全息谱的主导思想是将被传统谱分析所忽略的相位信息充分利用起来，使设备的振动形态能得到全面的反应，以提高故障诊断所需要的信息量。构造全息谱的过程如下：

① 将单个传感器输出的振动信号通过改进的 FFT 算法分解为谐波频率成分。

② 将同一支承面内互成 90°的两个方向的同一频率谐波进行集成处理，合成为一个运动轨迹。

③ 构成全息谱。

图 4.42　二维全息谱图

调横坐标为转子振动的阶次频率，将 x、y 两个方向信号分解的各阶次谐波合成的轨迹依次放置在横坐标的相应位置上，如图 4.42 所示，就构成了二维全息谱。二维全息谱较全面地反映了转子在某一支承平面内幅、相、频的信息。

全息谱轨迹的形状视参与合成的两信号幅值和相位差的不同，可为正圆、椭圆或直线。设 x、y 两方向的同频振动信号为：

$$x = A_1 \cos(\omega t + \varphi_1)$$
$$y = A_2 \cos(\omega t + \varphi_2)$$

将两信号相加，则可得到合成振动为：

$$\frac{x^2}{A_1^2} + \frac{y^2}{A_2^2} - \frac{2xy}{A_1 A_2}\cos(\varphi_2 - \varphi_1) = \sin^2(\varphi_2 - \varphi_1) \tag{4.70}$$

当 $\varphi_2 - \varphi_1 = \dfrac{\pi}{2}$ 时，即信号相位相差 90°时，

$$\frac{x^2}{A_1^2} + \frac{y^2}{A_2^2} = 1 \tag{4.71}$$

轨迹是一个椭圆。如 $A_1 = A_2$，则轨迹便变成了一个正圆。

第5章　故障诊断信号处理的特殊方法

5.1 时域平均方法

时域平均是从混有噪声的复杂周期信号中提取感兴趣周期分量的常用方法，可以有效地消除感兴趣频率之外的无关的信号分量，包括噪声和无关的周期信号，提取与感兴趣频率有关的周期信号，因此能在噪声环境下工作，提高信号分析的信噪比。

（1）基本原理

设一个平稳随机信号 $x(t)$ 由周期信号 $f(t)$ 和白噪声 $n(t)$ 组成，即：

$$x(t) = f(t) + n(t) \tag{5.1}$$

现以 $f(t)$ 的周期去截取信号 $x(t)$，共截得 N 段，然后将各段对应点相加，由于白噪声的不相关性，可得：

$$\sum_{i=1}^{N} x(t_i) = Nf(t) + \sqrt{N}n(t) \tag{5.2}$$

再对 $\sum x(t_i)$ 平均，便得到输出信号 $y(t)$ 为：

$$y(t) = \frac{1}{N} \sum_{i=1}^{N} x(t_i) = f(t) + \frac{1}{\sqrt{N}} n(t) \tag{5.3}$$

此时输出的白噪声幅值是原来输入信号中的白噪声幅值的 $1/\sqrt{N}$，因此，信噪比提高了 $\sqrt{N}$ 倍。

（2）时域平均方法的实现

根据实现方法，时域平均可分为硬件外部触发方法和软件自由触发方法两种。

① 硬件外部触发方法。硬件外部触发方法的基本原理如图 5.1 所示。经过滤波后的原始信号，以一定周期 T 的时标信号为间隔触发信号开始定时采集，然后将所采集到的每段信号中对应的离散点相加后取算术平均值，这样可以消除原信号中的随机干扰和非指定周期分量，保留指定的周期 T 分量及其倍频分量。

此时需要采集两路信号，一个是原输入振动信号，另一个是时标信号。实际应用时，考虑到被测振动信号的周期往往与零件的旋转频率相关。因此，多采用轴的相位信号作为时标信号。时标信号可用图 5.2 所示的方法产生。借助轴的键槽或突出的键，称为鉴相器（又称检相器），用电涡流传感器或电感式接近开关产生图 5.2（b）中所示的脉冲信号，经整形或反相电路后得到上升沿很陡的矩形脉冲时标信号。也可以在轴上沿圆周方向做一个涂黑的标记，利用光电传感器产生鉴相信号。对于没有鉴相器的轴，例如在齿轮箱中的内部轴，其时标信号可以根据传动比，对时标扩展或压缩运算来获得，即可以实现该轴上齿轮信号的时域平均计算过程。

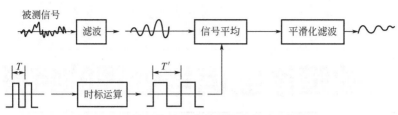

图 5.1 时域平均的硬件外部触发方法工作原理

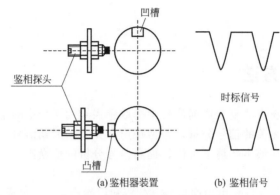

(a)鉴相器装置　　　　　　(b) 鉴相信号

图 5.2 利用鉴相器产生时标信号

很多 A/D 采样板有外部脉冲触发采样功能，而采样频率仍然依靠内时钟频率。这种采样方法称为外部触发内时钟采样，此时每个样本的采样起始相位都是相同的。可利用上述鉴相器产生的时标信号触发 A/D 开始转换，利用采样系统硬件特性实现时域平均过程。

② 软件自由触发方法。有时硬件结构不允许安装鉴相器，此时可以采用软件自由触发方法实现时域平均。可以随机地连续采集如下时间序列：

$$x(n) \quad (n=0,1,2,\cdots,N \cdot M)$$

根据实际结构，或先做信号的频谱分析，确定要提取信号的周期 T，假设 T 或 T 的整数倍时间长度对应于点数 N，则可对 $x(n)$ 截取 M 段子序列，记为：

$$X_k(n) \quad (n=0,1,2,\cdots,N;k=0,1,2,\cdots,M)$$

采用下式将这些子序列进行平均处理：

$$y(n)=\frac{1}{M}\sum_{k=0}^{M}x_k(n) \quad (n=0,1,2,\cdots,N) \tag{5.4}$$

这种方法受一次总采样点数 $N \cdot M$ 的限制，平均次数不能太多。

（3）时域平均方法的实例

图 5.3 所示是某信号截取不同的段数 N，进行时域平均的效果。由图可见，虽然原来信号（$N=1$）的信噪比很低，但经过多次平均后，信噪比大大提高。当 $N=256$ 段时，可以得到几乎接近理想的正弦信号。而原始信号中的正弦分量，几乎完全被其他信号和随机噪声所淹没。

图 5.4 为某齿轮箱振动加速度信号的时域平均结果。经过时域平均后，比较明显的故障特征可以从时域波形上直接反映出来。图 5.4（a）是正常齿轮的时域平均信号，信号由均匀的啮合频率分量组成，没有明显的高次谐波。图 5.4（b）是齿轮安装对中不良的情况，信号的啮合频率分量受到幅值调制，但调制频率较低，只包含轴转频及低次谐波。图 5.4（c）是齿轮齿面严重磨损时的情况，啮合频率分量严重偏离简谐信号的形状，故其频谱上必

然出现较大的高次谐波分量，由于是均匀磨损，振动的幅值在一转内没有大的起伏。图 5.4
（d）为齿轮齿面有局部剥落或断齿时信号，振动的幅值在某一位置出现了突跳现象，这是
齿面局部剥落或断齿故障的典型特征。综观上述信号的故障特征，能够发现时域平均后的振
动波形对于识别故障类型是很有益的，即使一时难以得出明确的结论，对后续分析和判断也
是很有帮助的。

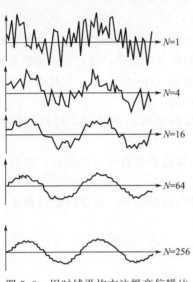

图 5.3　用时域平均方法提高信噪比

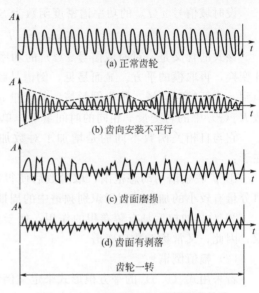

图 5.4　用时域平均方法识别齿轮缺陷

值得一提的是，时域平均方法对于滚动轴承的诊断基本上是没有用的。因为滚动轴承特
征频率一般不在轴的旋转频率上，时域平均后振动特征被消除掉了。另外，由于滚动体与
内、外圈之间存在相对滑动，故障点所产生的冲击振动重复性不好，因此，这种信号不适合
时域平均方法。

（4）时域平均方法和普通频谱分析的区别

时域平均是在时域范围内进行的，一般情况下，其结果仍然要进行进一步的频谱分析。
与普通的频谱分析不同，时域平均不但要求输入原始时间序列数据，而且还要输入时标信
号。另外，频谱分析所反映出的频率分量主要取决于该频带内能量最大的频率成分，不能略
去任何输入信号。因此，一个弱的周期信号可能因其他分量太大而完全被淹没，不能在谱图
上反映出来。采用时域平均则可消除或减弱与给定周期无关的全部信息，突出要提取的微弱
周期信号，因而可在噪声环境下工作。

5.2　倒谱技术

倒谱是英文 Cepstrum 的直译，也称二次谱和对数功率谱等，1962 年由 Bobgert、Hea-
ly 和 Tukey 等人提出。倒谱分析是检测复杂谱图中周期分量的有效工具，可将振动信号功
率谱图上的众多边带谱线简化为单根谱线，具有信息凝聚作用。另外，利用倒谱的解卷积作
用，使得原信号中的卷积关系变为加法关系，使信号的分离变得简单，可以用来消除传递系
统函数或噪声信号的影响。

倒谱方法在回声检测、语音分析、地震预报、机械故障诊断和噪声分析等方面获得了广
泛的应用。在机械故障诊断中，倒谱的主要应用之一是分离边带信号，在齿轮和滚动轴承发

生故障时，信号中常出现调制现象，此时采用倒谱分析十分有效。

倒谱按定义可分为功率倒谱、幅值倒谱、类似于相关函数的倒谱和复倒谱等几类。

5.2.1 倒谱的分类

（1）功率倒谱

设时域信号 $x(t)$ 的功率谱密度函数为 $S_x(f)$，则功率倒谱的表达式为：

$$C_P(q) = |F\{\log S_x(f)\}|^2 \tag{5.5}$$

该式的含义是：对时域信号 $x(t)$ 的功率谱密度函数 $S_x(f)$ 取对数，然后再进行傅里叶变换，再取模的平方。显而易见，倒谱是频域信号的傅里叶变换，与自相关函数类似，变换到一个新的时间域，称为倒频域，其变量 q 称为倒频率（Quefrency），它具有与自相关函数 $R_x(\tau)$ 中的自变量 τ 相同的时间量纲，单位为 s 或 ms。

它与自相关函数不同的是增加了对数加权，这是倒谱的一个特点，对数加权的目的在于：

① 扩展频谱的动态范围，取对数后使得对较低的幅值分量有较大的加权，对较高的幅值分量有较小的加权，利于识别频谱中的周期成分。

② 对数加权后具有解卷积的作用，便于分离和提取目标信号。由于倒谱进行了对数加权，因此，又常称对数功率谱。

（2）幅值倒谱

若采用式（5.5）的平方根形式来定义倒谱，即：

$$C_a(q) = |F\{\log S_x(f)\}| \tag{5.6}$$

称为幅值倒谱。

（3）相关倒谱

为了使倒谱的物理意义更清晰明了，常采用一种类似相关函数的形式，即：

$$C(q) = F^{-1}\{\log S_x(f)\} \tag{5.7}$$

（4）复倒谱

上述三种形式的倒谱的定义式都失去了相位信息，然而工程上往往需要保存相位信息，以便复原信号，为此，倒谱也可用复数的形式来表示，称为复倒谱。

若用复频谱来表示幅值频谱时，有：

$$X(f) = |X(f)|e^{j\varphi(f)} = R_e(f) + jI_m(f) \tag{5.8}$$

于是，复倒谱 $C_e(q)$ 可写为：

$$C_e(q) = F^{-1}\{\log X(f)\} = F^{-1}\{\log[|X(f)|e^{j\varphi(f)}]\} = F^{-1}\{\log|X(f)|\} + jF^{-1}\{\varphi(f)\} \tag{5.9}$$

使用倒谱分析不仅能清楚地分离功率谱中含有的周期分量，还能够清楚地分离边带信号和谐波，这对齿轮和滚动轴承等故障分析与诊断十分有效。

5.2.2 倒谱分析法应用

（1）利用倒谱分离系统的传递特性

倒谱的一个主要应用就是去除干扰，使分析信号更加突出。在振动信号实测分析中，得到的往往不是振源或信号源本身，而是振动源信号 $x(t)$ 经过传递系统 $h(t)$ 到达测点的输出信号 $y(t)$，如图 5.5 所示。

对于线形系统，$x(t)$、$h(t)$ 和 $y(t)$ 三者之间的关系可用卷积公式来表示：

$$y(t)=x(t)^* h(t)=\int x(\tau)h(t-\tau)\mathrm{d}\tau$$

图 5.5 源信号、被测
系统和输出信号

在时域上信号卷积得出的是一个比较复杂的波形，难以区别源信号与系统响应，为此，需要对上式进行傅里叶变换，在频域上进行分析，即：

$$Y(f)=X(f)H(f)$$

然后对上式取对数：

$$\log Y(f)=\log X(f)+\log H(f)$$

这样，在频域上就将两个相乘的信号变成两个相加的信号，如图 5.6（a）所示。一般来说，系统特性频率 $H(f)$ 变化较慢，其对应倒谱上的低倒频率 q_1；而系统激励 $X(f)$ 频率变化较快，对应倒谱上的高倒频率 q_2，如图 5.6（b）所示。如在倒频域中利用低通或高通滤波器滤波后，再次进行 FFT 逆变换，则很容易得到分离的系统特性或激励源信号，从而能够对源信号 $x(t)$ 进行更好的分析与识别。

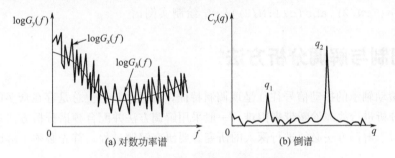

图 5.6 系统响应的对数功率谱及倒谱

（2）利用倒谱识别边频族

图 5.7（a）为滚动轴承的振动信号对数功率谱，其呈对称的边频族特征，边频间隔均为 32.4Hz，但由于边频众多，不易识别，因此可采用倒谱方法识别。图 5.7（b）为其倒谱，可以测得 $q_1=30.86\mathrm{ms}$ 的倒频分量，其倒数就是频谱中的 32.4Hz。根据傅里叶变换的特性，也可以说倒谱中的一根谱线代表了频谱的一族周期成分，这利于边带信号的特征提取与识别，也利于克服边带具有的不稳定性缺陷。另外，此图也可以用来解释取对数的目的：就是将谱图中小幅值信号变大，大幅值信号变小，扩大信号的幅值动态范围，使其更加接近周期信号，以提高后续傅里叶变换的精度。

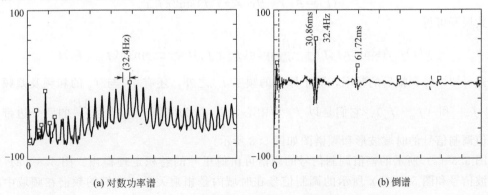

图 5.7 滚动轴承的振动信号倒谱分析

5.2.3　倒谱分析法的 MATLAB 实现

可以直接调用 MATLAB 的倒谱函数 rceps（）实现，程序片段如下：

```
fc= 100;                      % 信号载波频率
fz= 20;                       % 信号调制频率
Fs= 1000;                     % 采样频率
N= 1024;                      % 采样频率
n= 0:N-1;                     % 时间轴离散,N 个点
x1= 10.0* sin(2* pi* n* fc/Fs);
x2= (1+ 0.8* cos(2* pi* n* fz/Fs));
x= x1.* x2;                   % 产生调制信号
figure;
c = rceps(x);                 % 计算实倒谱
plot(n(1:N/2),abs(c(1:N/2))); % 绘制实倒谱
```

5.3　调制与解调分析方法

齿轮和滚动轴承的振动信号往往呈现调制特征，其振动频谱上总是存在众多的边带，给直接利用频谱分析进行故障诊断带来困难。一般采用解调方法并配合频谱分析方法进行诊断与识别。所以，对于解调方法必须进行深入的研究。要研究解调过程。首先必须了解调制现象。

5.3.1　幅值调制与频率调制

理想的调制信号是一个简谐信号的幅度或者角频率的变化受到了另一个简谐信号的影响，前者称为载波信号，后者称为调制信号。当载波信号的幅值受调制信号影响时，称为幅值调制，简称调幅；当载波信号的频率受调制信号影响时，称为频率调制，简称调频，其基本原理与无线电中的调幅和调频相同，下面进行简要讨论。

（1）幅值调制

齿轮箱故障检测中，当齿轮由于偏心使齿轮啮合时一边紧一边松，从而产生载荷波动，使振幅按此规律周期性地变化，就可能产生幅值调制。此时啮合频率 f_c 为载波频率，载荷波动频率 f_z 为调制频率。幅值调制信号的方程为：

$$y(t)=A(1+B\cos2\pi f_z t)\sin2\pi f_c t$$

将上式展开可得

$$y(t)=A\sin(2\pi f_c t)+\frac{AB}{2}\sin2\pi(f_c+f_z)t+\frac{AB}{2}\sin2\pi(f_c-f_z)t$$

由此式可知，经调幅后的频率，除了原有的频率 f_c 之外，还有 f_c 与 f_z 的和频及差频，即 (f_c+f_z) 和 (f_c-f_z)。它们是以 f_c 为中心，以 f_z 为间隔，幅度为 $\frac{AB}{2}$ 的两个边带，理想幅值调制信号的时域波形和频谱图如图 5.8 所示。

图 5.8（c）所示的幅值调制信号的频谱可由傅里叶的卷积定理得出。图 5.8（a）所示的载波信号和图 5.8（b）所示的调制信号在时域内是相乘关系，它们的频谱在频域中就应该是卷积关系，利用 δ 函数的卷积定理，显然只能将图 5.8（b）内的频谱移到图 5.8（a）

频谱内的 f_c 处的谱峰上，形成与上述计算结果相同的 f_c、(f_c+f_z) 和 (f_c-f_z) 三个频率成分。可见幅值调制在频域内相当于移频过程，低的调制频率被调制到高频载波频率处，但是其频率特征依靠 f_c 和 f_z 的差频仍能保持。无线电中的调幅广播就是利用这个道理，将低频的声音信号调制到高频区域后再发射出去，以便能够发射到较远的地方。对于故障诊断，也经常对调制在高频（如结构共振信号）上的低频故障频率进行解调分析，以避免直接在低频段进行分析时存在的信号干扰问题。

（2）频率调制

齿轮载荷不均匀、齿距不均匀及故障造成的载荷波动，除了对振动幅值产生影响外，同时也必然产生扭矩波动，使齿轮转速产生

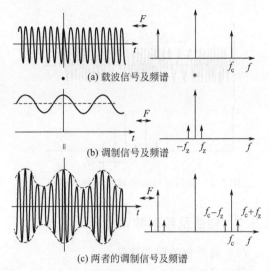

图 5.8　理想幅值调制信号的时域波形和频谱图

波动。这种波动表现在振动上即为频率调制（也可认为是相位调制）。对于齿轮传动，任何导致产生幅值调制的因素也同时会导致频率调制，两种调制总是同时存在的。

若载波信号为 $A\sin(2\pi f_c t+\varphi)$，频率调制信号为 $\beta\sin2\pi f_z t$，则调制后信号为：

$$y(t)=A\sin(2\pi f_c t+\beta\sin2\pi f_z t+\varphi) \tag{5.10}$$

式中　　f_c——载波频率；

f_z——调制频率。

利用贝塞尔函数可以将式（5.10）展开为：

$$y(t)=\frac{A}{2}\{J_0(\beta)\sin(2\pi f_c t+\varphi)+J_1(\beta)\sin[2\pi(f_c-f_z)t+\varphi]+J_1(\beta)\sin[2\pi(f_c+f_z)t+\varphi]t$$

$$+J_2(\beta)\sin[2\pi(f_c-2f_z)t+\varphi]+J_1(\beta)\sin[2\pi(f_c+2f_z)t+\varphi]+\cdots\} \tag{5.11}$$

式中，$J_0(\beta)$，$J_1(\beta)$，…为贝塞尔系数；β 为调制系数。

因此，调频信号的频谱函数为：

$$Y(f)=\frac{A}{2}\{J_0(\beta)\delta[f-f_c]+J_1(\beta)\delta2\pi[f-(f_c-f_z)]+J_1(\beta)\delta[f-(f_c+f_z)]$$

$$+J_2(\beta)\delta[f-(f_c-2f_z)]+J_1(\beta)\delta[f-(f_c+2f_z)]+\cdots\} \tag{5.12}$$

由式（5.11）和式（5.12）可知，调频信号的频率包含无限个频率分量，且成以载波分量 f_c 为中心，以调制频率 f_z 为间隔的调制边带族。频率调制的时域和频域波形如图 5.9 所示。边带的相对幅值和分布形式取决于调制系数 β，图 5.10 给出了在不同的频率调制系数 β 下的变频分布。

以上讨论的是理想的简谐信号的调幅和调频，在实际中这种情况虽然很难遇到，但有助于我们理解调制的特征。在工程诊断中，我们遇到的多是调幅与调频同时存在的调制信号，且载波和调制信号也不是纯粹的简谐信号。此时频谱上的载波和调制波具有多次谐波，和两种调制单独作用时所产生的边带成分的叠加。由于调幅和调频的边带成分具有不同的相位，使得叠加后的边带幅值有的增加，有的反而下降，从而破坏了边带原有的对称性，这种现象称为边带的不稳定性。通常边带往往是预示系统故障的特征频率，因此，需要采用倒谱或包络谱等特殊处理方法来提取边带故障信息，而不是在功率谱上直接测算与分析。

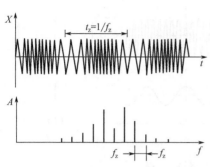

图 5.9 调制信号的时域波形和频谱图

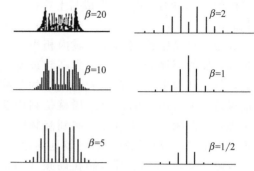

图 5.10 不同的频率调制系数 β 下的边带分布

5.3.2 幅值及频率解调分析

（1）简单幅值解调算法

设有调幅信号 $x(t) = a(t)\cos[\omega_c(t)]$，其中 $a(t)$ 为随时间变化的幅值，有 $a(t) \geqslant 0$；其最高频率为 ω_a，ω_c 为载波频率，有 $\omega_c \gg \omega_a$，下面讨论 2 种常用的信号幅值解调方法。

① 绝对值解调法

绝对值解调法通过物理或数学的方法对调制信号进行绝对值运算，消除调制信号的负半部分，然后经过低通滤波消除高频的载波信号，得到与调制信号成比例的低频信号，绝对值解调的原理如下：

$$
\begin{aligned}
A[x(t)] &= |x(t)| \\
&= |a(t)\cos(\omega_c t)| \\
&= a(t)\left[\frac{2}{\pi} + \frac{4}{3\pi}\cos(2\omega_c t) - \frac{2}{15\pi}\cos(4\omega_c t)\right]
\end{aligned}
\tag{5.13}
$$

对式（5.13）进行低通滤波后可得到：

$$
A_{\text{lpf}}[x(t)] \approx \frac{2}{\pi}a(t)
\tag{5.14}
$$

② 平方解调法

平方解调法先对原调制信号进行平方运算，消除了调制信号中的负半部分，然后通过低通滤波和开平方处理得到与调制信号成比例的信号。平方解调法的基本原理如下：

$$
\begin{aligned}
S[x(t)] &= x^2(t) \\
&= a^2(t)\cos^2(2\pi f_c t) \\
&= \frac{a^2(t)}{2} + \frac{a^2(t)}{2}\cos(4\pi f_c t)
\end{aligned}
\tag{5.15}
$$

对式（5.15）进行低通滤波后可得到：

$$
S_{\text{lpf}}[x(t)] \approx \frac{2}{\pi}a^2(t)
\tag{5.16}
$$

（2）希尔伯特（Hilbert）变换幅值及频率解调算法

上述两种方法均需要数字滤波处理，使用不方便，这时，可以采用 Hilbert 变换的数字解调方法。Hilbert 变换解调包括幅值解调和相位或频率解调。由于 Hilbert 变换可以借用 FFT 算法快速实现，且不需要低通滤波过程，因此，在信号处理、通讯和数字广播等领域应用很广。

① 基本原理。设 $x(t)$ 为一个实时域信号，其 Hilbert 变换定义为：

$$h(t)=\frac{1}{\pi}\int_{-\infty}^{+\infty}\frac{x(\tau)}{t-\tau}\mathrm{d}\tau=x(t)*\frac{1}{\pi t} \tag{5.17}$$

则原始信号 $x(t)$ 和它的 Hilbert 变换信号 $h(t)$ 可以构成一个新的解析信号 $z(t)$：

$$z(t)=x(t)+jh(t)=a(t)e^{j\varphi t} \tag{5.18}$$

其幅值

$$a(t)=|z(t)|=\sqrt{x^2(t)+h^2(t)} \tag{5.19}$$

便为原始信号 $x(t)$ 的幅值解调信号

$$\varphi(t)=\arctan\frac{h(t)}{x(t)} \tag{5.20}$$

为相位信号。相位信号的导数即为瞬时频率，即频率解调信号：

$$\omega(t)=\frac{\mathrm{d}\varphi(t)}{\mathrm{d}t} \tag{5.21}$$

或：

$$f(t)=\frac{1}{2\pi}\frac{\mathrm{d}\varphi(t)}{\mathrm{d}t} \tag{5.22}$$

② Hilbert 变换计算原理。根据傅里叶变换原理知：

$$F\left(\frac{1}{\pi t}\right)=j\operatorname{sing}(f)\begin{cases}-j & f>0 \\ j & f<0 \\ 0 & f=0\end{cases} \tag{5.23}$$

则信号 $x(t)$ 的 Hilbert 变换在频域中的表达式为：

$$H(f)=\begin{cases}-jX(f) & f>0 \\ jX(f) & f<0 \\ 0 & f=0\end{cases} \tag{5.24}$$

可见，Hilbert 变换相当于一个幅频特性为 1 的全通滤波器，信号 $x(t)$ 通过 Hilbert 变换后，幅值不变，仅仅是负频率做了 $+90°$ 相移，正频率做了 $-90°$ 相移。

根据式（5.24），采用 Hilbert 变换的包络解调计算流程如下：

a. 将待分析信号 $x(n)$ 通过傅里叶变换得到它的频域函数 $X(k)$。

b. 将正频率相移 $-\pi/2$，负频率相移 $\pi/2$，得到经过相移的频域函数 $X'(k)$。

c. 对 $X'(k)$ 进行傅里叶逆变换得到时域信号 $x'(n)$，它即是 $x(n)$ 的 Hilbert 变换 $h(n)$。

d. 根据式 $x(n)$ 和 $h(n)$，结合公式（5.19）求得信号 $x(n)$ 的包络信号 $a(n)$。

上述流程可用图 5.11 所示的方框示意图表示。

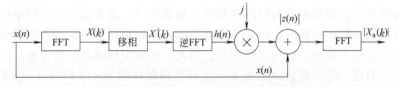

图 5.11 Hilbert 变换求包络谱流程示意图

③ MATLAB 程序。可以直接调用 MATLAB 的 Hilbert 函数实现信号包络解调分析，该函数直接返回如式（5.18）的解析信号，需要取模才能得到包络信号 $a(t)$。一个调幅和调频信号的解调程序如下，其计算结果如图 5.12 所示。

```
fc= 100;                        % 信号载波频率
fz= 10;                         % 信号调制频率
Fs= 1000;                       % 采样频率
N= 1024;                        % 采样频率
n= 0:N-1;                       % 时间轴离散,N 个点
x1= 10.0* sin(2* pi* n* fc/Fs)
x2= (1+ 0.8* cos(2* pi* n* fz/Fs));
x= x1.* x2;                     % 产生幅值调制信号
% x= 10.0* sin(2* pi* n* fc/Fs+ 5.* cos(2* pi* fz* n/Fs))
                                % 或产生频率调制信号
h = hilbert(x);                 % 计算 Hilbert 变换
ye= abs(h);                     % 计算包络信号的模值
yp = unwrap(angle(h));          %  相位解调
yf =  diff(yp)* Fs/2/pi;        %  瞬时频率
% 以下为绘图语句,略。
```

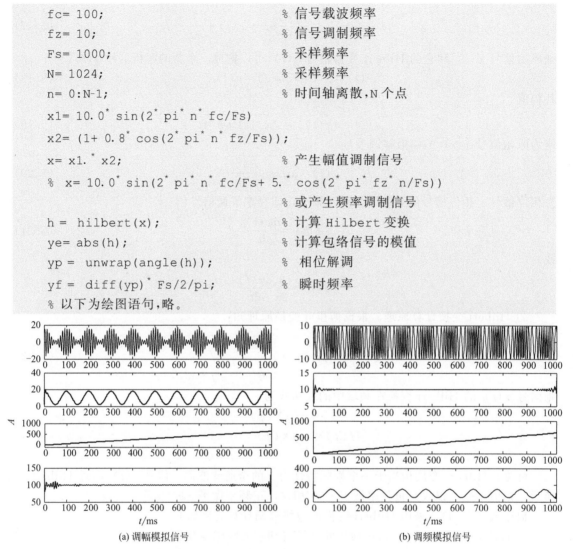

(a) 调幅模拟信号　　　　　　　　　　　　　　(b) 调频模拟信号

图 5.12　调幅和调频模拟信号的解调结果

5.4　细化频谱分析方法

　　细化频谱主要应用于齿轮、滚动轴承等设备的故障诊断中。此时,齿轮的啮合频率或轴承的部件共振频率为载波频率,故障特征频率为调制频率。通常载波信号频率成分较高,而调制频率较低,直接频谱分析时,由于分辨率的原因,调制频率的识别精度受到限制。而且调制频率常呈多阶边带成分,谱峰多且密集。因此,多采用频谱局部细化方法进行分析,即细化频谱分析。目前,细化频谱分析方法主要有复调制移频 Zoom-FFT（ZFFT）法和相位补偿方法等,其中移频 ZFFT 法是比较常用的方法之一。本节在介绍复调制移频细化方法计算原理的基础上,着重介绍另一种类似的实调制移频 ZFFT 法。

5.4.1　复调制移频 ZFFT 算法基本原理

　　采用复调制移频 ZFFT 法求细化频谱的移频过程如图 5.13 所示,其主要原理是先将感

兴趣的某一高频段频谱平移至低频段，根据傅里叶变换的频移性质，这相当于对原始信号 $x(t)$ 进行复调制，即：

$$x'(t) = x(t)e^{-j2\pi f_0 t} \tag{5.25}$$

式中，f_0 为欲细化频段的中心频率。

信号被移频到低频段后，分析信号频带变窄，因而可以降低采样频率进行重采样。对重采样的信号进行复数 FFT 变换，就可以得到局部细化频谱。

复调制后的信号变成了一个复信号，并将信号从高频段整体搬移到零频处，信号频谱在正频率和负频率变得不对称 [图 5.14 （a） 下半部分]，结果是细化后信号频谱与原始频谱不一致，需要采用频段搬移的方法复原，这是复调制频移 ZFFT 法的一个主要缺点。其实，根据信号的调制频移原理，还可以实现另一种实数调制频移过程。

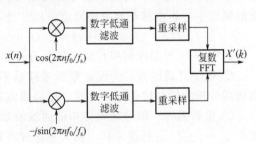

图 5.13 复调制移频 ZFFT 算法流程图

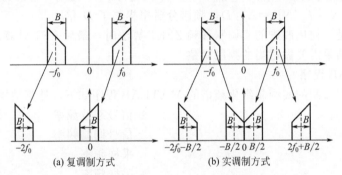

(a) 复调制方式   (b) 实调制方式

图 5.14 不同方式下频谱频移过程

5.4.2 实调制移频 ZFFT 算法基本原理

如果对原始信号 $x(t)$ 仅乘以 $2\cos[2\pi(f_0 - B/2)t]$，则有：

$$x(t)\cos[2\pi(f_0 - B/2)t] = x(t)e^{j2\pi(f_0 - B/2)t} + x(t)e^{-j2\pi(f_0 - B/2)} \tag{5.26}$$

式 （5.26） 右侧的频谱为：

$$X[f - (f_0 - B/2)] + X[f + (f_0 - B/2)] \tag{5.27}$$

也可以实现可选频段的调制频移过程，如图 5.14 （b） 所示。其正频率部分右移 $f_0 + B/2$，负频率部分左移 $f_0 - B/2$，调制后的信号频谱仍具有原来的正负频率成分对称关系，即调制后信号仍为实数序列。如果对此信号进行图 5.13 所示的细化频谱分析，后续的滤波和重采样计算量均可以减少一半，这不但提高了计算效率，也为后续采用 Hilbert 变换求包络分析提供了可能。实调制移频 ZFFT 法求解流程如图 5.15 所示。

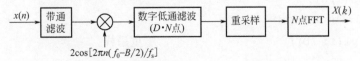

图 5.15 实调制移频 ZFFT 算法流程图

5.4.3 实调制移频 ZFFT 算法计算流程

（1）计算流程

设模拟信号为 $x(t)$，经抗混滤波、A/D 转换后得到采样时间序列为 $x(n)(n=0,1,$ $2,\cdots,D^*N-1)$，其中 D 为细化倍数，N 为 FFT 分析的点数。那么，具体的实调制移频 ZFFT 算法过程可归纳为以下 4 个步骤。

① 实调制移频。对离散信号 $x(n)$，用 $2\cos[2\pi n(f_0-B/2)/f_s]$ 进行调制，把需要细化的频带中心频率移至频率轴原点 $\pm B/2$ 处，得到：

$$x'(n)=2x(n)\cos[2\pi n(f_0-B/2)/f_s]$$

式中，f_s 为采样频率；B 为细化分析频带；f_0 为需要细化的频带中心频率。

② 数字低通滤波。为保证重新采样后不发生频谱混叠，必须进行抗混叠低通滤波，滤出所需分析的低频段信号，此时，低通滤波器的截止频率为 B。

③ 重新采样。信号被频移和低通滤波后，分析信号频带变窄，因而可以用较低的采样频率 $f_s'=f_s/D$ 进行重采样，即对原采样点每隔 D 点再抽样一次。

④ FFT 处理。对重采样后的 N 点 $x'(n)$ 序列进行 FFT 处理，得到 N 条谱线，其频率分辨率 $\Delta f'=f_s'/N=f_s/ND=\Delta f/D$，频谱分辨率提高了 D 倍。

值得一提的是，使用改进的实调制移频 ZFFT 算法时，最后 FFT 计算的结果即为真谱，而原方法的输出结果需要做适当的频段调整。

（2）MATLAB 程序

根据上述流程编制的实调制细化频谱的 MATLAB 程序如下，计算结果如图 5.16 所示。

```
fc= 200;                              % 信号载波频率
fz= 5;                                % 信号调制频率
Fs= 1000;                             % 采样频率
N= 1024;                              % 采样频率
f0= 175;                              %  B= Fs/2/D;中心频率 f0= fc- B/2
D= 10;                                % 细化倍数
n= 0:N* D-1;                          % 时间轴离散,N* D个点
x1= 10.0* sin(2* pi* n* fc/Fs);
x2= (1+ 0.8* cos(2* pi* n* fz/Fs));
x= x1.* x2;                           % 产生调制信号
for i= 1:N* D;
y(i)= x(i).* cos(2* 3.14* f0* i/Fs); % 移频
end
bw= Fs/(2* D);                        % 低通滤波设计
b= fir1(32,2* bw/Fs);                 % 低通滤波设计
y1= filter(b,1,y);                    % 低通滤波
yd= zeros(1,N);
for ii= 1:length(yd)
yd(ii)= y1(ii* D);                    % 重采样
end
yz= fft(yd,N);                        % FFT 运算
```

```
Pyy = sqrt(yz.* conj(yz))* 2.0/N;                    % 幅值谱密度
f= (0:length(Pyy)-1)* Fs/length(Pyy)/D+ f0;
                                                     % 频率轴离散
plot(f(1:N/2),Pyy(1:N/2),'black');                   % 细化幅值谱信号输出
```

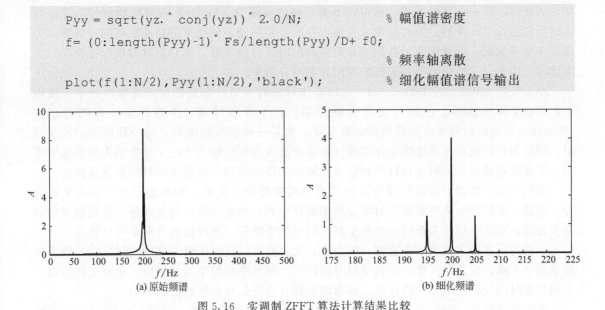

(a) 原始频谱　　　　　　　　　　　　　　(b) 细化频谱

图 5.16　实调制 ZFFT 算法计算结果比较

5.5　细化包络解调方法

利用上述改进的实调制移频细化原理和 Hilbert 变换求包络原理，实现的细化包络谱求解过程如图 5.17 所示。可见，我们可以对频移、重采样的结果直接进行 Hilbert 变换，然后根据 Hilbert 变换结果 $h'(n)$ 和原始的信号 $x'(n)$ 按式（5.19）合成包络信号 $|z'(n)|$。最后对包络信号求 N 点 FFT，即可以得到细化包络谱。

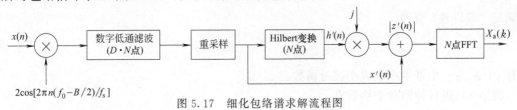

图 5.17　细化包络谱求解流程图

5.6　小波变换

机械设备在运行过程中的异常或故障会导致动态信号呈现非平稳性，这些非平稳性特征往往能够预示着某些故障的存在，此时就需要同时知道信号的频域和时域信息，即在什么时刻存在哪些频率成分。此时傅里叶变换就显得无能为力，因为经典的傅里叶分析是基于信号是周期的或者无限长的假设，其获得的频率成分被认为在所有分析段都是一样的。尽管能够获得信号的频率成分，但并不能揭示频率随时间的变化过程。为了解决此类问题，对于非平稳信号，首先出现了短时傅里叶变换，短时傅里叶变换的公式为：

$$Gf(f,\tau) = \int_{-\infty}^{+\infty} f(t)\overline{g}(t-\tau)e^{-j2\pi ft}\,\mathrm{d}t \tag{5.28}$$

显然，与傅里叶变换的时间依赖的一维函数不同，$Gf(f,\tau)$ 变成了时间和频率变量的二维函数。短时傅里叶变换认为在一个小的时间段内信号是稳定的，信号包含的频率也不

变，因此可以用一个可以连续、且可以不断平移的窗函数 $g(t-\tau)$ 截取原始信号，并进行该时间段的傅里叶变换。短时傅里叶变换也存在一些问题，例如窄的窗函数时间分辨率高但是频率分辨率低，而宽的窗函数频率分辨率高但时间分辨率低，而且短时傅里叶变换窗口宽度固定，因此，不能同时得到较好的时间和频率分辨率。

小波变换（Wavelet Transform）可以看作对短时傅里叶变换的窗函数增加一个尺度因子，即在平移的基础上使窗口宽度能够伸缩。这个能够伸缩、平移的窗函数叫做小波（Wavelet），与短时傅里叶变换的窗函数不同，它是一种小区域的波，是一种特殊的长度有限、均值为 0 的波形。小波的工作过程（例如滤波或卷积）相当于一个显微镜头所引起的作用，平移就是使镜头相对于目标平行移动，伸缩的作用相当于使镜头向目标推进或拉远。

我们知道，频谱中的高频成分往往对应时域中的快变成分，如冲击振动产生的尖脉冲等。对这一类信号分析时则要求时域分辨率要好一些；与此相反，低频成分往往是信号中的慢变成分，对这类信号分析时一般希望频率的分辨率要好，而时间的分辨率可以放宽。

小波的尺度因子代表了小波窗口的宽度，大尺度窗口宽时能够看到的时间段长，频率分辨率就会下降；反之，尺度小窗口窄时时间段短，则频率分辨率增加。由于小波变换给出了不同尺度时的变换结果，所以在时、频两域都具有表征信号局部特征的能力。

小波变换是 20 世纪 80 年代发展起来的一个新兴的数学分支，目前广泛应用于信号处理，声音、图像处理及机械故障诊断领域。

5.6.1 小波变换的基本原理

若有任一连续函数 $f(t)$，则其连续小波变换（CWT）的定义为：

$$W_f(a,b) = |a|^{-1/2} \int_R f(t) \overline{\psi} \left[\frac{t-b}{a} \right] \mathrm{d}t \tag{5.29}$$

式中，$\psi(t)$ 为一个平方可积函数，即 $\int_{-\infty}^{\infty} |\psi(t)|^2 \mathrm{d}t < +\infty$，记为 $\psi(t) \in L^2(R)$，如果满足"容许性"条件：

$$C_\psi = \int_R \frac{|\psi(\omega)|^2}{\omega} \mathrm{d}\omega < \infty \tag{5.30}$$

则称 $\psi(t)$ 为一个基本小波或小波母函数。

将 $\psi(t)$ 进行伸缩和平移后有：

$$\psi_{a,b}(t) = |a|^{-1/2} \psi \left[\frac{(t-b)}{a} \right] \tag{5.31}$$

$\psi_{a,b}(t)$ 称为小波基函数，其中 a，$b \in \mathbf{R}$（$\mathbf{R}$ 表示为实数范围），且 $a \neq 0$，a 为伸缩因子（又称尺度因子），b 为平移因子。

连续时间小波的表达式是非常复杂的，在实际应用中所需的计算量也特别大，利用计算机处理时必须进行离散化处理。令 $a = a_0^j$，$b = a_0^j k b_0$，这里 j，k 是整数，记为 j，$k \in \mathbf{Z}$，此时 $\psi(t)$ 的表达式为：

$$\psi_{j,k}(x) = a_0^{-j/2} \psi [a_0^{-j}(t-kb_0)] \tag{5.32}$$

在工程实际中广泛使用的是离散二进小波，即取 $a_0 = 2$，$b_0 = 1$，其表达式为：

$$\psi_{j,k}(t) = 2^{-j/2} \psi [2^{-j}(t-k)] \tag{5.33}$$

相应的离散小波变换（DWT）为：

$$W(j,k) = 2^{j/2} \int_R f(t) \overline{\psi} [2^{-j}(t-k)] \mathrm{d}t \tag{5.34}$$

对于离散二进小波，可以采用 Mallat 分解算法对信号进行分解。该方法的基本原理是仅对信号的低频部分进行进一步的分解，而不考虑高频部分，这样，每次分解得到的数据长度是分解前信号长度的一半。其分解原理如图 5.18 所示。图中 $x(n)$ 为输入信号序列，j 表示分解层数，$c_j(n)$ 为第 j 层的低频信号部分（近似信号信息），$d_j(n)$ 为第 j 层的高频信号部分（细节信息）。$h(n)$ 和 $g(n)$ 分别表示所选取的小波函数对应的低通滤波器和高通滤波器系数序列（滤波器的脉冲响应序列）。可见小波分解实质上就是让信号通过选定的低通和高通滤波器进行分解。

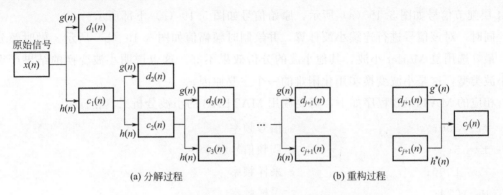

(a) 分解过程   (b) 重构过程

图 5.18 离散小波变换的 Mallat 分解与重构原理

对于第 $j+1$ 层的信号分解就是将第 j 层的序列分别通过 $h(n)$ 和 $g(n)$ 两个滤波器，而离散信号通过滤波器可以利用卷积和进行描述。因此，分解原理表达式可以用式（5.35）表示。

$$\begin{cases} c_{j+1}(n) = c_j(n)^* h(n) = \sum_{k \in z} h(k) c_j(2n-k) \\ d_{j+1}(n) = d_j(n)^* g(n) = \sum_{k \in z} g(k) c_j(2n-k) \end{cases} \quad (5.35)$$

式中，n 为离散采样点数序列。

由于每次分解的子序列是原来序列的一半，例如第 j 层分解的时间序列号是 $2n$ 时，第 $j+1$ 层就为 n。当数据长度有限时，进行若干次分解后，由分辨率过低已无意义，所以工程中一般只使用前几层分解结果。

信号经上述分解之后，还可以用 Mallat 重构算法进行重构（即离散小波逆变换），重构原理如图 5.18（b）所示，可见仍为一个卷积和过程，重构算法如下：

$$c_j(n) = c_{j+1}(n) * h^*(n) + d_{j+1}(n) * g^*(n)$$

$$= \sum_k \left[c_{j+1}(n) h^*(n-2k) + d_{j+1}(n) g^*(n-2k) \right] \quad (5.36)$$

式中，$h^*(n)$，$g^*(n)$ 为重构序列滤波器组系数，是分解滤波器组 $h(n)$ 和 $g(n)$ 的对偶函数。

5.6.2　小波变换时频图

如果横轴为时间单位，竖轴为频率单位，以横竖轴交叉点的伪彩色（或灰度）表示小波系数绝对值的大小，即为时频分布图，如图 5.19（b）所示。图中大幅值点的彩色代码大（亮度大），反之彩色代码小（亮度小）。信号的时频分布可以理解为将一维时间信号映射到由时间轴和频率轴组成的二维时频平面上能量分布，随着选取 a 和 b 的不同，各个基函数将具有不同的时频域集中中心，信号的小波变换结果反映在不同时刻的不同频率成分能量大小。

5.6.3 小波变换的 MATLAB 计算程序

以一个调频信号说明小波计算过程，采用 db10 小波进行 4 层分解，由于分解后的细节信号解析度不足，一般无法使用，因此多采用重构方法回到分解前的尺度空间，重构的第 1～4 层细节信号如图 5.19（a）所示，原始信号如图 5.19（a）下部所示。

同时，对该信号进行连续小波计算，并绘制时频幅值如图 5.19（b）所示。做时频分析时，最好选用复 Morlet 小波，其他小波的分析效果不好。这也说明小波变换的结果严重依赖小波类型，这是小波变换实用化困难的一个主要原因。

相应的 MATLAB 程序如下，需要调用 MATLAB 的小波分析工具箱。

```
fc= 100;                     % 信号频率
fz= 5;                       % 调频信号频率
Fs= 1000;                    % 采样频率
N= 1024;                     % 采样频率
n= 0:N-1;                    % 时间轴离散,N 个点
s= 10.0* sin(2* pi* n* fc/Fs+ 5.* cos(2* pi* fz* n/Fs));
                             % 产生频率调制信号
% db10 小波进行 4 层分解
[c,l]= wavedec(s,4,'db10');
                             % 多尺度一维小波分解函数
% 重构第 1-4 层细节信号
d4= wrcoef('d',c,l,'db10',4);
d3= wrcoef('d',c,l,'db10',3);
d2= wrcoef('d',c,l,'db10',2);
d1= wrcoef('d',c,l,'db10',1);
% 显示细节重构信号及原始信号(略),如图 5.19(a)所示
% ------------------------------------------------
wavename= 'cmor3-3';         % 复 Morlet 小波
totalscal= 256;             % 尺度
Fc= centfrq(wavename);       % 小波的中心频率
c= 2* Fc* totalscal;
scals= c./(1:totalscal);     % 得到各个尺度,以使转换得到频率序列为等差序列
f= scal2frq(scals,wavename,1/Fs);
                             % 将尺度转换为频率
coefs= cwt(s,scals,wavename);
                             % 求连续小波系数
figure
imagesc(t,f,abs(coefs));     % 绘制色谱图,如图 5.19(a)所示
colorbar;                    % 绘制伪彩色条
```

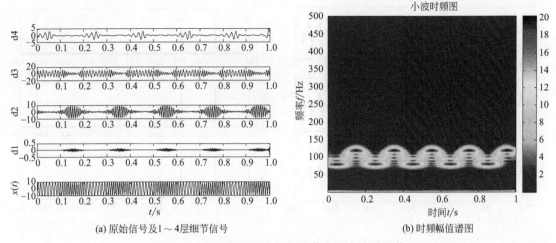

(a) 原始信号及1～4层细节信号　　　　　(b) 时频幅值谱图

图 5.19　调频信号的小波细节信息及小波时频谱

5.6.4　小波变换在故障诊断中的应用

（1）利用小波分解的单个重构信号进行分析

在小波分解下，不同的尺度具有不同的时间和频率分辨率，利用小波分解可以将信号的不同频率区间所包含的信号分离出来。一般情况下，分解后的信号分辨率不够，需要进行重构，单支重构的目的在于获得原信号中某频率段的分量信号。分量信号的长度（点数）、采样频率均与原信号相同。可以直接对其进一步谱分析，例如进行功率谱分析、包络解调分析等。

例如图 5.19（a）中采样频率为 1000Hz，此时信号的奈奎斯特频率为 500Hz。那么，根据图 5.18 所示的小波分解过程，第一层的近似分量就应该为 0～250Hz，第二层的近似分量为 0～125Hz；第一层的细节分量为 250～500Hz，第二层的细节分量为 125～250Hz，以此类推。可见，我们可以根据故障特征所处频段，人为地选择某个细节信号进行进一步的分析，以排除其他成分的干扰和影响。

（2）小波消噪

小波变换在故障诊断中的另一个主要用途就是利用重构进行消噪处理。消噪方法可分为强制消噪和门限消噪。

强制消噪直接将小波分解的某个高频系数置零，然后进行信号重构。门限消噪根据经验和某种依据设定门限值（阈值），对高频部分系数用门限值处理，大于门限的保留，低于门限的置零。门限消噪又可分为硬阈值和软阈值消噪，前者设定固定阈值，后者根据估计计算自动获取。

有条件地重构就可以实现强制消噪功能。根据上述分析，小波分解过程中，各个细节信号包含了信号的所有频域成分，如果人为地选择若干个单支细节重构分量信号求和，就可以实现信号的消噪功能。

图 5.20 为信号 $x(t) = 5\sin(2\pi150t) + 5\sin(2\pi150t)$ 加随机噪声和不加随机噪声的时域 ［图 5.20（a）］和频谱图 ［图 5.20（b）］，其下部是经过如图 5.19（a）小波分解后，仅利用细节信号的 d2～d4 相加的结果。可见由于去掉了高频细节信号的 d1（频带范围为 250～500Hz），去噪后的信号时域波形与没有加噪声的原始信号基本相同。观看其频谱发现，在高频段（250～500Hz）的噪声信号已经被去除了。

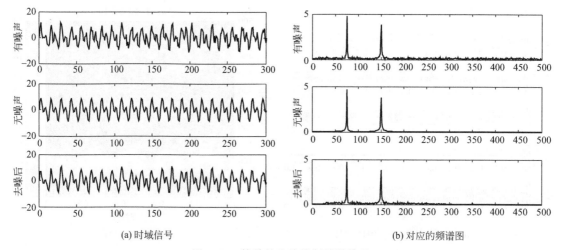

(a) 时域信号   (b) 对应的频谱图

图 5.20 简单的小波强制消噪结果

5.7 经验模态分解方法

经验模态分解（Empirical Mode Decomposition，EMD）是近年来发展起来的一种新的信号处理方法，是美籍华人 N. E. Huang 等人于 1998 年提出的，适合分析非线性、非平稳信号序列。经验模态分解将复杂的信号函数分解成有限个本征模态函数（Intrinsic Mode Function，IMF）之和，具有自适应、正交性和完备性的特点，能克服小波变换和自适应时频分析方法的不足。

EMD 方法在气象观测、地震资料记录与分析、地球物理探测、机械故障诊断、结构模态参数识别以及医学数据分析等领域都得到了很好的应用。

5.7.1 EMD 方法的基本原理

基于 Hilbert 变换的解调分析是故障诊断信号处理中的一个重要手段。理论上 Hilbert 变换解调法可以对任何的单一调制信号进行幅值或频率解调分析，但是在实际工程应用中直接应用往往存在问题。例如在瞬时频率的定义 [式（5.22）]中，瞬时频率是时间的单值函数，即在任意时刻只能存在一个振荡模式。但是工程信号中可能包含多个振荡模式，此时 Hilbert 变换不能给出该信号完全的频率内容，所得到的结果只是多个振荡模式的平均效果，有时会出现诸如"负瞬时频率"这样无法解释的结果。

为了从复杂信号中得到有意义的瞬时频率，Huang 提出把含有多个振荡模式的数据分解成满足一定条件的多个单一振荡模式分量的线性叠加，每个单一振荡模式分量又叫做一个本征模态分量，每一个单一模式分量都满足 Hilbert 变换的必要条件，这使得用 Hilbert 变换求解信号的瞬时频率成为可能。

Huang 认为，一个本征模态函数必须满足以下两个条件：

① 函数在整个时间范围内，局部极值点和过零点的数目必须相等，或最多相差一个；

② 在任意时刻点，局部最大值的包络（上包络线）和局部最小值的包络（下包络线）平均必须为零。

本征模态函数可由经验模式分解方法分解、筛选，具体步骤如下：

① 确定信号 $x(t)$ 所有的局部极大值点和局部极小值点，利用三次样条插值函数拟合

形成原数据的上、下包络线；

② 计算上包络线和下包络线的均值 $m_1(t)$，如图 5.21 所示，可得到一个去掉低频的新数据序列 $h_1(t)$，即：

$$h_1(t) = x(t) - m_1(t) \qquad (5.37)$$

判断 $h_1(t)$ 是否满足 IMF 成立的两个条件，如果满足，那么 $h_1(t)$ 就是 $x(t)$ 的第 1 个 IMF 分量。若 $h_1(t)$ 不是基本 IMF 分量，则需要继续进行"筛选"，重复步骤①、②，得到：

$$h_{11}(t) = h_1(t) - m_{11}(t) \qquad (5.38)$$

再判断 $h_{11}(t)$ 是否是 IMF，如果还不是，重复以上步骤 k 次，得到：

$$h_{1k}(t) = h_{1(k-1)}(t) - m_{1k}(t) \qquad (5.39)$$

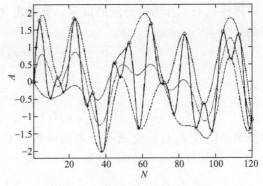

图 5.21　信号 $x(t)$ 的上、下包络线及均值 $m(t)$

直至 $h_{1k}(t)$ 最终满足 IMF 的基本条件，为第一个 IMF 分量，记作 $c_1(t) = h_{1k}(t)$。

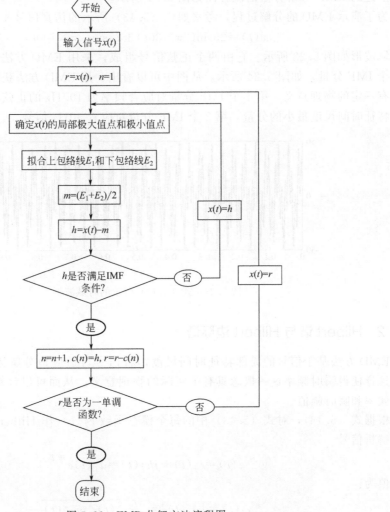

图 5.22　EMD 分解方法流程图

从 $x(t)$ 中减去 $c_1(t)$，得到的剩余信号为：

$$r_1(t)=x(t)-c_1(t) \tag{5.40}$$

再将 $r_1(t)$ 作为待分解的信号，重复式（5.38）～式（5.40）的计算步骤，可依次分解得到：

$$r_2(t)=r_1(t)-c_2(t)$$
$$r_3(t)=r_2(t)-c_3(t)$$
$$\vdots$$
$$r_n(t)=r_{n-1}(t)-c_n(t) \tag{5.41}$$

直至剩余信号 $r_n(t)$ 变成一个单调函数，不能再筛选出基本模式分量为止。至此，信号 $x(t)$ 已被分解成 n 个 IMF 分量 $c_n(t)$ 和一个残余分量 $r_n(t)$，即：

$$x(t)=\sum_{i=1}^{n}c_i(t)+r_n \tag{5.42}$$

其中，分解出的 n 个分量 $c_i(t)$ 分别包含了信号从高频到低频的不同频率段成分，而剩余分量 r_n 则是原始信号的中心趋势。

上述的 EMD 分解方法的流程图如图 5.22 所示。

为了演示 EMD 的分解过程，考察如式（5.43）所示的仿真信号 $x(t)$：

$$x(t)=25\sin(2\pi\times30t)+25\sin(2\pi\times100t) \tag{5.43}$$

其时域波形如图 5.23 所示。它由两个正弦信号组成，采用 EMD 方法对其进行分解，得到前 4 个 IMF 分量，如图 5.24 所示。从图中可以看出，用 EMD 方法获得的前 2 个 IMF 分量都具有一定的物理意义，第 1 个 IMF 分量对应着频率为 100Hz 的正弦信号，它是信号 $x(t)$ 中的特征时间尺度最小的分量，第 2 个 IMF 分量对应着 30Hz 信号。

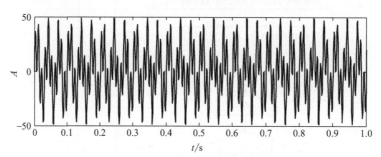

图 5.23　式（5.43）所示的时域波形

5.7.2　Hilbert 谱与 Hilbert 边际谱

EMD 方法基于信号的局部特征时间尺度，将信号自适应地分解为若干个 IMF 分量之和，这样使得瞬时频率这一概念具有了实际的物理意义，从而可以计算每一个 IMF 分量的瞬时频率和瞬时幅值。

根据式（5.18），对式（5.43）中的每个模态函数 $c_i(t)$ 作 Hilbert 变换得到 $h_i(t)$ 并构造解析信号

$$z(t)=c_i(t)+jh_i(t)=a_i(t)e^{j\theta_i t} \tag{5.44}$$

其幅值为：

$$a_i(t)=|z_i(t)|=\sqrt{c_i^{2}(t)+h_i^{2}(t)} \tag{5.45}$$

相位和瞬时频率为：

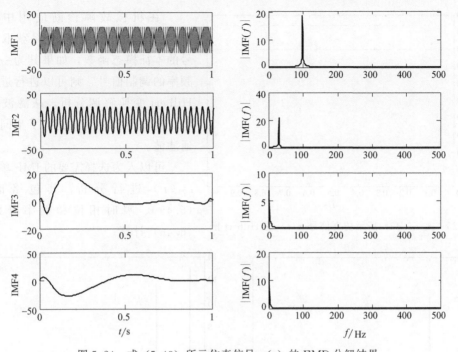

图 5.24　式（5.43）所示仿真信号 $x(t)$ 的 EMD 分解结果

$$\theta_i(t) = \arctan\frac{h_i(t)}{c_i(t)}\ , \quad f(t) = \frac{1}{2\pi}\omega_i(t) = \frac{1}{2\pi}\frac{\mathrm{d}\theta_i(t)}{\mathrm{d}t} \tag{5.46}$$

这样，可以得到：

$$x(t) = R_e\left[\sum_{i=1}^{n}a_i(t)e^{j\theta_i t}\right] = RP\sum_{i=1}^{n}a_i(t)e^{j\int\omega_i(t)\mathrm{d}t} \tag{5.47}$$

这里省略了残量 r_n，R_e 表示取实部。该式可以把信号幅度在三维空间中表达成时间与瞬时频率的函数，信号幅度也可以被表示为时间频率平面上的等高线图，称为 Hilbert 谱，记作：

$$H(\omega,t) = R_e\left[\sum_{i=1}^{n}a_i(t)e^{j\int\omega_i(t)\mathrm{d}t}\right] \tag{5.48}$$

进而可以定义 Hilbert 边际谱为：

$$h(\omega) = \int_0^T H(\omega,t)\mathrm{d}t \tag{5.49}$$

式中，T 为信号的整个采样持续时间。

Hilbert 谱 $H(\omega,t)$ 精确地描述了信号的幅值在整个频率段上随时间和频率的变化规律，而边际谱 $h(\omega)$ 反映了信号的幅值在整个频率段上随频率的变化情况，反映了概率意义上幅值在整个时间跨度上的积累幅值。

对图 5.24 中的 IMF 分量进行 Hilbert 变换，就可以求得式（5.43）所示仿真信号 $x(t)$ 的 Hilbert 谱与 Hilbert 边际谱，分别如图 5.25 和图 5.26（a）所示。从图 5.25 中可以看出仿真信号 $x(t)$ 的幅值随时间和频率的分布情况，由于 $x(t)$ 中两个频率成分是单频率的平稳信号，可看出为一条直线分布，即其在任何时刻频率都是一样的。从图 5.26 中的 Hilbert 边际谱可以看出信号的幅值随频率的变化情况。Hilbert 谱为时频谱，与小波时频谱相当，而 Hilbert 边际谱相当于傅里叶谱，与 $x(t)$ 的 FFT 频谱［5.26（b）］相比，具有更高的频率分辨率。

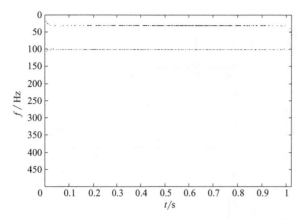

图 5.25 式 (5.43) 所示仿真信号 $x(t)$ 的 Hilbert 谱

在机械故障诊断应用中，利用 EMD 分解的主要目的就是获取原始信号的本征模态函数，如果其为一个单一频率的调制信号，则可以进行进一步的 Hilbert 变换解调分析，从滤波的角度看，这相当于对信号进行了不同频段带通滤波。

可以人为选择需要的 IMF 单个分量 $c_i(t)$ 进行分析，其包络谱按式 (5.45)、瞬时相位和频率分别按式 (5.46) 计算。

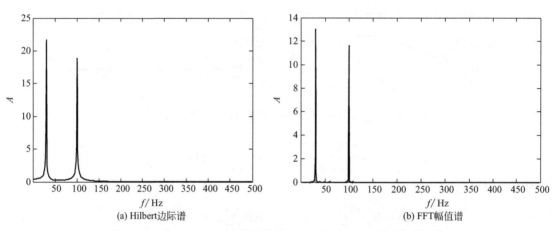

(a) Hilbert边际谱　　　　　　　　　　　　　(b) FFT幅值谱

图 5.26 式 (5.43) 所示仿真信号 $x(t)$ 的 Hilbert 边际谱及频谱

关于 EMD 方法在机械故障诊断中的具体应用，请看后面的实例介绍部分。

5.7.3 EMD 分析的 MATLAB 程序

需要调用 MATLAB 的 EMD 分析工具箱进行分析，上述例子的部分程序如下：

```
fs= 1000;                              % 采样频率
N= 1024;                               % 采样点数
Ts= 0.001;                             % 采样间隔
t= 0:Ts:(N-1)* Ts;
x= 25* sin(2* pi* 100* t)+ 25.0* sin(2* pi* 30* t); % 产生信号
imf= emd(x);                           % EMD 分解，调用 EMD 工具箱
% 显示前 4 个 IMF
t1= linspace(0,(N-1)* Ts,N);           % 产生时间轴坐标
figure;
    for k1= 1: 4
    subplot(4, 1, k1);
    plot(t1, imf{k1});                 % 显示 IMF，如图 5.24 所示
    ylabel(sprintf('IMF% d', k1));
```

```
      end
xlabel('Time/s');
% --------------------------------------------------------------
[A, fa, tt]= hhspectrum(imf);                    % 计算时频谱,即 Hilbert 谱,调
                                                 用 EMD 工具箱
[E, t2]= toimage(A, fa, tt, length(tt));  % 虚部转换程序,调用 EMD 工具箱
for k2= 1:size(E,1)
    bjp(k2)= sum(E(k2, :)) /N;                   % 计算边际谱
end
f= (0:N-3)/N* (fs/2);                            % 产生频率轴坐标
figure;
imagesc(t2/1000, f , abs(~E));                   % 显示取反的时频谱,如图 5.25 所示
colormap(Gray);                                  % 灰度显示
figure;
plot(f, bjp);                                    % 显示边际谱,如图 5.26(a)所示
```

第6章　滚动轴承的故障诊断及实例解析

滚动轴承是机械设备中的重要零部件，也是机械的易损件之一。据不完全统计，旋转机械的故障约有 30% 是因滚动轴承引起的，由此可见滚动轴承故障诊断工作的重要性。

滚动轴承有着摩擦系数小、运转精度高等特点，使它在机械设备中得以广泛应用。但它承受冲击的能力差，工作中，滚动体上的载荷分布不均，对轴承的损坏有很大影响。滚动轴承光滑度高，滚道尺寸精密，反映运转状态信息的能量往往很微弱，常常被其他信号所淹没，故其早期故障的振动信号不易提取，因此给滚动轴承的故障诊断带来了一定的困难。

最初的滚动轴承的诊断靠听诊等人工方式，虽然有一定的局限性，但至今仍在沿用，只是专用测振仪器（如脉冲冲击计）代替了耳听。由于滚动轴承本身是一个易损件，往往并不需要精细的故障诊断，所以这种方法仍是滚动轴承故障诊断的主要手段之一。

随着对滚动轴承的运动学、动力学的深入研究，对轴承振动信号中的频率成分与轴承零件的几何尺寸及缺陷类型的关系有了比较清楚的了解，加上快速傅里叶变换技术的发展，使得用频域方法来分析诊断滚动轴承的故障变为可能。这种方法属于精确诊断的范畴。

本章主要讲述通过振动信号进行滚动轴承故障诊断的原理与方法，并给出一些实例分析，以加深读者的理解。

6.1　滚动轴承失效形式和振动信号特征

滚动轴承在运转过程中可能会由于各种原因引起损坏，如装配不当、润滑不良、水分和异物侵入、腐蚀和过载等。即使在安装、润滑和使用维护都正常的情况下，经过一段时间的运转，轴承也会出现疲劳剥落或磨损而不能正常工作。总之，轴承失效的原因比较复杂，往往是多方面因素造成的，分析时一定要引起注意。

滚动轴承有很多种损坏形式，常见的有磨损失效、疲劳失效、腐蚀失效、断裂失效、压痕失效、胶合失效和保持架损坏等。

（1）磨损失效

磨损是滚动轴承最常见的一种失效形式。在滚动轴承运转过程中，滚动体和套圈之间均存在滑动，这些滑动会引起零件接触面的磨损。尤其在轴承中侵入金属粉、氧化物以及其他硬质颗粒时，则形成严重的磨料磨损，使之更为加剧。

润滑不良也会加剧磨损，磨损的结果使轴承游隙增大，表面粗糙度增加，降低了轴承的运转精度，因而也降低了机器的运转精度，振动及噪声也随之增大。

另外，由于振动和磨料的共同作用，对于处在非旋转状态的滚动轴承，会在套圈上形成与钢球节距相同的凹坑，即为摩擦腐蚀现象。如果轴承与座孔或轴颈配合太松，在运行中引起的相对运动，又会造成轴承座孔或轴颈的磨损。当磨损量较大时，轴承便产生游隙噪声，振动增大。

(2) 疲劳失效

滚动轴承的套圈和滚动体表面既承受载荷又相对滚动，滚动体或套圈表面在交变载荷的作用下，首先在表面下一定深度处（最大剪切应力处）形成细小的裂纹，随着以后持续负荷运转，裂纹逐步发展到表面，致使表层发生剥落坑，像岩块一样裂开，直至金属表层产生片状或点坑状剥落，最后发展到大片剥落，这种现象就是疲劳剥落，疲劳剥落是疲劳失效的主要原因。疲劳失效的主要原因是疲劳应力造成的，有时是由于润滑不良或强迫安装所致。随着滚动轴承的继续运转，损坏逐步增大，因为脱落的碎片被滚压在其余部分滚道上，并造成局部超负荷而进一步使滚道损坏。

通常情况下所说的轴承寿命就是指轴承的疲劳寿命，滚动轴承的疲劳寿命分散性很大，同一批轴承中，其最高寿命与最低寿命可以相差几十倍乃至上百倍，这从另一角度说明了滚动轴承故障监测的重要性。

(3) 腐蚀失效

轴承零件表面的腐蚀分三种类型。一是化学腐蚀，机器在腐蚀性介质中工作或当轴承密封不严时，水、酸等进入轴承或者使用含酸的润滑剂，都会产生这种腐蚀。二是电腐蚀，当转子带电，在一定条件下，电流击穿油膜产生电火花放电，使轴承表面间有较大电流通过，使其表面产生密集的电流凹坑，即点蚀点。三是微振腐蚀，这种腐蚀是因为轴承内外套圈在机座座孔中或轴颈上的微小的相对运动所致，结果使套圈表面产生红色或黑色的锈斑。

轴承的腐蚀斑则是以后损坏的起点。腐蚀是滚动轴承最严重的问题之一，高精度的轴承可能会由于表面腐蚀导致精度丧失而不能继续工作。

(4) 断裂失效

轴承零件的裂纹和断裂是最危险的一种损坏形式。造成轴承零件的裂纹和断裂的重要原因是由于运行时载荷过大、转速过高、润滑不良或装配不善而产生过大的热应力。也有的是因为轴承超负荷运行、金属材料有缺陷或加工过程中磨削、热处理不当而导致的。

(5) 压痕失效

当轴承受到过大的冲击载荷或静载荷时，或因热变形引起额外载荷，或有硬度很高的异物侵入时都会在套圈滚道表面上形成凹痕或划痕。这将使轴承在运转过程中产生剧烈的振动和噪声。而且一旦有了压痕，压痕引起的冲击载荷会进一步引起附近表面的剥落。另外，装配不当，也会由于过载或撞击造成表面局部凹陷。或者由于装配敲击，而在套圈滚道上造成压痕。

(6) 胶合失效

滑动接触的两个表面，一个表面上的金属粘附到另一个表面上的现象称为胶合。对于滚动轴承，当滚动体在保持架内卡住，或者润滑不足、速度过高造成摩擦过大，使保持架的材料粘附到滚动体时而形成胶合。其胶合状为螺旋形污物斑状。有的是由于粗暴安装，在轴承内套圈引起胶合和剥落。

(7) 保持架损坏

由于装配或使用不当可能会使保持架发生变形，增加它与滚动体之间的摩擦，甚至使某些滚动体卡死不能滚动，也有可能造成保持架与内外套圈发生摩擦等。这一损伤会进一步使振动、噪声与发热加剧，导致轴承损坏。

6.2 滚动轴承振动信号的特征频率分析

6.2.1 滚动轴承运动产生的特征频率

滚动轴承的特征频率可以根据轴承元件之间滚动接触的速度关系建立的方程求得。滚动轴承的典型结构如图 6.1 所示,它由内圈、外圈、滚动体和保持架等 4 部分组成。轴承节径(滚动体中心所在的圆)为 D,滚动体直径为 d,个数为 Z,接触角为 α。

为分析轴承各部分运动参数,先做如下假设:

① 内外圈与滚动体之间无相对滑动;

② 承受径向、轴向载荷时各部分无变形;

③ 内圈滚道旋转频率为 f_i;

④ 外圈滚道旋转频率为 f_o。

工作时,滚动体在 A 点与内圈接触,在 B 点与外圈接触,参照图 6.1,滚动轴承工作时各点的线速度如下:

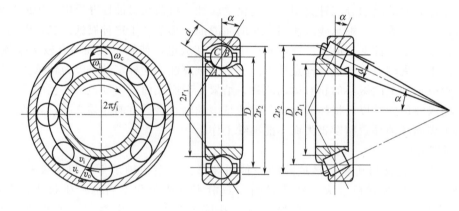

图 6.1 滚动轴承典型结构

A 点的线速度 v_i 为:

$$v_i = 2\pi r_1 f_i = \pi f_i (D - d\cos\alpha) \tag{6.1}$$

B 点的线速度 v_o 为:

$$v_o = 2\pi r_1 f_o = \pi f_o (D + d\cos\alpha) \tag{6.2}$$

根据图 6.1,C 点的线速度 v_c 应为 A 点速度和 B 点速度和的一半,即:

$$v_c = \frac{1}{2}(v_i + v_o) = \pi f_c D \tag{6.3}$$

由此可得保持架的旋转频率 f_c(即滚动体的公转频率)为:

$$f_c = \frac{v_i + v_o}{2\pi D} = \frac{1}{2}\left[\left(1 - \frac{d}{D}\cos\alpha\right)f_i + \left(1 + \frac{d}{D}\cos\alpha\right)f_o\right] \tag{6.4}$$

单个滚动体在外圈滚道上的通过频率,即保持架相对外圈的旋转频率 f_{oc} 为:

$$f_{oc} = f_o - f_c = \frac{1}{2}(f_o - f_i)\left(1 - \frac{d}{D}\cos\alpha\right) \tag{6.5}$$

单个滚动体在内圈滚道上的通过频率,即保持架相对内圈的旋转频率 f_{ic} 为:

$$f_{ic} = f_i - f_c = \frac{1}{2}(f_o - f_i)\left(1 + \frac{d}{D}\cos\alpha\right) \tag{6.6}$$

滚动体与内圈做无滑动滚动，它的旋转频率之比与 $d/2r_1$ 成反比。由此可得滚动体相对于保持架的旋转频率 f_{bc}（即滚动体的自转频率，滚动体通过内圈或外圈的频率）为：

$$\frac{f_{bc}}{f_{ic}}=\frac{2r_1}{d}=\frac{D}{d}\left(1-\frac{d}{D}\cos\alpha\right) \tag{6.7}$$

$$f_{bc}=\frac{1}{2}\times\frac{D}{d}(f_i-f_o)\left[1-\left(\frac{d}{D}\right)^2\cos^2\alpha\right] \tag{6.8}$$

根据滚动轴承的实际工作情况，定义滚动轴承内、外圈的相对转动频率为：

$$f_r=f_i-f_o \tag{6.9}$$

一般情况下，滚动轴承外圈固定，内圈旋转，即：$f_o=0$，$f_r=f_i-f_o=f_i$，而此时 f_r（轴的转速频率）的值为：

$$f_r=\frac{n}{60}(\text{Hz}) \tag{6.10}$$

式中，n 为轴的转数，r/min。

同时考虑到滚动轴承有 Z 个滚动体，则滚动体在外圈滚道上的通过频率 f_{op} 为：

$$f_{op}=Zf_{oc}=\frac{Z}{2}\left(1-\frac{d}{D}\cos\alpha\right)f_r \tag{6.11}$$

滚动体在内圈滚道上的通过频率 f_{ip} 为：

$$f_{ip}=Zf_{ic}=\frac{Z}{2}\left(1+\frac{d}{D}\cos\alpha\right)f_r \tag{6.12}$$

6.2.2　滚动轴承刚度变化引起的振动

当滚动轴承在恒定载荷下运转时（如图 6.2 所示），由于其轴承的结构所决定，使系统内的载荷分布状况呈现周期性变化，最下面的滚动体受力最大，最上面的滚动体受力最小，其余滚动体的受力大小依据其位置不同而不同。因此，只要轴旋转，每个滚动体通过载荷中心线时，就会发生一次力的变化，对轴颈或轴承座产生激励作用，从而引起轴心的起伏波动，这个激励频率即为钢球在外圈的通过频率 f_{op}。

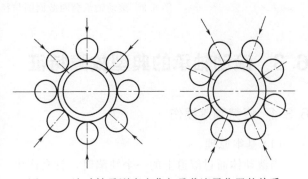

图 6.2　滚动轴承刚度变化与承载滚子位置的关系

6.2.3　滚动轴承元件的固有频率

滚动轴承元件出现缺陷或结构不规则时，在运行中，激发各个元件以其固有频率振动，各轴承元件的固有频率取决于本身的材料、外形和质量，例如钢球的固有频率为：

$$f_b=\frac{0.424}{r}\sqrt{\frac{E}{2\rho}}(\text{Hz}) \tag{6.13}$$

式中　r——钢球半径，m；

ρ——材料密度，kg/m³；

E——弹性模量，GPa。

又如轴承套圈在圈平面内的固有频率为：

$$f_o = \frac{n(n^2-1)}{2\pi\sqrt{n^2+1}}a^{-2}\sqrt{\frac{EI}{M}} \qquad (6.14)$$

式中　n——径向弯曲固有频率的阶次；

　　　a——回转轴线到中心轴的半径，m；

　　　M——为套圈单位长度内的质量，kg/m；

　　　I——套圈截面绕中性轴的惯性矩，m⁴。

轴承套圈的固有频率从数千赫兹至数十千赫兹，而滚动体的固有频率可达数百千赫兹，可见滚动轴承元件的固有频率都很高。轴承接触表面的缺陷所产生的冲击力，能够激起轴承元件的固有频率振动，一般在 20000～60000Hz 范围内总有它的振动响应，因此很多振动诊断方法都是利用这一频段作为检测频带。图 6.3 为滚动轴承套圈截面图与径向弯曲振型示意图。

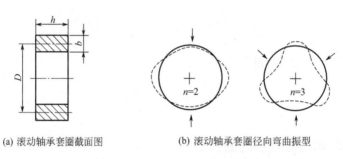

(a) 滚动轴承套圈截面图　　(b) 滚动轴承套圈径向弯曲振型

图 6.3　滚动轴承套圈截面图与径向弯曲振型示意图

6.3　滚动轴承的典型故障特征

6.3.1　疲劳剥落损伤

（1）基本原理

当滚动体通过滚道上的一个缺陷时，就会产生一个微弱的冲击信号，好像用小锤进行激振试验一样，图 6.4 给出了一个钢球落下时产生的冲击过程示意图。冲击的第一个阶段，在碰撞点产生很大的冲击加速度［如图 6.4（a）和图 6.4（c）所示］，它的大小和冲击速度 v 成正比（在轴承中与疲劳损伤的大小成正比）。第二阶段，构件变形产生自由衰减振动［如图 6.4（b）和图 6.4（d）所示］，振动频率取决于系统结构的固有频率，振幅与冲击速度成正比。

在滚动轴承缺陷处碰撞产生的冲击力的脉冲宽度一般都很小，大致为微秒级，我们可以认为其相当一个 δ 函数，如图 6.4（c）所示。理论上，δ 函数的频谱为直线，即在所有频段内都为 1，其中必然有一个频率成分与轴承构件的某个固有频率相吻合而发生共振。但是，由于系统阻尼的存在，轴承构件振动信号实质是一个有阻尼自由衰减振动，衰减振动频率为构件固有频率，如图 6.4（d）所示。

当滚动轴承是连续运转，也就是相当于钢球以一定的间隔时间 $T_{碰}$ 断续掉下时的情况。

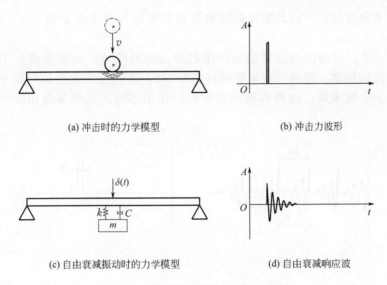

(a) 冲击时的力学模型　　　　　　　　　　(b) 冲击力波形

(c) 自由衰减振动时的力学模型　　　　　　(d) 自由衰减响应波

图 6.4　钢球落下的冲击过程示意图

此时的冲击波形如如图 6.5（a）所示，其碰撞频率 $f_碰 = 1/T_碰$。理论上，$f_碰$ 就是滚动体在滚道上的通过频率 f_{op}、f_{ip} 或滚动体自转频率 f_{bc}。为了简单起见，假设每次冲击只有一个部件的某一阶共振频率被激发，其共振频率为 $f_固 = 1/T_固$。此时，这个自由衰减振动被断续地激起，轴承的振动响应形成周期性的衰减振荡，可以放大到图 6.6（b）所示，可见有如下规律：

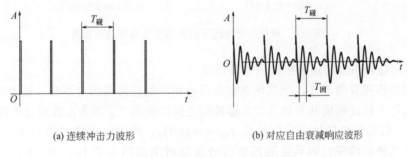

(a) 连续冲击力波形　　　　　　　　　　(b) 对应自由衰减响应波形

图 6.5　轴承产生连续冲击过程示意图

① 轴承元件在冲击下产生共振，[见图 6.6（a）]，其中每个衰减振荡的频率都是轴承元件的固有频率 $f_固$；

② 衰减振荡的幅度与故障的大小有关；

③ 如果将衰减振荡的轮廓连接成线［称为信号的包络，参见图 6.6（c）]那么包络的幅度反映故障的大小，而包络的重复频率 $f_碰$ 取决于故障的位置。

从信号处理的角度上看，这是一个典型的调制信号，其中载波频率为 $f_固$，调制频率为 $f_碰$。在图 6.6（b）所示的频域中，呈现以载波频率 $f_固$ 为中心，调制频率 $f_碰$ 为边带的幅值调制信号特征。通过解调处理后的包络信号仅含有冲击频率 $f_碰$ 引起的冲击成分，剔除了共振频率成分［图 6.6（d）]，多数轴承诊断方法都是利用这个原理来提取滚动轴承的微弱冲击能量的。

实际上，由于滚动轴承和支承装置的部件较多，在各个部件的固有频率上都可以激发出这种时域和频域特征，因此实际的轴承振动信号包含着多个如图 6.6（b）所示的谱峰群。

由此分析可见，这种由局部缺陷所产生的冲击脉冲信号，其频率成分不仅有反映轴承故障特征的间隔频率（即通过缺陷处的冲击频率），而且还包含有反映轴承元件自振频率的高频成分。一般来说，这种高频成分对诊断作用不大，需要采用相应的信号处理手段去除。

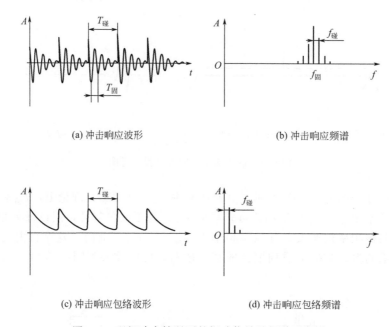

(a) 冲击响应波形   (b) 冲击响应频谱

(c) 冲击响应包络波形   (d) 冲击响应包络频谱

图 6.6 理想冲击情况下的振动信号及频谱示意图

（2）外圈有损伤点的轴承振动信号及特征

若载荷的作用方向不变，则损伤点和载荷的相对位置关系固定不变，每次碰撞有相同的强度，因此每个脉冲幅值基本相等，各脉冲波之间的距离 $T_{碰}$ 即为滚珠通过外圈的间隔频率 f_{op} 的倒数。假设系统结构固有频率为 $f_{固}=3000\mathrm{Hz}$，外圈的故障频率为 f_{op} 为 50Hz，此时，用计算机模拟的理想轴承外圈振动信号及频谱图如图 6.7（a）和（b）所示。比较可见，图 6.7（c）所示包络谱由于去除了高频结构共振频率，显示频段在故障频段范围内，所以能够更清晰地识别故障频率特征 f_{op}。

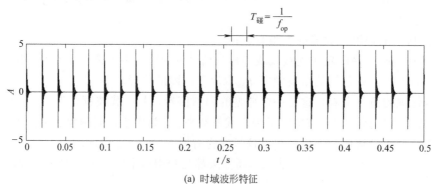

(a) 时域波形特征

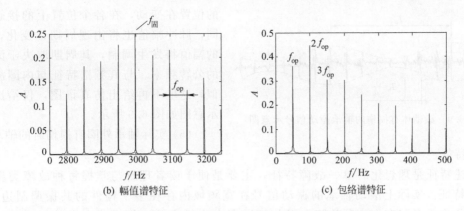

(b) 幅值谱特征　　　　　　　　(c) 包络谱特征

图 6.7　典型外圈有损伤点的轴承振动信号及频谱示意图

（3）内圈有损伤点的轴承振动信号

若载荷的作用方向不变，滚动轴承内圈转动时，缺陷的位置也在转动，与滚动体的接触力则不同，脉冲信号的幅值在做周期性变化，冲击幅值呈现调幅现象，其周期 T_r 取决于内圈的转频 f_r。与外圈故障类似，假设内圈的故障频率为 f_{ip} 为 75Hz，轴转频 f_r 为 15Hz。此时，用计算机模拟的理想轴承内圈故障振动信号及频谱图如图 6.8 所示。与图 6.7 不同的是，此时在幅值谱［图 6.8（b）］上的 $f_{固}$ 和 f_{ip} 上还额外调制了内圈的旋转频率 f_r。在其包络谱［图 6.8（c）］上可以看到从固有频率上解调出的 f_r，以及未被解调的 f_{ip} 上的调制成分。

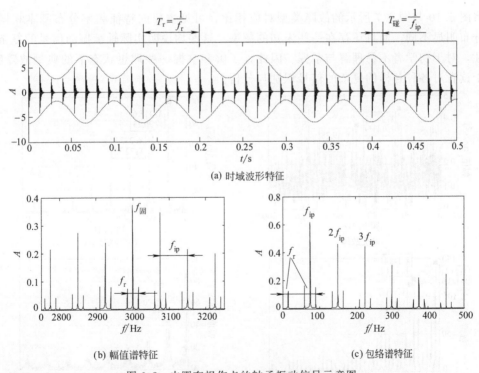

(a) 时域波形特征

(b) 幅值谱特征　　　　　　　　(c) 包络谱特征

图 6.8　内圈有损伤点的轴承振动信号示意图

（4）滚动体有损伤轴承的振动信号

滚动体上有缺陷，所产生的波形与内圈上的缺陷相类似，因为滚动体缺陷与滚道相接触

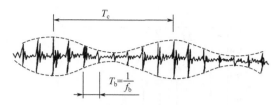

图 6.9　滚动体有损伤的轴承振动信号示意图

的位置在变动，在各个位置上的接触力不同，脉冲幅值也将出现周期性变化，振动的幅值将发生调制，其周期取决于滚动体的公转频率。与其频谱特征与内圈故障类似，这里不再给出仿真谱图，仅给出时域示意图如图 6.9 所示。

（5）实际轴承外圈有损伤时的轴承振动信号及特征

上述特征是理想化的单一故障特征，主要是便于读者理解与掌握每种故障类型对应的故障特征。实际上滚动轴承的振动信号在宽频域内存在多个构件的共振调制边带族，而且往往也不是仅存在一种故障，因此频谱存在交叉成分，很难分离出某一个单纯的故障类型。

利用实验获取的圆柱滚子轴承的正常及典型故障时的振动信号包络谱如图 6.10 所示。实验采用圆柱滚子轴承 N205，轴承参数为：滚动体直径 $d=7.5\text{mm}$，轴承节径 $D=39\text{mm}$，滚动体数 $Z=12$，接触角 $\alpha=0°$，转速 $n=1440\text{r/min}$，轴承的故障特征频率如表 6.1 所示。

表 6.1　轴承的故障特征频率

转速 $n/(\text{r/min})$	外圈 f_{op}/Hz	内圈 f_{ip}/Hz	滚柱 f_{bc}/Hz	保持架 f_c/Hz
1440(24Hz)	116.3	171.7	60.1	10.0

将图 6.10 与图 6.7 所示的故障类型对应相比，可见主要的特征频率分布基本相同，但幅值分布明显不同，而且还存在一些未知的频率。这些均说明实际轴承振动信号的复杂性和随机性，对于初学者不易理解与掌握。因此，了解和掌握一些理想状态下的典型故障特征，有助于读者对各种各样的复杂的信号识别与分析。

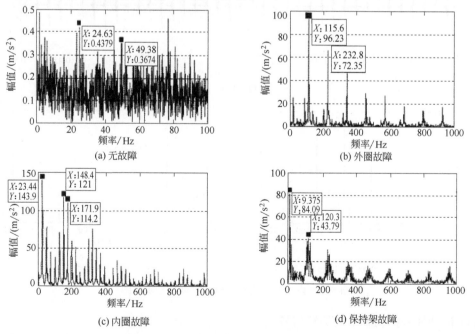

图 6.10　轴承有损伤时的振动信号包络谱

6.3.2　均匀磨损的轴承振动信号

正常时轴承的时域振动波形如图 6.11 所示。波形无规律，没有尖峰，没有高频率的变化，杂乱无章。当轴承由于使用时间较长，经磨损使轴承的滚动面全周慢慢劣化，其振动波形与正常轴承的振动具有相同特点，只是劣化的轴承其振动振幅比正常轴承的振动振幅增大了，这种故障不进行详述。

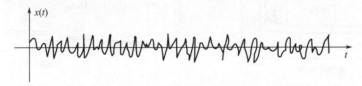

图 6.11　正常轴承的时域振动波形示意图

6.3.3　与滚动轴承安装有关的振动

安装滚动轴承的旋转轴系弯曲，或者不慎将滚动轴承装歪（见图 6.12），使保持架座孔和引导面偏载，轴运转时则引起振动。其振动的频率成分中含有轴旋转频率的多次谐波。同时，若滚动轴承安装的过紧或过松，在滚动体通过特定位置时，即引起振动。其频率与滚动体通过频率相同（见图 6.13），两者合成 $f_{ip} \pm f_r$，成为这种故障振动的主要频率成分。

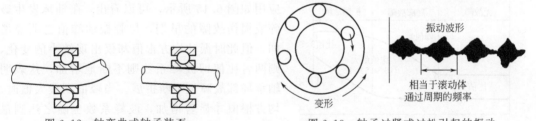

图 6.12　轴弯曲或轴承装歪　　　　　图 6.13　轴承过紧或过松引起的振动

6.4　滚动轴承的振动监测与诊断方法

6.4.1　幅域特征参数诊断法

（1）有效值和峰值判别法

振动信号的有效值 RMS 反映了振动能量的大小，当轴承产生异常后，其振动振幅必然加大。因而可用有效值作为轴承的判断指标。一般来说，有效值适用于像磨损之类的振幅值随时间缓慢变化的故障。

峰值反映的是振幅某一时刻的最大值。但一般情况下，特别是故障产生初期的冲击波峰的振幅大，但持续时间短，对有效值贡献较小。因此，它更适用于具有表面点蚀损伤的、产生瞬变冲击振动的轴承故障诊断。

在轴承疲劳剥落发展过程中振动振幅的变化过程可见图 6.14（a）。在 A 点以前，有效值 RMS 和峰值变化不大；在 A 点之后，有的轴承的振动加速度峰值有较大的波动，但 RMS 值仍变化不大，当疲劳剥落形成时，两者都急剧上升。

轴承的磨损试验结果如图 6.14（b）所示。随着磨损的进行，振动加速度峰值和有效值

RMS缓慢上升，峰值与有效值的比值逐渐增加，如果不发生疲劳剥落，最后峰值可以比初值大很多倍。

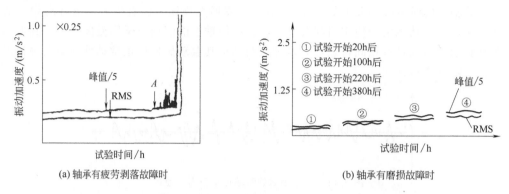

(a) 轴承有疲劳剥落故障时　　　　　　　(b) 轴承有磨损故障时

图6.14　轴承振动加速度峰值和有效值随实验时间变化图

（2）峰值系数法

所谓峰系数，是指峰值与有效值之比，就是峰值指标 C_f，为无量纲参数，其测量结果与滚动轴承和机器状态参数（如：尺寸、载荷、转速等）无关，基本上取决于振动信号的形状，而不是信号的幅值。

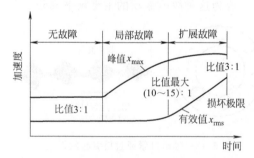

图6.15　峰值指标诊断滚动轴承故障示意图

用峰值系数早期诊断滚动轴承故障的典型应用如图6.15所示，可以看出，在轴承发生破碎或损伤故障的早期，尽管振动峰值已明显增加，但此时振动均方根值却仅出现较小的变化，则两者比值即波峰系数则不断地增加，这表明轴承局部故障正不断扩展。当峰值到最大值时，均方根值才显著增加，波峰系数也随之达到最大值，这时轴承已遭到破坏，随后波峰系数又下降到无故障时的量值。

一般认为，轴承正常时，波峰因数小于5，5～10之间表明轴承已有异常，10以上则表明轴承已产生了较为严重的故障。

（3）波形因数法

峰值与绝对平均值之比，即波形指标 S_f，如图6.16所示。当波形因数值过大时，表明滚动轴承可能有点蚀；而波形因数小时，则有可能发生了磨损。

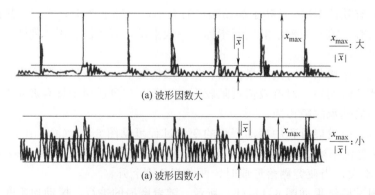

(a) 波形因数大

(a) 波形因数小

图6.16　滚珠轴承振动信号的绝对时域波形及波形因数

（4）概率密度函数方法

滚动轴承正常和故障时的振动信号概率密度函数如图 6.17 所示，可以结合峭度指标值 K_r 进行分析。正常轴承无故障运转时，由于各种不确定因素的影响，振动信号的幅值分布接近正态分布，如图 6.17（a）所示，此时的峭度指标值 K_r 较小；当轴承出现疲劳剥落故障时，振动信号中的脉冲大幅值成分增加，振动信号的幅值分布如图 6.17（b）所示。这个分布曲线上半部小表明振动信号能量大部分集中在均值（$x=0$）附近，下半部分大表示大幅值脉冲能量不大 [$p(x)$ 值小]，但幅值（x 值）较大，表明信号中能量较小的大幅值脉冲成分增加。此时峭度指标值会迅速增大，预示着轴承即将发生大面积的疲劳剥落故障。根据前面所介绍的峭度指标值 K_r 的特性，一般来说，当 $K_r=3$ 时，轴承正常；当 $K_r>3$ 时，轴承可能存在点蚀等引起的冲击振动。

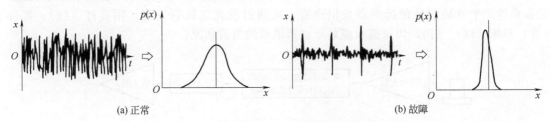

(a) 正常　　　　　　　　　　　　　　　　　(b) 故障

图 6.17　滚动轴承冲击振动概率密度函数

滚动轴承的各种诊断参数虽然都能反映其运行状态中某一方面的故障信息，但大量的生产现场的实例表明，仅仅使用一种参数来判别轴承故障具有一定的局限性。所以，应尽可能地综合多种参数来进行判断，这样得到的结论才是准确可靠的。

6.4.2　冲击脉冲法

冲击脉冲法也称 SPM（Shock Pulse Method）法，是由瑞典 SKF 公司在 20 世纪 70 年代最先提出的一套振动监测方法，专门用于滚动轴承多种失效的诊断，尤其对疲劳失效、磨损失效或润滑不良等失效的诊断准确率相当高，目前仍然是滚动轴承故障诊断的有效手段之一。

滚动轴承有缺陷时，如有疲劳剥落、裂纹、磨损和混有杂物时，就会发生冲击，引起脉冲性振动，冲击脉冲的强弱反映了故障的程度，它还和轴承的大小和旋转速度有关，SPM 冲击脉冲法就是基于这个原理。

轴承故障产生的冲击振动，经轴承座传播到谐振频率为 32kHz 的加速度传感器上，并采用中心频率也为 32kHz 的带通滤波器拾取该冲击振动，然后再经可调的衰减器和放大器，以及包络检波器后得到解调后的信号，即为剔除加速度传感器本身谐振影响后的总冲击能量 SV，其分贝值为 dB_{SV}。

$$dB_{SV}=20lg(SV) \tag{6.15}$$

相同尺寸（轴承内径 D）和转速（n）的正常轴承的初始冲击能量为 i，其经验估算公式为：

$$i=n \cdot D \times 0.61/2150 \tag{6.16}$$

称为背景分贝值，用 dB_i 表示：

$$dB_i=20(lgn+0.6lgD-lg2150) \tag{6.17}$$

故障级（倍数）$N=SV/i$ 表示故障的相对严重程度，一般超过 1000 时，表示轴承寿命终结，用分贝表示时记为 dB_N：

$$dB_N = dB_{SV} - dB_i \tag{6.18}$$

称为标准冲击能量，可以根据 dB_N 的值，由表 6.2 判断轴承的运行状态。

表 6.2　通用工业滚动轴承故障程度判别标准　　　　　　　　　单位：dB

标准冲击能量	正常	警告	损坏	报废
dB_N	≤20	20～35	35～60	>60

利用冲击脉冲法原理制成的仪表有 SMP-43A 冲击计和 CMJ-1 型冲击脉冲仪等，它们的内部结构与原理类似。如 CMJ-1 的简化电路框图如图 6.18 所示，仪器采用便携式结构，操作简便，检测时只需输入被测轴承的内径及转速，即可自动测量并计算标准冲击能量 dB_N，并由刻盘指示或数字显示。另外，还可与设定的门槛电压比较，当超过此电压时，就通过多谐振荡器产生音频信号使扬声器发出声音；或通过发光二极管发光，用良好（绿）、警告（黄）和坏（红）三挡，快速提示或显示机器轴承的当前状况。

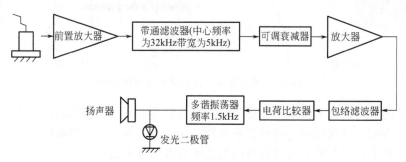

图 6.18　CMJ-1 型冲击脉冲计简化电路框图

目前使用的冲击脉冲计，如国产 CMJ-10 电脑轴承检测仪，已经是采用微处理器的智能化更新换代产品，这类仪器还额外提供下面的参数，如：

dB_m：最大分贝，定义为时间窗口中最强的脉冲，表示滚动轴承元件损坏的最大程度。

dB_C：地毯分贝。其数值为每秒产生 200 个冲击脉冲信号的最高读数。表示滚动轴承的润滑状态、表面粗糙度及安装状态。一个工作状态良好的滚动轴承，地毯值低于 $10dB_N$。dB_C 总是小于 dB_m（dB_m、dB_C 读数是相对读数，不是绝对分贝 dB_{SV}，而是标准分贝 dB_N）。

冲击脉冲测量法用到主要参数就是 dB_N、dB_m 和 dB_C。dB_N 用于轴承故障程度总体判别，dB_m 与 dB_C 之差用于精确分析造成状态下降或恶化的原因，通过确定三者之间的关系即可判定轴承运行状态的好坏。

检测仪的输入与输出也变为数字化和图形化了，其显示结果如图 6.19 右侧所示，其与总冲击能量 dB_{SV} 的关系在图 6.19 左侧表示。

值得注意的是，采用冲击脉冲诊断滚动轴承，只能判明其总体的状态，并不能确定其中哪个元件损坏，但这在实际生产运行中已经可以满足要求。对于滚动轴承来说，只要其中任何一个元件损坏，都得进行总体更换，因此往往并不需要将故障精确地定位到某个具体元件。

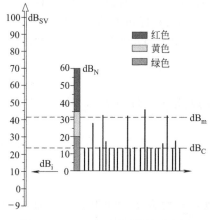

图 6.19　CMJ-10 测试结果示意图

6.4.3　低频信号分析法

在振动信号接收过程中，采用低通滤波器滤除高频振动信号，仅提取低频故障信号时，这种方法称为低频信号接收法。采集和处理过程如图 6.20 所示。低频信号分析法常用频段为低频段（0～1kHz），此时，可以根据滚动轴承的运动形式计算得到的特征频率，直接在频谱上找出，并观察其变化，从而判别故障的存在和原因。

图 6.21（a）是一个外圈有划伤的轴承频谱图，明显看出其频谱中有较大的周期成分，其基频为 184.2Hz；而图 6.21（b）则是与其相同型号的完好轴承的频谱图。通过比较可以看出，当出现故障后谱图上有较高阶谐波，共出现了 184.2Hz 的 5 阶谐波。并且在736.9Hz 上出现了谐波共振现象。

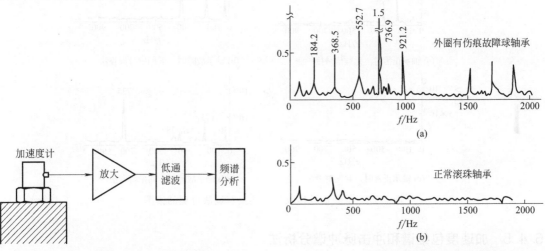

图 6.20　低频信号接收法原理框图　　　图 6.21　故障轴承与正常轴承的频谱对比

需要说明的是，滚动轴承的各种故障特征频率都是从理论上推导出来的。而实际上，由于轴承组件的几何尺寸会有误差，加上轴承安装后的变形，以及实际运转中存在的打滑现象，使得频谱中的特征频率与计算所得的频率总会有些误差。所以在频谱上寻找各特征频率时，需在计算的频率值上找其近似的值来做诊断。

6.4.4　共振解调法（包络解调法）

共振解调法也称为早期故障探测（Incipient Failure Detection，IFD）法，它是利用传感器或结构的谐振，将轴承故障冲击引起的振动信号调制到高频段后，再利用包络解调分析提取故障信息，从而提高了故障探测的灵敏度。共振解调法原理框图如图 6.22 所示。由于获得的冲击能量中可能含有多个构件的共振成分，所以后续分析中，必须先采用带通滤波器或高通滤波器，提取需要的构件的共振

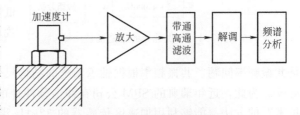

图 6.22　共振解调法原理框图

频率调制波，然后再进行解调分析，解调过程可以采用第 5 章介绍的各种解调方法，由硬件或软件实现。

图 6.23 所示为低频信号接收法和共振解调法的比较。图 6.23（a）和图 6.23（c）分别

为轴承在正常状态运行时用低频信号接收法和共振解调法得到的谱图。图 6.23（b）和图 6.23（d）分别为轴承在缺陷状态运行时用低频信号接收法和共振解调法得到的谱图。通过比较可以看出，在正常状态下运行的滚动轴承，用共振解调法得到的谱图没有明显的谱峰，而用低频信号接收法得到的谱图上，由于各类干扰仍然出现一些谱峰。对比用共振解调法得到的两张谱图 6.23（c）和图 6.23（d），差异十分明显，很容易看出谱峰的变化。这是因为共振解调法将与故障有关的信号从高频调制信号中取出，从而避免了与其他低频信号干扰的混淆，故具有较高的灵敏度和诊断可靠性。

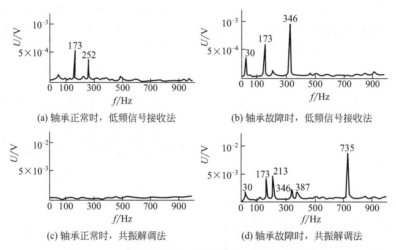

（a）轴承正常时，低频信号接收法　　　　（b）轴承故障时，低频信号接收法

（c）轴承正常时，共振解调法　　　　（d）轴承故障时，共振解调法

图 6.23　低频信号接收法和共振解调法得到的谱图

6.4.5　加速度包络谱和冲击脉冲谱分析法

共振解调法存在的主要问题是解调频带的选择，工程中如何正确或快捷地选择带通频带是一个比较棘手的问题。SKF 公司的 Condition Monitoring Microlog 仪器中预先配置了 4 种

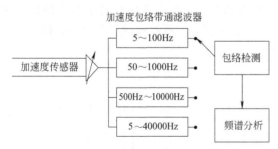

图 6.24　可供选择的带通滤波

滤波器选择，如图 6.24 所示。用户可根据具体的实际情况，选择其中一种带通滤波器进行分析。该仪器还内置基于平方处理的包络解调电路，并通过 FFT 分析提供频谱分析功能，称为"加速度包络分析技术"。能够方便地实现通常所说的高频信号低频分析的功能，其实质是带通频带选择规范化了的共振解调技术。

共振解调法应用时存在的另一个问题是共振频率问题。共振频率根据轴承系统的结构尺寸不同而不同，这给后续的分析电路带来麻烦。为此，近年瑞典的 SPM 公司在冲击脉冲计的基础上，发展出了一种称为"冲击脉冲技术"的方法。能够利用加速度传感器的 32kHz 谐振固有频率，有效地提取冲击脉冲信号的关键信息，从而对滚动轴承退化和润滑状况进行精确诊断。

冲击脉冲技术需要特定的冲击脉冲传感器，其内部结构如图 6.25 所示。当冲击脉冲的波前进入传感器内部后，会通过压电晶体再传递到一个特制的黄铜棒中；当波前到达棒末端时被反射回来，会在棒底部再次被反射，并持续相对较短的一段时间，直到机械波衰减为0。普通的振动测试用加速度传感器，这种"激振作用"持续时间较长，若传感器在第一次振动消失前又接收到另一个冲击脉冲的作用，第二个冲击将叠加到第一个之中，产生不真实的幅值，会导致误判结果。因此，"激振作用"消失时间越短越好，为此，冲击脉冲传感器内部设置了一个特殊的黄铜棒，确保传感器能在 32kHz 谐振频率附近共振，且"激振作用"时间较短；另外，传感器配套单元 TMU 中配有中心频率（32kHz）固定的带通滤波电路，可通过激振响应和电路滤波的组合作用，消除与冲击振动无关的其他部件的低频振动。

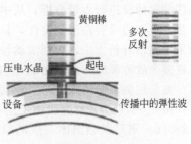

图 6.25　冲击脉冲传感器内部结构

通过对获取的冲击信号作包络分析，再对包络信号进行 FFT 变换，即可以得到所谓的"冲击脉冲频谱"或"SPM 谱"。

冲击脉冲技术采用专用的冲击脉冲传感器，具有谐振频率与带通滤波中心频率恒定，传感器性能一致的特点，比常规振动加速度传感器的灵敏度高 5～7 倍。可以直接采集轴承运转产生的冲击信号，并对信号进行频谱分析，判断轴承的故障及润滑状态，较振动频谱分析、包络分析（共振解调）等方法更加准确、可靠。

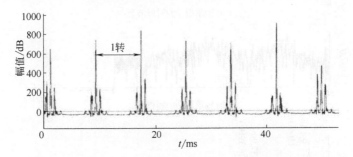

图 6.26　轴承内滚道损伤的时域冲击脉冲信号

典型的内滚道有损伤的滚动轴承时域信号（双丝压力机上滚动轴承，转速约 10r/min）如图 6.26 所示，图 6.27 为同样的轴承中有内滚道损伤时的冲击脉冲频谱图。图 6.26 中的各个小冲击峰之间的距离等于滚珠经过内环的频率 f_{ip}；图 6.27 有以 f_{ip} 及其倍频产生的调制边带族，其边带间隔为 1 倍转频。可以发现这是典型的内圈故障频谱特征，可断定内滚道存在损伤。

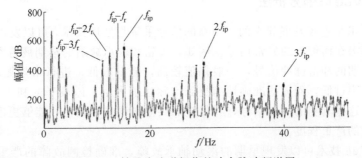

图 6.27　轴承内滚道损伤的冲击脉冲频谱图

6.4.6　倒谱分析法

对于直接采用低频接收法或带通滤波得到的高频信号，可以采用细化频谱等手段直接对某些共振频段进行边带分析，从中可以找到有关的故障特征，见第5章的图5.7（a）所示。但是，由于边带存在不稳定性，且数量较多，不易测量，因此，工程中应用较少。此时还可以采用倒谱分析方法，识别滚动轴承的结构共振频率调制产生的边频族。特别是当滚动轴承存在多个故障源时，由于各运动件的故障频率不同，在功率谱图上形成多族谐波成分，此时，如果用倒谱分析则较易于识别。

图6.28（a）是内圈轨道上有疲劳损伤和滚子有凹坑缺陷的轴承的振动时域波形，图6.28（b）则是其频谱图，该图没有明显的特征谱峰，不便识别。图6.28（c）是其倒谱，明显看出有106Hz及26.39Hz成分，与理论计算值的滚子故障频率106.35Hz及内圈故障频率26.35Hz相同，由此看出，倒谱反映出的故障频率与理论几乎一致。

在滚动轴承故障信号的分析中，由于存在着明显的调制现象，并在频谱中形成不同族的调制边带，当内圈有故障时，则内圈故障频率构成调制边带；当滚子有故障时，则又以滚子故障频率构成另一族调制边带。所以轴承故障的倒谱诊断方法可以提供有效的预报信息。

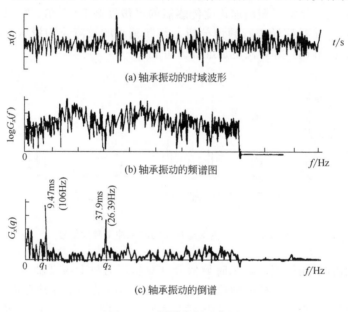

(a) 轴承振动的时域波形

(b) 轴承振动的频谱图

(c) 轴承振动的倒谱

图6.28　倒谱分析示意图

6.4.7　PeakVue峰值分析法

PeakVue技术是近年发展起来的一项新的信号采集与处理技术，可以发现机械振动异常信号尤其是初期潜在而细微的异常信号。例如，齿轮和轴承缺陷的早期疲劳剥落都会产生冲击脉冲。这种早期的冲击脉冲信号，一般幅值较高，能量很低，进行常规振动频谱分析时，往往由于采用频率过低，而无法准确地捕捉到实际幅值大小。PeakVue利用高频采样技术，可以捕获和保留这些真实的冲击信号，与传统的共振解调技术相比，能够更准确地显示损坏根源和反应故障的严重程度。

利用PeakVue技术可以发现早期的滚动轴承故障，准确检测故障的严重程度及发展趋势，及时更换损坏的滚动轴承，从而避免出现严重的设备故障。

（1）PeakVue技术原理

PeakVue峰值分析法利用二次采样技术来同时保证信号在时域和频域的分辨能力。首先对信号以恒定的100kHz采样频率采样，精确获取高频的脉冲信号成分，其时域信号如图

6.29（a）所示；然后再以低频采样间隔 Δt 分段，抽取每一个 Δt 时间段内的最大峰值信号，作为二次采样点构成 PeakVue 信号，如图 6.29（b）所示。即图 6.29（b）中的信号是由图 6.29（a）的信号人为构造的，每个恒定值对应于图 6.29（a）中每一个二次采样间隔 Δt 内的峰值。对得到的 PeakVue 波形可以进行时域参数计算或频谱分析，即为 PeakVue 值或 PeakVue 谱。

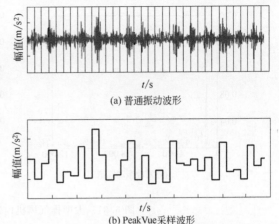

(a) 普通振动波形

(b) PeakVue 采样波形

图 6.29　普通振动波形与 PeakVue 采样波形

PeakVue 技术的信号处理过程如下：

① 高通滤波：应力波是短时的瞬态事件，特点是分布频带宽。加速度传感器获得的冲击信号要进行高通滤波（1kHz 以上），把冲击引起的特征振动与常规振动信号分离开；

② 包络检波处理：去除结构等共振频率成分；

③ 高速采样处理：固定以 100kHz 得到峰值波形；

④ 峰值抽取：按二次采样间隔 Δt 对波形进行最大峰值提取，得到 PeakVue 波形；

⑤ 频谱分析：对得到的 PeakVue 波形进行 FFT 处理，得到 PeakVue 谱。

上述信号处理过程如图 6.30 所示。

图 6.30　PeakVue 技术的信号处理流程

使用 PeakVue 方法时，高通频率的设置是可以变化的，对于滚动轴承分析，高通滤波频率的下限通常选取 3～4 倍的内外圈伤频率；对于故障频率不明确的轴承，也可以根据实际情况选择 1kHz 或 2kHz 的高通截止频率；对于齿轮振动分析，高通滤波频率下限可以设定为 3.25 倍齿轮啮合频率。

（2）PeakVue 技术的优点

① 一次高频采样，准确捕捉故障冲击造成的冲击脉冲（峰值），真实反映冲击大小；

② 二次低频采样得到 PeakVue 波形，且可以提高频谱分辨能力，即在时域和频域都具有较高的分辨率。

③ PeakVue 技术保留了信号中的实际冲击幅值，因而可以用作故障趋势分析与预测参数使用。

④ 有针对性地测试冲击应力波信号，例如疲劳裂缝、摩擦、磨损或故障早期的冲击信号，Peakvue 技术能提供早期准确的检测，更加利于检修和更换的计划性，降低成本。

（3）典型故障分析

图 6.31（a）为一个大型排气风机内侧轴承的常规振动频谱，谱图显示一倍转频振动较高。图 6.31（b）为同一轴承的 PeakVue 频谱，可以清晰地看到保持架和内圈故障频率，且存在一倍转频边带谱线，据此更换了轴承。检查显示轴承内圈存在磨损，且有几个滚动体严重剥落。

滚动轴承的故障诊断方法还有很多，如接触电阻法、光纤监测法，读者可自行参阅相关

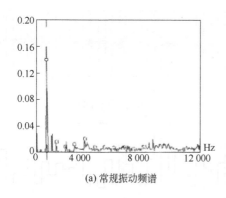

(a) 常规振动频谱

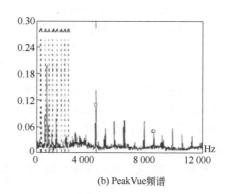

(b) PeakVue频谱

图 6.31　大型排气风机内侧轴承的振动频谱

资料。此外，还有小波变换、EMD 法等信号处理方法，读者可在本章下一节中参读这些方法在故障诊断中的应用实例。

6.5　滚动轴承的故障诊断实例分析

6.5.1　冲击脉冲法在滚动轴承故障诊断中的应用

中国铝业青海分公司炭素厂煅烧车间，利用冲击脉冲技术成功检测出 2# 余热锅炉的滚动轴承损坏。2007 年 12 月 10 日利用 Leonova 振动分析仪对 2# 余热锅炉离心引风机进行设备精密点检时，发现其靠近叶轮端的滚动轴承冲击脉冲值、振动值及温度均比往常有所升高，对该设备进行连续监测发现存在劣化的趋势。在监控运行 20 天后，其冲击脉冲值、振动值及温度值急剧上升，见表 6.3 所示。

因为余热锅炉离心引风机属于不间断运行设备，在该设备劣化趋势较缓的前期做了详尽的检修计划，适时调整生产计划，使该设备可以随时进行检修。在检修期间对该设备解体发现轴承外圈破裂保持架断裂，更换轴承后，该设备顺利投入运行。

表 6.3　煅烧车间 2# 锅炉离心引风机检测数据

日期	dB$_N$	水平振动值 /(mm/s)	垂直振动值 /(mm/s)	轴向振动值 /(mm/s)	温度 /℃	备注
2007.10.11	18	1.203	1.624	1.732	32	设备状况良好
2007.11.09	16	1.211	1.567	1.682	31	设备状况良好
2007.12.10	28	2.431	2.265	3.505	35	存在劣化趋势，监控运行
2007.12.14	31	2.524	2.259	3.725	35	存在劣化趋势，监控运行
2007.12.18	36	3.467	3.254	4.328	37	存在劣化趋势，监控运行
2007.12.21	37	3.935	3.920	4.708	38	存在劣化趋势，监控运行
2007.12.24	42	4.384	4.445	5.138	38	存在劣化趋势，监控运行
2007.12.26	47	5.023	5.226	6.743	43	存在劣化趋势，监控运行
2007.12.27	49	6.446	6.710	8.932	48	存在劣化趋势，监控运行
2007.12.28	56	8.343	9.215	10.224	59	当日作检修处理
2007.12.30	17	1.312	1.428	1.364	33	检修后状态良好

6.5.2 冲击脉冲频谱分析法在离心泵电机轴承故障诊断中的应用

中海油某油田某原油外输管线泵更换电机后出现较大振动，断开电机和管线泵，单独运转电机时发现有轻微振动，但不很明显，无法准确判断振动来源。

通过冲击脉冲法测量了电机驱动端，空载时冲击脉冲值 $dB_m/dB_C = 11/0$，两值较小。测量的冲击脉冲频谱图如图 6.32 所示。频谱中存在明显的轴承外圈故障频率（305.625Hz）和轴承内圈故障频率，但外圈故障频率值较大，问题可能存在于轴承外圈处。

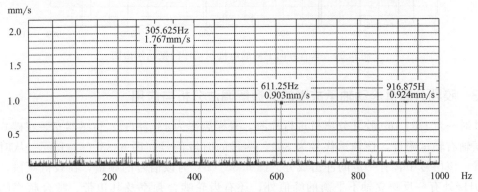

图 6.32　电机驱动端冲击脉冲频谱图

再通过水平两个方向测量振动速度有效值分别为 1.64mm/s 和 2.38mm/s，虽然较小，但频谱图 6.33 中都出现有 60Hz 频率及其谐波，同时频谱中出现 305.625Hz 的信号。

另外，从垂直方向测（轴向）振动：振动速度有效值为 7.76mm/s，振值较大，频谱图 6.34 中幅值较高的频率成分主要为 305.625Hz。

电机非驱动端的轴承状况：冲击脉冲值 $dB_m/dB_C = 10/2$，其水平方向的振动有效值为 1.5mm/s 和 2.10mm/s，其垂直方向的振动有效值也仅为 1.34mm/s，同时频谱中主要频率成分为 60Hz 信号及 305.625Hz 的信号（该信号为驱动端轴承外圈信号），进一步说明电机驱动端轴承存在问题。

综合以上分析，驱动端轴承处存在问题，主要是轴承外圈，还可能存在安装不良、轴承磨损或轴承间隙过大引起的松动，需检查电机驱动端轴承。根据现场测量的结果，电机的驱动端轴承盒内孔加工失圆，并且带一定的锥度。

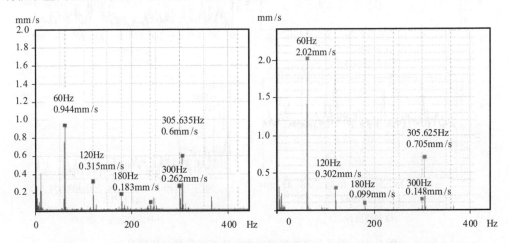

图 6.33　水平方向测的电机驱动端的振动频谱图（左：X 方向，右：Y 方向）

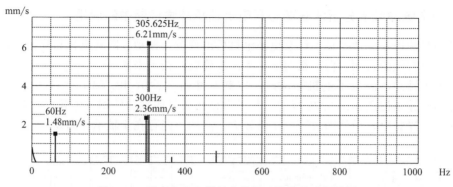

图 6.34　垂直方向上测的电机驱动端的振动频谱图

6.5.3　胶乳分离机滚动轴承故障的共振解调法分析与应用

　　针对一台 DRJ 460 胶乳分离机进行检测，采样频率为 43478Hz，传感器安装在碟式分离机的横轴右轴承附近，该轴承代号为 306，测得的时域信号如图 6.35（a）所示。从时域波形来看，该信号中含有一定的冲击成分。图 6.35（b）为该信号的频谱，在较低频段，除了在 120Hz 处有一反映立轴不平衡的峰值外，还有齿轮啮合频率及其边带、啮合频率的倍频及其边带。由于频率成分比较丰富，难以找出反映轴承故障的信息。在高频段内，以 14kHz 为中心有一簇谱峰，经计算其与内圈的第一阶固有频率相吻合（306 轴承），如果该轴承确有故障存在，那么故障所引起的冲击一定会激起轴承元件的固有振动，故障引起的振动就会被元件的固有振动所调制。

　　为此，再利用通带为 13～15kHz 的带通滤波器，对振动信号进行滤波，然后采用基于 Hilbert 变换的包络解调技术，求出包络信号，如图 6.35（c）所示，细化 16 倍后的频谱图如图 6.35（d）所示。从图 6.35（c）已经能够看出较明显的周期成分，图 6.35（d）所示的频谱图中虽然有十分丰富的频率成分，但具有几个十分明显的谱峰，其中 50.4Hz、74Hz

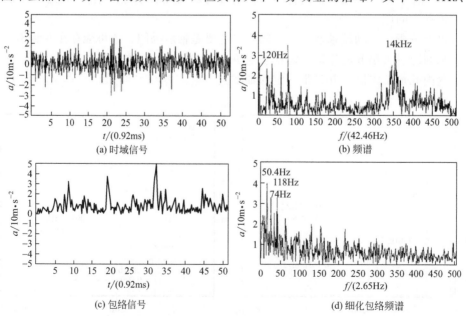

图 6.35　胶乳分离机滚动轴承故障振动信号分析结果

和118Hz处幅值最高，它们分别对应于滚动体、外圈和内圈的通过频率（本例轴承的内圈旋转频率为24Hz）。拆下该轴承检查后发现，它的内圈、外圈和滚动体都有非常严重的疲劳剥落。由以上分析可知，这正是造成振动过大的直接原因。

6.5.4　倒谱分析在鞍钢线材厂设备滚动轴承故障诊断中的应用

3线增速机（图6.36）Ⅰ轴1测点的V和H方向的振动值有增大趋势，在11月30日H1a测点时域波形图［图6.37（a）］中显示了明显的周期性冲击信号，其周期折算成频率为177.8Hz，与B轴承外圈故障特征频率（177.5Hz）相吻合，而且振动值已经达到93.6m/s²。频谱图［图6.38（a）］上除低频段有181.2Hz及其2～5倍谐波外，在1500～5000Hz之间的高频区域内也明显有间隔为181.2Hz的峰群，与B轴承外圈故障特征频率同样非常吻合。从时域图、频谱图特征上都反映出B轴承外圈存在磨损剥落类缺陷。

在对该测点进行倒谱［图6.39（a）］分析时发现，在5.6ms（178.6Hz）及其2～4阶谐波上有明显峰值，进一步说明178.6Hz所在的部件，即B轴承外圈确实存在问题。将此结果与时域和频域分析结果相结合，判断3线增速机Ⅰ轴B轴承外圈存在磨损剥落类缺陷。

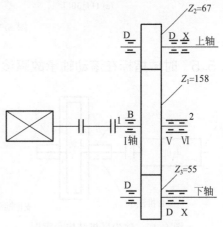

图6.36　增速机传动示意图

12月12日定修后，检查更换下来的B轴承时发现，轴承外圈除存在点蚀剥落类缺陷外，在点蚀处不仅已经有2处裂纹，而且在点蚀处之外还存在胶合现象。

检修后，3线增速机时域波形图［图6.37（b）］中已经没有冲击信号；频谱图［图6.38（b）］中在低频段已没有B轴承故障特征频率，在高频段也只有齿轮的啮合频率；倒谱［图6.39（b）］上已没有明显峰值。

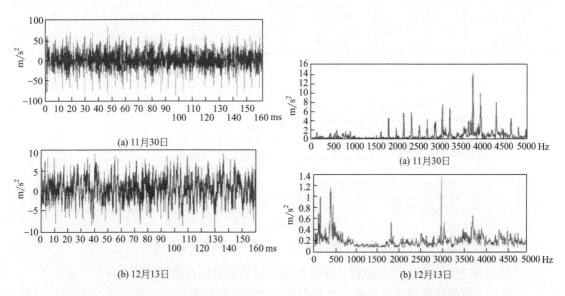

图6.37　H1a测点时域波形图

图6.38　H1a测点频谱图

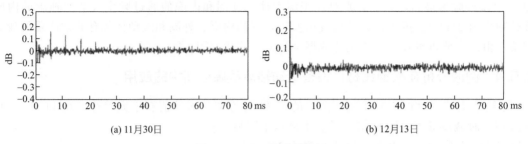

(a) 11月30日　　　　　　　　　　　　(b) 12月13日

图 6.39　H1a 测点倒谱图

6.5.5　时域指标在滚动轴承故障诊断中的应用

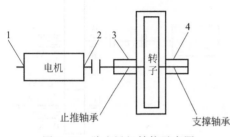

图 6.40　除尘风机结构示意图

马钢第二钢轧总厂现有 30t 顶底复合吹炼转炉四台，结构见图 6.40 所示（1、2、3、4 为测点）。1# 风机故障前、故障时和检修后轴承振动加速度指标比较如表 6.4 所示。

通过观察 2005 年 10 月 26 日和 2005 年 12 月 20 日三项时域指标的比较，初步判断轴承可能发生磨损故障，特别是峭度指标偏离正常值较多。检修时发现轴承磨损严重，更换轴承后，各项时域指标均有明显回落。经过一段时间的磨合运行，峭度指标在 2006 年 2 月 3 日达到 3.19，回到正常水平。趋势图 6.41 反映了该轴承振动加速度测量值故障前、发生故障时和检修后趋势的变化。

表 6.4　故障前、故障时和检修后该测点轴承振动加速度指标比较

2005-10-26		2005-10-20		2006-02-03	
指标名称	指示值	指标名称	指示值	指标名称	指示值
脉冲指标	3.60	脉冲指标	4.57	脉冲指标	3.92
裕度指标	4.26	裕度指标	5.65	裕度指标	4.64
峭度指标	3.07	峭度指标	5.00	峭度指标	3.19

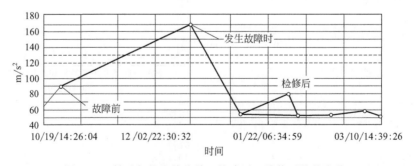

图 6.41　轴承加速度故障前、故障时、检修后趋势变化

2# 风机测点 2 故障前、故障时、故障后轴承振动加速度指标比较，见表 6.5 所示。

通过以上各指标的对比，可以明显看出轴承磨损比较严重。2006 年 2 月 3 日进行检修，

发现轴承磨损严重。轴承更换后，又进行了多次跟踪检测，其峭度指标从 2005 年 12 月 20 日到 2006 年 3 月 10 日的变化趋势如图 6.42 所示。

表 6.5　故障前、故障时和检修后该测点轴承振动加速度指标比较

2005-12-28		2006-01-25		2006-02-03	
指标名称	指示值	指标名称	指示值	指标名称	指示值
脉冲指标	3.86	脉冲指标	4.74	脉冲指标	3.31
裕度指标	4.67	裕度指标	6.07	裕度指标	3.87
峭度指标	4.04	峭度指标	8.16	峭度指标	2.69

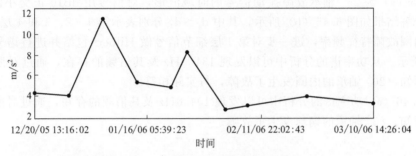

图 6.42　2# 风机 3V-a 测点峭度指标趋势

6.5.6　PeakVue 技术在电机轴承故障诊断中的应用

生产车间共有 A、B 和 C 3 台 P-2101 进料泵，开 2 备 1，一旦停机，整个装置就会停工。从 2010 年 9 月初开始，对 P-2101A 和 B 的变频交流电机（型号 YBBP355L2-2GW，功率 315kW）和泵进行监测。在对电机为期 6 个月的监测过程中，利用 CSI2130 的 PeakVue 技术，发现电机 P-2101A 内外侧轴承逐渐出现劣化趋势，图 6.43 为外侧轴承的 PeakVue 波形峰峰值变化趋势图。

对 2011 年 1 月 19 日采集的 PeakVue 频谱（图 6.44）进行分析，图中明显存在轴承的外圈故障频率及其谐波（虚线代表轴承外圈故障频率 f_{op}）。通过对该电机两侧轴承整个故障产生过程的监测，采用趋势跟踪和频谱分析，判断电机内外侧轴承均出现了外圈故障，并且电机外侧轴承故障严重程度大于内侧轴承，可能是外圈的金属剥落等。

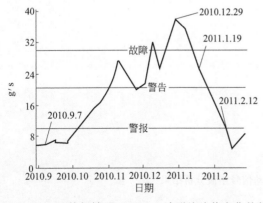

图 6.43　电机外侧轴承 PeakVue 波形峰峰值变化趋势

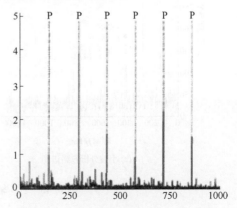

图 6.44　电机外侧轴承 PeakVue 频谱

2011 年 1 月底，对该电机及时进行了大修，发现前后轴承的外圈均出现了"搓衣板"式的凹坑，诊断轴承损坏原因为电蚀，是轴电流击穿轴承油膜所致。检修后，对该电机继续进行跟踪监测，如图 6.43 所示，2 月份的 PeakVue 峰值已经回落到正常值范围内。

6.5.7　小波变换在滚动轴承故障分析中的应用

某公司 608- 2RS 深沟球轴承，已知 26# 内圈有缺陷，82# 1 粒钢球有缺陷。将待测轴承安装在机械驱动装置上，外圈固定并施加轴向载荷。

图 6.45 为 26# 轴承振动信号小波分析结果图；图 6.46 为 82# 轴承振动信号小波分析结果图。

图 6.45（a）为 26# 轴承故障振动信号的时域波形，对信号用 dB10 正交小波基进行 4 层分解，分解结果如图 6.45（b）所示，其中 $d_1 \sim d_4$ 分别表示第 1、2、3 和 4 层细节信号。为了提取内圈故障特征频率，进一步对第 1 层细节信号做 Hilbert 包络并进行谱分析，如图 6.45（c）所示。从功率谱的分析中可以发现 131.8Hz 及其倍频的存在，通过对照轴承故障特征频率可知，26# 轴承的内圈发生了故障，与实际相符。

从图 6.46（c）功率谱的分析中可以发现 104.6Hz 及其倍频的存在，通过对照轴承故障特征频率可知，82# 轴承的钢球发生了故障。

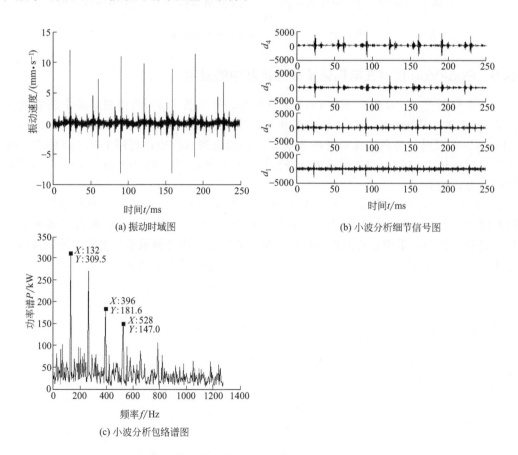

(a) 振动时域图

(b) 小波分析细节信号图

(c) 小波分析包络谱图

图 6.45　26# 轴承振动信号小波分析结果

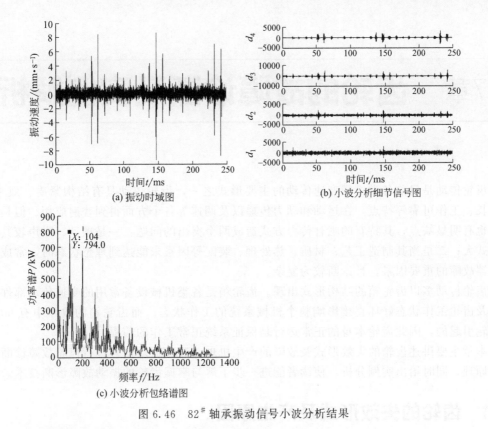

(a) 振动时域图

(b) 小波分析细节信号图

(c) 小波分析包络谱图

图 6.46　82$^\#$ 轴承振动信号小波分析结果

第7章 齿轮的故障诊断及实例解析

齿轮传动是目前各类机械变速传动的主要形式之一，齿轮传动具有结构紧凑、效率高、寿命长、工作可靠等特点，在运动和动力传递以及调速等各个方面得到普遍应用。但是齿轮传动也有明显缺点，其特有的啮合传力方式造成两个突出的问题：一是振动、噪声较其他传动方式大；二是当其制造工艺、材质、热处理、装配等因素未能达到理想状态时，常成为诱发机器故障的重要因素，且诊断较为复杂。

齿轮传动多以齿轮箱的结构形式出现。齿轮箱是各类机械设备常用的变速传动部件，齿轮箱及齿轮工作状态好坏直接影响整个机械系统的工作状态。而齿轮箱的故障中有 60% 是由齿轮引起的，因此齿轮本身的正常运行是保证系统正常工作的前提。

本章主要讲述齿轮的失效形式及故障的产生机理，通过振动信号进行齿轮故障诊断的方法与原理，同时给出实例分析，使读者能进一步了解与掌握齿轮的振动故障诊断技术。

7.1 齿轮的失效形式及产生原因

7.1.1 齿轮的常见故障

齿轮常见的失效形式有四种：齿面磨损、齿面疲劳、轮齿断裂、齿面塑性变形。

（1）齿面磨损

齿轮传动中润滑不良、润滑油不洁等均可造成磨损或划痕。磨损可分为磨粒磨损与划痕、腐蚀磨损、烧蚀和齿面胶合等。

① 磨粒磨损与划痕：当润滑油不洁，含有杂质颗粒，或在开式齿轮传动中的外来砂粒，或在摩擦过程中产生的金属磨屑，都可以产生磨粒磨损与划痕。这些外界的硬质微粒，开始先嵌入一个工作表面，然后以微量切削的形式，从另一个工作表面挖去金属的细小微粒或在塑性流动下引起变形。通常情况下齿顶、齿根部摩擦较节圆部严重，这是因为啮合过程中节圆处为滚动接触，而齿顶、齿根处为滑动接触。

② 腐蚀磨损：由于润滑油中的一些化学物质如酸、碱或水等污染物与齿面发生化学反应造成金属的腐蚀而导致齿面损伤。

③ 烧蚀：烧蚀是由于过载、超高速、润滑不当或不充分引起的齿面剧烈磨损，由磨损引起局部高温，这种温度升高足以引起色变和过时效，或使钢的几微米厚度表面层重新淬火，出现白层。

④ 齿面胶合：大功率软齿面或高速重载的齿轮传动，当润滑条件不良时产生齿面胶合现象，一个齿面上的部分材料胶合到另一齿面上，因而在此齿面上留下坑穴，在后续的啮合传动中，这部分胶合上的多余材料很容易造成其他齿面的擦伤沟痕，形成恶性循环。

（2）齿面疲劳

所谓齿面疲劳主要包括齿面点蚀与剥落，是由材料的疲劳引起的。当工作表面承受交变应力的作用时，会在齿面引起微观疲劳裂纹，润滑油进入裂纹后，由于啮合过程可能先封闭入口然后挤压，微观疲劳裂纹内的润滑油在高压下使裂纹扩展，结果小块金属从齿面上脱落，留下一个小坑，形成点蚀。如果表面的疲劳裂纹扩展较深、较远或一系列小坑由于坑间材料失效时连接起来，造成大面积或大块金属脱落，这种现象则称为疲劳剥落。

实验表明，在闭式齿轮传动中，点蚀是最普遍的破坏形式；在开式齿轮传动中，由于润滑不够充分以及进入污物的可能性增多，磨粒磨损总是先于点蚀故障。

（3）轮齿断裂

齿轮副在啮合传动时，主动轮的作用力和从动轮的反作用力都是通过接触点分别作用在对方的轮齿上。最危险的情况下是接触点某一瞬间位于轮齿的齿顶部，此时轮齿如同一个悬臂梁，受载后齿根处产生的弯曲应力为最大，若因突然过载或冲击过载，很容易在齿根部产生过负荷断裂。即使不存在冲击过载的受力工况，当轮齿重复受载后，由于应力集中现象，也易产生疲劳裂纹，并逐步扩展，致使轮齿在齿根处产生疲劳断裂。另外，淬火裂纹、磨削裂纹或严重磨损后齿厚过分减薄时，在轮齿的任意部位都可能产生断裂。

（4）齿面塑性变形

软齿面齿轮传递载荷过大（或在大的冲击载荷作用下）时，易产生齿面塑性变形。在齿面间过大的摩擦力作用下，齿面接触应力会超过材料的抗剪屈服极限，齿面材料进入塑性状态，造成齿面金属的塑性流动，使主动轮节圆附近齿面形成凹沟，从动轮节圆附近齿面形成凸棱，从而破坏了正确的齿形。有时可在某些类型齿轮的从动轮齿面上出现"飞边"，严重时挤出的金属充满顶隙，引起剧烈振动，甚至发生断裂。

7.1.2　齿轮故障的产生原因

齿轮产生上述故障的原因较多，大量的故障统计与分析结果表明，主要原因有以下几个方面。

（1）制造误差

在齿轮的制造过程中，由于机床运动误差、切削刀具的误差或刀具与工件、机床系统安装调整不当等因素会引起齿轮偏心、周节误差、基节误差、齿形误差或齿距误差等，这些误差造成总的传动误差参见图 7.1。当这些误差中的一种或几种较严重时，会引起齿轮传动的忽快忽慢、啮合时产生冲击引起较大的振动和噪声。

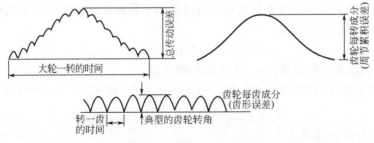

图 7.1　齿轮传动误差图解

（2）装配不良

齿轮装配技术和装配方法等原因，通常在装配齿轮时造成"一端接触"和齿轮轴的直线性偏差（不同轴、不对中），会造成齿轮的工作性能恶化。如图 7.2 所示，在一对齿轮啮合时，其齿轮轴轴线不平行，在齿宽方向就会有一端接触，或者出现齿轮的直线性偏差等，使

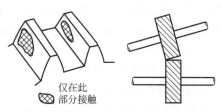

仅在此
部分接触

图 7.2 装配不良引起的齿轮磨损

还会产生齿断裂等。

齿轮所承受的载荷在齿宽方向不均匀，不能平稳地传递动力，个别齿负荷过重引起早期磨损，严重时甚至会引起齿断裂等。

（3）润滑不良和超载

对于高速重载齿轮，润滑不良如油路堵塞、喷油孔堵塞、润滑油中进水或变质等，导致齿面局部过热，造成变色、胶合等故障。另外，严重超载时

7.2 齿轮副运动特点及振动机理分析

假设齿轮具有理想的渐开线齿形，且轮齿刚度为无穷大时，一对齿轮在啮合运动中是不会产生振动的。但由于制造、安装及轮齿刚度不可能无穷大等方面的问题，一对正常齿轮在啮合运动中也会产生振动，因此有必要研究齿轮振动的简化模型并分析振动的产生机理，以便分析哪些振动是由故障引起的，哪些振动是齿轮传动过程中固有的。

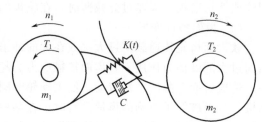

图 7.3 齿轮副力学模型

（1）齿轮振动的力学模型

齿轮具有一定的质量，轮齿可看作是弹簧，所以若以一对齿轮作为研究对象，则该齿轮副可以看作一个弹簧质量振动系统，如图 7.3 所示。其振动方程为：

$$M_r \ddot{x} + C\dot{x} + K(t)[x - E(t)] = (T_2 - iT_1)/R_2 \tag{7.1}$$

式中　x——沿作用线上齿轮的相对位移；

　　　C——齿轮啮合阻尼；

　　$K(t)$——齿轮啮合刚度；

T_1，T_2——作用于齿轮上的扭矩；

　　R_2——大齿轮的节圆半径；

　　　i——齿轮副的传动比；

　$E(t)$——由于齿轮变形和误差及故障而造成的两个齿轮在作用线方向上的相对位移；

　　M_r——齿轮副的等效质量，

$$M_r = m_1 m_2/(m_1 + m_2) \tag{7.2}$$

式中，m_1 为小齿轮的质量；m_2 为大齿轮的质量。

若忽略齿面上摩擦力的影响，则 $(T_2 - iT_1)/r_2 = 0$，则式 （7.2） 可写成：

$$M_r \ddot{x} + C\dot{x} + K(t)x = K(t)E(t) \tag{7.3}$$

可将 $E(t)$ 分解为两部分：

$$E(t) = E_1 + E_2(t)$$

式中，E_1 为齿轮受载后的平均静弹性变形；$E_2(t)$ 为齿轮的误差和故障造成的两个齿轮间的相对位移，故也可称为故障函数。这样式 （7.3） 可简化为：

$$M_r \ddot{x} + C\dot{x} + K(t)x = K(t)E_1 + K(t)E_2(t) \tag{7.4}$$

由式 （7.1） 可知，齿轮的振动为自激振动。但如果从简化后的式 （7.4） 来看，我们也

可以认为是一个受迫振动，该公式的左端代表齿轮副本身的振动特征，右端为激振函数。由前面的振动理论可知，对于线性系统，式（7.4）左端的振动频率响应与右端的激振频率特性完全相同，因此我们只需研究右端的激振函数即可。激振函数由两部分组成：一部分为 $K(t)E_1$，它与齿轮的误差和故障无关，所以称为常规振动；另一部分为 $K(t)E_2(t)$。它取决于齿轮的综合刚度 $K(t)$ 和故障函数 $E_2(t)$。

齿轮综合刚度 $K(t)$ 的变化规律可由两点来说明：一是随着啮合点位置的变化，参加啮合的单一轮齿的刚度发生了变化；二是参加啮合的齿数在啮合过程中是变化的。例如对于重合系数在 $1\sim2$ 之间的渐开线直齿轮，在节点附近是单齿啮合，在节线两侧某部位开始至齿顶、齿根区段为双齿啮合（图 7.4 所示）。显然，在双齿啮合时，整个齿轮的载荷由两个齿分担，故此时齿轮的啮合刚度就较大；同理，单齿啮合时啮合刚度较小。

图 7.4 齿面受载变化图

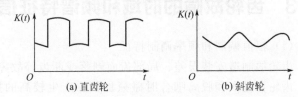

图 7.5 啮合刚度变化图

齿轮啮合刚度变化规律取决于齿轮的重合系数和齿轮的类型。直齿轮的刚度变化较为陡峭，接近于矩形波，如图 7.5（a）所示；而斜齿轮或人字齿轮刚度变化较为平缓，较接近正弦波，如图 7.5（b）所示。

故障函数 $E_2(t)$ 的变化规律与故障齿轮的旋转频率相关，因为齿轮理论上是单齿啮合的，每个故障齿每转只参加一次啮合，故其频率等于齿轮轴的旋转频率。和图 7.5 所示的特征相似，当出现断齿或齿面局部剥落等冲击类故障时，$E_2(t)$ 的变化规律可认为是矩形窄脉冲形式；当出现点蚀等均匀类分布故障时可简化成简谐信号形式。

（2）齿轮振动的基本特征参数

一对齿轮的振动频率特征参数，主要有大小齿轮轴的旋转频率，齿轮对的啮合频率等。

① 齿轮的故障频率

根据前面的分析，齿轮的故障频率即为齿轮轴的转频，即故障函数 $E_2(t)$ 的变化频率，于是第 i 个齿轮的故障频率 f_{ri} 为：

$$f_{ri}=\frac{n_i}{60}(\mathrm{Hz}) \tag{7.5}$$

式中，n_i 为第 i 个齿轮的转速，r/min。

② 齿轮对的啮合频率

每当一对轮齿开始进入啮合到下一对轮齿进入啮合，齿轮的啮合刚度就变化一次。由此可计算出齿轮的啮合频率 f_m 如下所示：

$$f_m=z_if_{ri}=\frac{z_in_i}{60}(\mathrm{Hz}) \tag{7.6}$$

式中，z_i 为第 i 个齿轮的齿数；f_{ri} 为第 i 个齿轮的转频，Hz。

③ 齿轮的固有频率

当遇到断齿、轴弯曲较严重时，由这类故障引起的振动能量较大，在对啮合振动的调制的同时，还会激起齿轮的固有频率，固有频率的计算公式为：

$$f_c=\frac{1}{2\pi}\sqrt{\frac{k}{m}} \tag{7.7}$$

式中　m——齿轮副的等效质量，$\dfrac{1}{m}=\dfrac{1}{m_1}+\dfrac{1}{m_2}$；

　　　　k——齿轮的平均刚度，$\dfrac{1}{k}=\dfrac{1}{k_1}+\dfrac{1}{k_2}$，$k_1$，$k_2$ 分别为小大齿轮的弹性系数。

　　齿轮的固有频率多为 $1\sim10\mathrm{kHz}$ 的高频，当这种高频信号传递到齿轮箱体等部件时，高频振动已经衰减。实际上箱体等其他部件的固有频率也会被激起，具体计算复杂，一般以实验为主，这里就不详细介绍了。

　　可见，齿轮冲击故障严重时，故障频率对啮合振动频率调制的同时，还会对齿轮的固有频率或其他部件固有频率产生调制，使得频谱中往往呈现多处存在调制边带族的特征。

7.3　齿轮故障的时域和频谱特征信息

　　（1）幅值调制和频率调制特征

　　齿轮的制造安装误差、局部齿面剥落或断齿等故障都会直接成为振动的激励源。如断齿时，齿轮在进入和脱离啮合时碰撞加剧，产生较高的振动峰值，齿轮转动也会变得忽快忽慢，形成振动幅值和相位的周期变化，这个周期一般与故障齿轮轴的旋转周期相同，一般较低，而啮合频率较高，两者在幅值上是相乘的幅值调制关系；同理，齿轮故障引起的忽快忽慢相位变化，与啮合频率成分呈相位或频率调制关系。实际上，调幅与调频可能同时存在，形成交叉调制成分，即调幅振动会引相应的调频振动，反之亦然。另外，这些调制会在频谱中出现形式各异的调制边带，这些边带包含了很多有用的齿轮故障信息。因此，如何有效地区分不同调制型故障信号的时域和频域特征，在很大程度上决定了齿轮故障诊断的成败。

　　① 幅值调制

　　假设齿轮轴转动频率为 f_r，为式（7.4）中的 $E_2(t)$ 的变化频率；啮合频率为 f_m，其与式（7.4）中的 $K(t)$ 有关，若故障频率和啮合频率均遵循简谐信号变化，参照第 5 章的式（5.11），可对式（7.4）中的 $[E_1+E_2(t)]K(t)$ 做进一步分析有：

$$[E_1+E_2(t)]K(t)=A[1+\alpha\cos(2\pi f_m t)]k\sin(2\pi f_m t)$$

$$=Ak\sin(2\pi f_m t)+\frac{A\alpha k}{2}\big[\sin2\pi(f_m+f_r)t-\sin2\pi(f_m-f_r)t\big]$$

$$\tag{7.8}$$

式中　k——平均刚度；

　　　　A——载波信号的幅值；

　　　　α——幅值调制系数；

　　　f_m——啮合频率（载波频率）；

　　　f_r——故障齿轮旋转频率（调制波频率）。

　　上式说明，经幅值调制的信号中，除了原有的啮合频率 f_m 之外，还增加了一对啮合频率与旋转频率的和频（f_m+f_r）和差频（f_m-f_r），称为边带。这种现象称为幅值调制，可以用第 5 章 5.3.1 介绍的方法来分析，该式所表示的时域波形和频谱可参见图 5.8。

　　如果调制信号不是一个简谐波，而是多频率成分构成的周期信号，例如存在多个调制频率，或者调制成分存在高次谐波成分时，就会在啮合分量两侧形成一个边带族，如图 7.6 （a）所示。实际上，作为载波频率的啮合频率 f_m 也存在谐波成分，因此在 $2f_m$、$3f_m$ 等谐波成分上也会存在边带成分，如图 7.6 （b）所示。

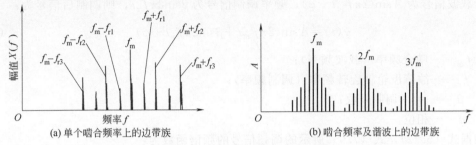

图 7.6　故障齿轮的幅值调制频谱

可以根据前面所学的傅里叶变换的卷积定理，并参考第 5 章的图 5.8，利用图解方法计算实际齿轮多谐波幅值调制信号的频谱，如图 7.7 所示。

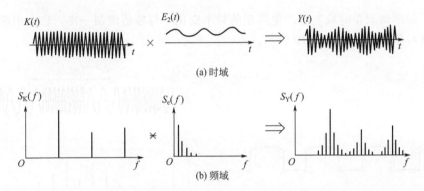

图 7.7　齿轮频谱上边带的形成

由此还可以分析与解释齿轮存在集中缺陷和分布缺陷时所产生的边带区别。图 7.8 （a）为齿轮存在集中缺陷时的振动波形及其频谱。这时相当于齿轮的振动受到一个短脉冲的调制，脉冲的重复出现周期等于齿轮的旋转周期，由于脉冲的谐波较多，由此形成的边带数量多且幅值下降缓慢。

图 7.8 （b）为齿轮存在分布缺陷时的情形。由于分布缺陷所产生的幅值调制较为平缓，由此形成的边带比较高且窄，而且齿轮上的缺陷分布越均匀，频谱上的边带就越高、越集中。

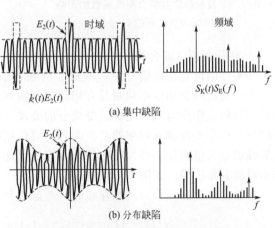

图 7.8　齿轮缺陷分布对边带的影响

② 频率调制（相位调制）

齿轮传动中，齿轮加工、传动误差或其他故障使齿轮啮合刚度产生相位变化，如图 7.9 所示，这种相位变化周期与故障齿轮的旋转频率相同。例如一个大的齿面局部剥落故障，可使两个齿的啮合或脱离的时间节点前后移动，即啮合刚度曲线局部相位发生周期变化，这种变化会引起啮合刚度变化频率 f_m 与故障齿轮的旋转频率 f_r 的频率调制或相位调制现象。

若载波信号为 $A\sin(2\pi f_m t + \varphi)$，频率调制信号为 $\beta\sin 2\pi f_r t$，则调制后信号为：

$$y(t) = A\sin(2\pi f_m t + \beta\sin 2\pi f_r t + \varphi) \tag{7.9}$$

式中　　f_m——啮合频率（载波频率）；

　　　　　f_r——故障齿轮轴旋转频率（调制频率）；

　　　　　β—— 频率调制系数；

　　　　　φ——相位。

根据式（5.12），式（7.9）所示的调频信号的频谱函数为：

$$Y(f) = \frac{A}{2}\{J_0(\beta)\delta[f - f_m] + J_1(\beta)\delta[2\pi f - 2\pi(f_m - f_r)] + J_1(\beta)\delta[f - (f_m + f_r)] +$$

$$J_2(\beta)\delta[f - (f_m - 2f_r)] + J_1(\beta)\delta[f - (f_m + 2f_r)] + \cdots\}$$

$$\tag{7.10}$$

因此，频率调制在时域上会产生周期的频率变化，与幅值调制一样，也会引起围绕啮合频率的一族对称边带，如图7.10所示。

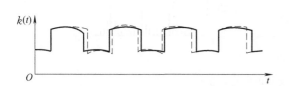

图7.9　齿轮故障对啮合刚度函数的影响
　　　　［虚线为变化后的 $k(t)$ ］

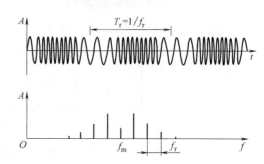

图7.10　齿轮振动信号的频率调制现象

③ 调频调幅（混合调制）

在实际的齿轮振动信号中，调幅与调频一般总是同时存在的，这样会形成交叉调制成分，由于幅值调制和频率调制具有相同的载波和调制频率，因此，实际频谱上的边带成分为两种调制单独作用时所产生的边带成分的叠加。虽然在理想条件下两种调制所产生的边带都是幅值对称于啮合载波频率的，但两者同时作用时，由于边带成分具有不同的相位，所以它们的叠加是矢量相加，叠加后有的边带幅值增加，有的下降，在啮合载波频率两边形成复杂的不对称分布边带，如图7.11所示。

当幅值调制和频率调制都存在时，考虑单频率调制情况为：

$$y(t) = A(1 + \alpha\cos 2\pi f_r t)\sin(2\pi f_m t + \beta\sin 2\pi f_r t + \varphi) \tag{7.11}$$

式中　　φ——相位。

采用 MATLAB 对式（7.11）进行仿真分析，结果如图7.12所示。仿真时，$A = 1$，$\alpha = 0.45$，$\beta = 0.8$，$f_m = 100\text{Hz}$，$f_r = 10\text{Hz}$，采样频率为1024Hz，采样点数1024，为整周期采样方式。从图7.12可以看出其边带不再对称。

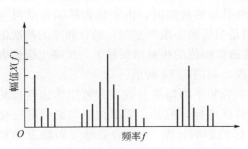

图 7.11 调频、调幅共同影响下的边带

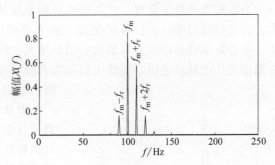

图 7.12 调频、调幅共同影响下的边带分布情况仿真

④ 混合调制的实例

图 7.13 为某齿轮箱振动信号的频谱分析图，幅值谱图 7.13（a）中的谱峰 2 为啮合频率，以此为中心做细化频谱如图 7.13（b）所示，可以清楚看到齿轮调幅效应和调频效应叠加对边带对称性的影响。

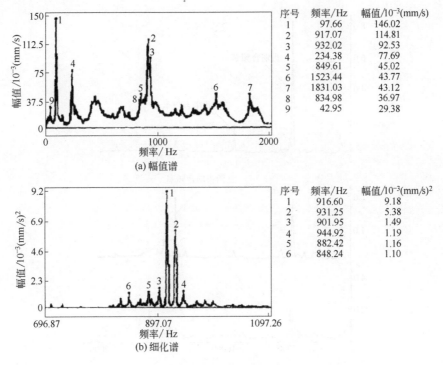

图 7.13 工程实际中齿轮调幅效应和调频效应的叠加

（2）啮合频率及其谐波

从齿轮在啮合过程中刚度的变化可知，啮合齿的刚度是随时间变化的，这种变化就会产生以啮合频率为主的振动（或称"啮合振动"）。此外，传动误差、啮合冲击、节线冲击等问题也会使齿轮在啮合过程中发生啮合频率的振动，啮合频率的计算见式（7.6）。啮合频率通常是齿轮振动信号频谱中最显著的成分，啮合频率可以是一个单一的频率成分，也可以是带有边带的频率成分族。这些边带间隔值往往与故障齿轮的转频为主。啮合频率上的幅值大小与参与啮合的齿轮的齿数、传动比、表面粗糙度和载荷等有关。一般规则是齿数越多、传动比越小、齿表面粗糙度越小、齿上所受载荷越轻，则啮合频率的幅值越小。

当齿轮啮合情况良好，产生的啮合频率及其谐波的幅值较低；当发生齿面磨损、负荷增大、齿轮径向间隙过大、齿轮游隙不适当等原因所引起的故障时，由于轮齿的啮合状况变坏，啮合频率的谐波成分幅值就会明显增大。特别是当齿面磨损严重时，啮合频率的高次谐波幅值增长比基波还快，因此可以从啮合频率及其谐波幅值的相对增长量上，反映出齿轮表面的磨损程度，如图 7.14 所示。

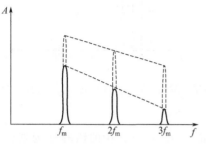

图 7.14　齿面磨损前后啮合频率及其谐波幅值的变化

因此，啮合频率的幅值参数经常被用作诊断齿轮磨损状态的特征指标，但是，需要注意的是载荷变化对该特征指标的影响。图 7.15 为某燃气涡轮发动机减速器的三张振动加速度频谱图，分别是在空载、约半载荷 9.5MW 和满载荷 15.5MW 三种工况下测得的，显示了因载荷增大而引起的啮合频率幅值增大的变化过程。需要注意的是，空载到满载时的二阶到三阶的高阶啮合频率幅值的变化过程与齿轮磨损时并不相同。

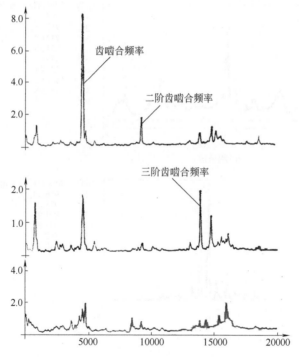

图 7.15　载荷变化引起的啮合频率的幅值变化

（3）附加脉冲

不论是幅值调制，还是频率调制（相位调制），所得到的时域信号都是对称于零线的，但实际测得的信号不一定对称于零线，这是由于齿轮旋转频率的低次谐波引起的，称为附加脉冲。图 7.16 中图（a）为不对称零线的总信号，将其分解，可得到图（b）附加脉冲信号和图（c）调制信号。在频域中，附加脉冲和调制部分很容易区别，调制部分在频谱上是一系列啮合频率或其高阶谐波附近的边带，而附加脉冲部分一般是旋转频率及其低次谐波，它在啮合频率两边不形成边带。

平衡不好、对中不良或机械松动，均可能造成附加脉冲，但不一定与齿轮缺陷有关。

（4）鬼线

鬼线（又称隐含谱线）是齿轮振动信号功率谱中的一处频率分量，从表面上看很像啮合频率的分量，其谱线往往在啮合频率附近，如图 7.17 所示。

新的齿轮副在传动时，其频谱上除了旋转频率、啮合频率及其边带成分外，还会出现一些来历不明的频率成分及其谐波，其产生的原因是由于加工机床传动齿轮的误差造成的。加工机床蜗轮、蜗杆及齿轮的缺陷传递到被加工齿轮上，给被加工齿轮带来周期性缺陷，因此，隐含成分的频率等于机床某级传动齿轮的啮合频率。这种频率成分有以下两个特点：

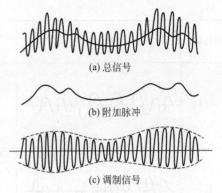

(a) 总信号

(b) 附加脉冲

(c) 调制信号

图 7.16　齿轮调幅信号中的附加脉冲

① 它是由周期性缺陷引起的，所以振动频谱中应存在其高阶谐波，并且出现在啮合频率附近；

② 工作载荷的变化对它的影响很小，且经过一段时间运行后，随着齿轮磨损使缺陷逐渐趋于均匀时，啮合频率及其各次谐波成分增大，而隐含成分及其谐波成分却逐渐减小。

图 7.17 （a）为轻载情况，（b）为满载状态。从图中可以看出，从轻载到满载，隐含分量 1（鬼线 1）只增加了 6dB，其二次谐频（鬼线 2）没有变化；齿轮副的啮合频率增加了 21dB，其二次谐波增加了 7dB。

（5）典型故障齿轮的时域波形和频域特征总结

实际工程中没有独立的齿轮副，所有的齿轮副都需要安装到齿轮箱中，还需要配以轴、轴承或轴瓦，其振动信息只能从齿轮箱体上获取，因此，对齿轮的故障诊断实际上是对齿轮箱的故障诊断。此时，多种部件的故障都会引起齿轮故障信息的变化，它们多数也都呈调制或边带特征，在此不再详细讲述。一些文献总结了常见的典型齿轮故障振动时域与频域波形特征，如表 7.1 所示，仅供参考。

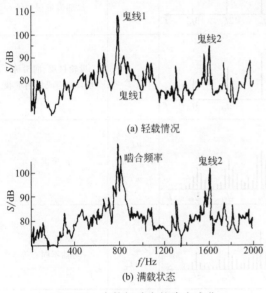

(a) 轻载情况

(b) 满载状态

图 7.17　齿轮振动中的隐含成分

表 7.1　齿轮典型故障的振动特征表

齿轮状态	时域（低频）	频域	主要频率特征	产生原因
正常			nf_m nf_r	齿轮自身刚度的周期变化

续表

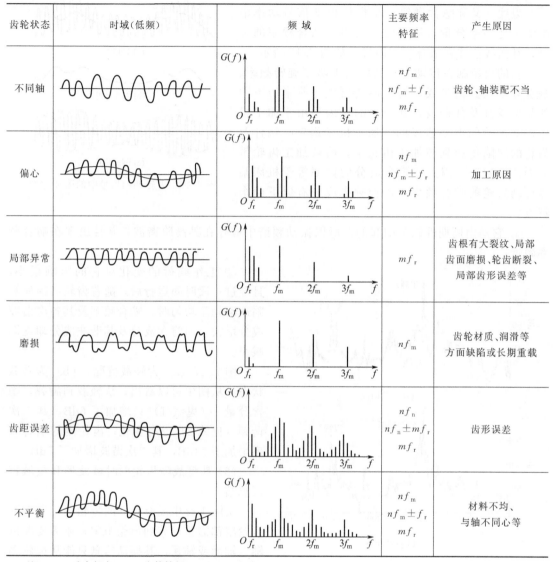

注：f_m—啮合频率；f_r—齿轮转频；$n(m)=1$，2，3。

7.4　齿轮故障的监测与诊断方法

齿轮的故障信号一般从齿轮箱体上获得，而齿轮箱振动信号频带很宽，在低频与高频振动中均含有异常的振动信息，因此振动信号的获取就尤为重要。由于齿轮和轴承局部故障信号同样具有冲击振动的特点，而且频率高，衰减快，因此，多采用加速度传感器测量，测量点尽可能地靠近被测齿轮的轴承座上，尽量减小传递环节，测点离轴承外圈的距离越近越直接越好。齿轮箱发生的故障各种各样，振动在不同方向上有不同的反映，因此，要在水平、垂直、轴向三个方向进行测量。测得的振动信号经过数据处理后，可对齿轮进行监测与诊断。从振动信号的处理方法来分类，齿轮的故障诊断方法有：时域平均法、边带及细化频谱分析法、倒谱分析法、Hilbert解调法等，还有近年发展较快的小波分析法和MED方法等。从工程实际应用出发，本节重点介绍下面的几种分析方法。

7.4.1　时域平均法

这是齿轮时域故障诊断的一种有效的分析方法。该方法能从混有干扰噪声的信号中提取出周期性的信号。因为随机信号的不相关性，经多次叠加平均后便趋于零，而其中确定的周期分量仍被保留下来。

从图 7.18 可以看出，时域平均法要拾取两个信号：一个是齿轮箱的振动加速度信号，另一个是转轴回转一个周期的时标信号。时标信号经过扩展或压缩运算，使原来的周期 T 转换为 T'，相当于被检齿轮转过一整转的周期。这时加速度传感器测得的信号以周期 T' 截断叠加，然后进行平均。最后，再经过光滑滤波，得到被检齿轮的有效信号。

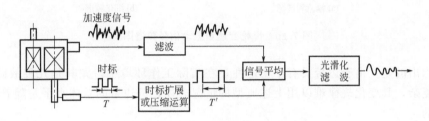

图 7.18　时域平均法原理图

图 7.19 是对不同状态下的齿轮振动信号进行多次时域平均的结果。图 7.19（a）是正常齿轮的时域平均信号，信号是由均匀的啮合频率分量组成，没有明显的高次谐波。整个信号长度相当于齿轮一转的时间。图 7.19（b）是齿轮安装错位的情况，信号的啮合频率分量受到幅值调制，调制信号的频率比较低，相当于齿轮转速及其倍频。图 7.19（c）是齿轮齿面严重磨损的情况。啮合频率分量出现较大的高次谐波分量。从图中可以看出，磨损仍然是均匀磨损。图 7.19（d）的情况不同于前三种，在齿轮一转的时候有突跳现象，这说明有个别齿出现断裂。

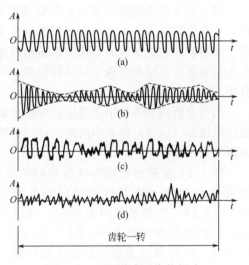

图 7.19　不同状态下齿轮振动信号的时域平均结果

7.4.2　边带及细化频谱分析法

边带成分包含有丰富的齿轮故障信息，直接利用频谱分析就可以获取边带信息，但此时必须有足够高的频率分辨率，当边带谱线的间隔小于频率分辨率时，或谱线间隔不均匀，都会阻碍边带分析。此时需要对感兴趣的频段进行频率细化分析（细化频谱分析），以准确测定边带间隔。

某齿轮变速箱的频谱见图 7.20（a），在所分析的 0～20kHz 频率范围内，有 1～4 阶的啮合线，但限于频率分辨率已不能清晰分辨。对其中 900～1100Hz 的频段进行细化分析，细化频谱见图 7.20（b）所示。图中可清晰地看出边带的真实结构，两边带的间隔为 8.3Hz，它是由于转动频率为 8.3Hz 的小齿轮轴不平衡引起振动分量对啮合频率调制的结果。

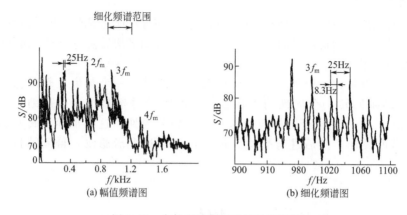

图 7.20　齿轮变速箱振动信号频谱图

需要指出的是，由于边带具有不稳定性，在实际工作环境中，尤其是几种故障并存时，边带错综复杂，其变化规律难以用上述典型的情况表述，但边带的总体水平是随着故障的出现而上升的。

7.4.3　倒谱分析法

对于有数对齿轮啮合的齿轮箱振动的频谱图中，由于每对齿轮的啮合频率都将产生边带，几个边带交叉分布在一起，仅进行频率细化分析识别边带特征是不够的。如偏心齿轮，除了影响载荷的稳定性而导致调幅振动以外，实际上还会造成不同程度的转矩的波动，同时产生调频现象，结果出现不对称的边带。这时要对它进行分析研究，最好的方法是使用倒谱分析。

倒谱分析将功率谱中的谐波族变换为倒谱图中的单根谱线，其倒频率特征代表功率谱中相应谐波族（边带）的频率间隔，可以检测出功率谱图中存在的难以辨别的周期性成分，从而便于分析故障。

图 7.21 是某齿轮箱振动信号的频谱，图 7.21（a）的频率范围为 $0 \sim 20 \mathrm{kHz}$，频率分辨率为 $50 \mathrm{Hz}$，能观察到啮合频率为 $4.3 \mathrm{kHz}$ 及其二次、三次谐波，但没出现边带。图 7.21（b）的频率范围为 $3500 \sim 13500 \mathrm{Hz}$，频率分辨率为 $5 \mathrm{Hz}$，能观察到很多的边带，但仍很难分辨出边带。图 7.21（c）中频率范围细化为 $7500 \sim 9500 \mathrm{Hz}$，频率分辨率不变，可分辨出边带，但还不够明朗。最后进行倒频分析，如图 7.21（d）所示，能很清楚地表明对应于两个齿轮副的旋转频率（$85 \mathrm{Hz}$ 和 $50 \mathrm{Hz}$）的两个倒频分量（A_1 和 B_1）。

倒谱分析的另一个优点是对传感器的测点或信号传输途径不敏感，对幅值调制和频率调制的相位关系不敏感。这种不敏感反而有利于监测故障信号的有无，而不看重某测点振幅的大小（这种振幅过大可能由于传输途径而被过分放大）。

7.4.4　Hilbert 解调法

Hilbert 解调法是利用 Hilbert 变换性质，构造一个复解析时间信号，进行幅值或频率解调，恢复原调制信号（其基本原理见第 5 章）。对解调后的信号，可直接观察波形，分析故障情况，也可进行频谱分析或其他分析。

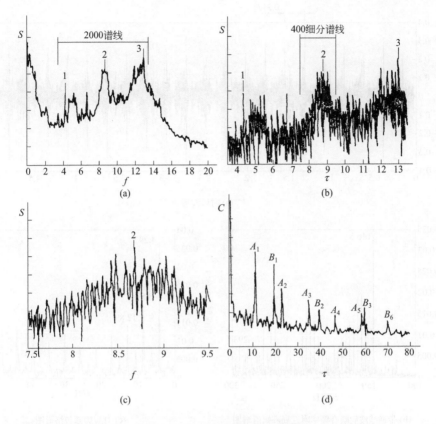

图 7.21　齿轮的边带分析及倒谱

1—啮合频率；2,3—啮合频率及高次谐波；

A_1，A_2—周期 11.8ms 谐波；B_1，B_2—周期 20ms 谐波

（1）幅值解调

图 7.22 给出一个齿数比为 23/34 的减速齿轮对的振动实验结果，实验时大齿轮一个齿表面有局部缺陷。从图 7.22（a）所示的时域波形可以看出周期为 0.237 s 的冲击间隔；以啮合频率为中心带通滤波后的局部频谱图如图 7.22（b）所示，可以清楚看出其啮合频率为 146.5Hz 及倍频，但是其两侧边带明显不对称，不易识别故障特征。而且，在 1 倍啮合频率和 2 倍啮合频率中间还有连续的调制谱峰群，其调制间隔基本与图 7.22（a）所示故障冲击间隔对应，可以认为是齿轮啮合冲击引起的结构共振成分。为了进一步分析冲击成分的大小，对图 7.22（b）的时域信号做了 Hilbert 幅值包络解调分析，见图 7.22（c）所示。可以清楚看出故障大齿轮的旋转频率为 4.297Hz［约等于图 7.22（a）所示冲击间隔的倒数］及倍频。与图 7.22（b）相比，包络谱中仅包含低频的故障冲击频率，频率成分简单，利于工程技术人员故障判断与识别。

（2）频率解调

图 7.23（a）为某直升机的传动箱齿轮出现故障前的振动加速度信号、解调后幅值调制信号及相位调制信号。此时，从加速度信号中无法辨别是否有故障存在，但调制信号中有一小峰，预测此位置可能发生故障。一段时间后再次测试，结果见图 7.23（b）所示。三个信号都能判断出有故障发生，事实是该齿轮的某齿根处产生了裂纹。

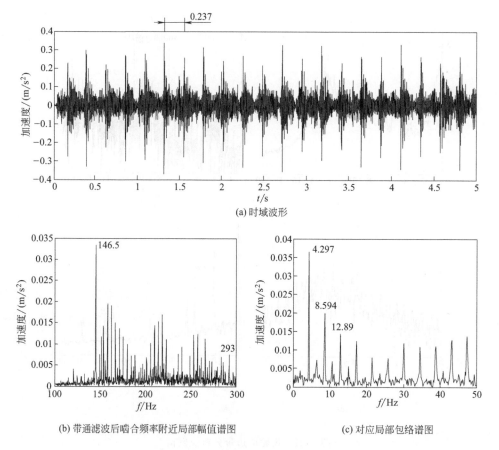

(a) 时域波形

(b) 带通滤波后啮合频率附近局部幅值谱图

(c) 对应局部包络谱图

图 7.22 齿轮表面缺陷时的振动信号及频谱图

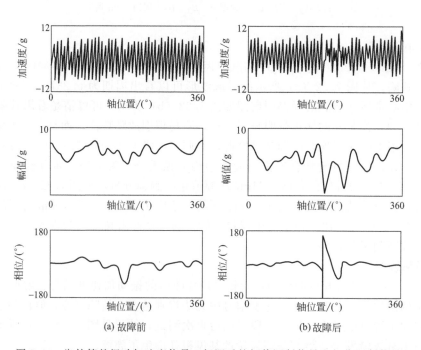

(a) 故障前

(b) 故障后

图 7.23 齿轮箱的振动加速度信号、解调后的幅值调制信号和相位调制信号

7.5　齿轮故障诊断实例解析

7.5.1　边带分析在齿轮故障诊断中的应用

武钢某精轧机组6号精轧机齿轮分配箱振动值较大，传动系统结构简图如图7.24所示。

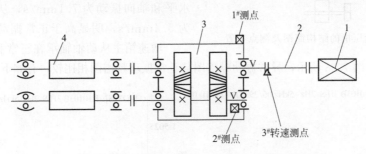

图7.24　6号机组主传动系统齿轮分配箱测点布置图
1—电机；2—接轴；3—齿轮分配箱；4—工作辊

各次测试的均方根值的绝对值，均没有超过 ISO 3945—1985 的建议标准，表明齿轮分配箱没有劣化趋势。对振动信号进行频谱分析，$1^{\#}$ 测点振动信号及频谱分析如图7.25所示。其中图7.25（a）为时域信号局部放大图，从中可明显看出时域信号存在周期性的冲击，其间隔约为 0.25 s，其频率正好与人字齿轮轴的转频 f_r（4.11Hz）相等。并且在一个周期（0.25s）内，共出现大小不同的振动峰值30个，即人字齿轮（30个齿）每对齿啮合一次出现一次冲击振动。进一步对该时域信号进行功率谱分析，如图7.25（b）所示，可发现在齿轮啮合频率（123.38Hz）及其2倍频（246.74Hz）周围存在边带，并且边带的分布并不和啮合频率及其2倍频对称。

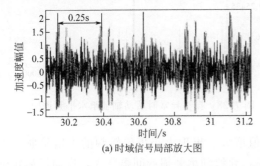

(a) 时域信号局部放大图

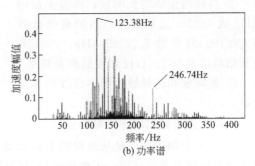

(b) 功率谱

图7.25　6号机组上人字齿轮轴传动侧水平方向频谱分析

从振动信号的时域波形和频谱分析特征来看，与齿轮周节误差和连接轴不平衡故障状态的信号特征相似。但精轧机组7台齿轮分配箱的人字齿轮轴出自同一厂家的同一批产品，加工方法相同，同时出现周节误差的概率很小，可以确定6号机组出现的振动是由于联轴器不平衡造成的，而不是齿轮本身的故障。联轴器不平衡在运转过程中将产生较大的离心力，该离心力传递给人字齿轮轴，使振动信号出现齿轮啮合频率及其2倍频边带这样的故障特征。

7.5.2　大庆炼化增压鼓风机增速箱振动故障的频谱分析

大庆炼化公司两套 ARGG 催化装置的增压鼓风机（简称增压机）的结构简图及测点布

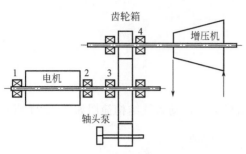

图 7.26 增压机的结构简图及测点布置

置见图 7.26。

（1）2# 增压机振动异常的故障诊断及处理

2010 年 6 月 29 日，操作人员在巡检过程中，发现增速箱振动增大，伴有杂音，同时电机振动也变大。监测人员离线测得电机驱动轴承振动为 9.9mm/s，增速箱主动轴驱动轴承的水平和轴向振动为 7.1mm/s，从动轴轴承振动为 5.4mm/s，明显高于正常振动的 2.5mm/s。

增速箱主从动轴轴承在正常和异常时的振动频谱如图 7.27、图 7.28 所示，异常振动频谱图与正常振动频谱图相比较，有如下变化和特征：

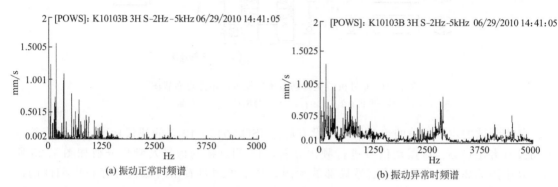

(a) 振动正常时频谱

(b) 振动异常时频谱

图 7.27 主动轴轴承水平频谱图

① 低频域出现较丰富的谱线，为大、小齿轮的转频 50Hz、180Hz 及其倍频和差频，谐波幅值有较大的增长。

② 高频的振幅增长明显，伴有丰富的 50Hz 或 180Hz 边带成分，高频有啮合频率 8825Hz 的分数谐波 2206Hz、2941Hz 及其倍频以及与 2941Hz 形成的和差频率。

③ 低频域和高频域的噪声底线均显著提高。

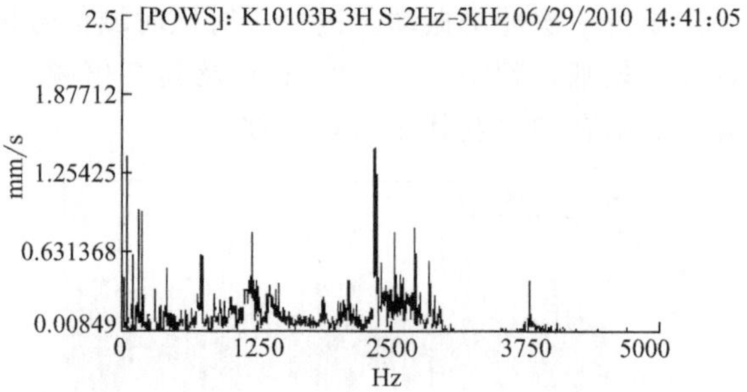

图 7.28 振动异常时从动轴轴承水平频谱图

从以上分析得出以下诊断结论：

① 第一个频谱特征是从动轴的工频振动幅值增大，出现大小齿轮转频的丰富倍频，表明从动轴出现不平衡故障，不能形成稳定的油膜，导致轴承磨损或间隙变大，进而使齿轮轴改变位置而造成齿轮啮合不良，加剧了齿轮磨损，并影响到对中状态，使电机的振动增大。

② 第二个频谱特征有高频存在，第三个频谱特征是噪声底线较高，进一步表明齿轮有冲击存在，齿轮出现了剥落或点蚀等分布故障。点蚀故障会在频谱上形成间隔为旋转频率 50Hz、180Hz 的边带成分，特点是边带阶数多而谱线分散，由于高阶边带形状各异，严重的局部故障还会使旋转频率及其谐波成分增高，而剥落与严重点蚀故障无本质上的不同，只是程度上的区别。

综合上述分析，认为增速箱存在从动轴不平衡、轴承磨损和齿轮点蚀剥落故障。停机检查，发现鼓风机有 1 级叶片缺损，主从动齿轮齿面剥落，轴瓦均匀磨损，从而证实了诊断结论。更换轴承和主从动齿轮后，振动正常，故障消除。

（2）1#增压机振动异常的故障诊断及处理

2010年9月29日，装置检修后开工，运行1#增压机，9月30日增速箱振动增大。监测人员离线测得增速箱主动轴驱动轴承的水平、垂直、轴向振动分别为7.8mm/s，3.1mm/s，5.2mm/s，从动轴驱动轴承的水平、垂直振动分别为8.0mm/s，5.8mm/s，明显高于正常振动的2.5mm/s。

增速箱主从动轴轴承振动异常时的振动频谱图见图7.29～图7.31，与停机前的振动频谱相比，振动值大幅上升，从动轴转频180Hz的幅值增加，同时出现180Hz的大量倍频及0.5倍、1.5倍、2.5倍等大量分频，而主动轴转频50Hz的幅值变化不大及1000Hz以上的高频幅值较微弱，可排除主动轴存在故障和齿轮存在啮合故障。

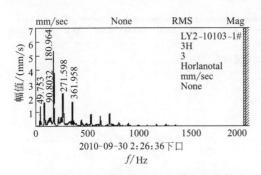

图7.29　主动轴测点水平振动频谱图

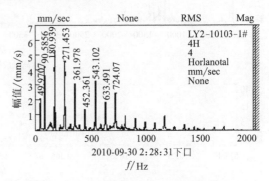

图7.30　从动轴测点水平振动频谱图

按振动理论，转频180Hz大量倍频及精确分频的出现，说明有轴承碰磨故障，首先对润滑油进行了检查，润滑油是开机前重新更换的新油，油温正常且只运行了一天，观察油压时，发现油压波动。油压波动可造成轴承碰磨，但主动轴的轴承没有碰磨，说明从动轴的故障不是单一原因造成，还存在其他故障。停机后打开增速箱，发现主从动轴齿轮和主动轴轴承没有磨损，从动轴轴承均磨损破碎，油泵驱动齿轮与轴键配合松动。更换磨损轴承和齿轮泵驱动齿轮后，振动故障消除。

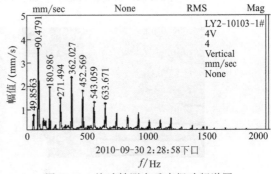

图7.31　从动轴测点垂直振动频谱图

7.5.3　某海上采油平台的原油外输泵齿轮增速箱故障诊断

某海上采油平台的原油外输泵，高压电机通过齿轮增速带动双吸单级离心泵进行工作，属于平台的关键设备。

2009年12月某日对该设备进行了振动数据采集，振动参数主要包括速度值和加速度包络值。通过计算得出，齿轮输入轴频率为24.8Hz，齿轮输出轴频率为27.3Hz，齿轮啮合频率$f_c = 1091$Hz。齿轮输入轴水平3H方向的振动信号时域波形及频谱如图7.32所示，频谱中主要以齿轮啮合频率及其谐波为主，且输入轴转频为调制频率，时域波形中出现以输入轴工频为间隔的规律性冲击。通过了解该设备平时的运转情况，并结合以上频谱分析得出，该齿轮箱由于长时间疲劳运行，齿轮齿面可能出现严重剥落，应立即安排检修。维修人员随即对该齿轮箱打开检查，发现主动齿轮（输入轴齿轮）个别齿有严重剥落现象，已经出现断齿（见图7.33），严重影响到齿轮的正常啮合。

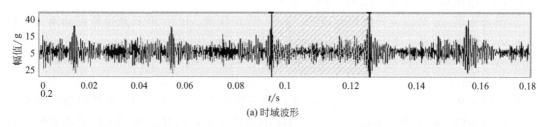

(a) 时域波形

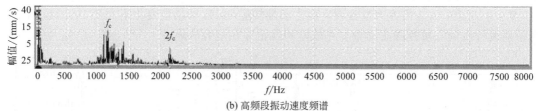

(b) 高频段振动速度频谱

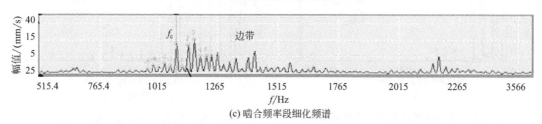

(c) 啮合频率段细化频谱

图 7.32　齿轮输入轴水平 3H 方向的振动信号时域波形及频谱

图 7.33　断齿

7.5.4　基于 Hilbert 解调技术的重载汽车齿轮箱故障诊断

某台重型汽车变速箱在测试挡的传动简图如图 7.34 所示。轴 I 为动力输入轴，轴 II 为动力输出轴。实验时输出轴 III 转速为 747r/min，由变速箱的齿轮参数可以计算出齿轮箱内各轴的转速 n，转频 f_r 以及各齿轮副的啮合频率 f_z 如表 7.2 所示。

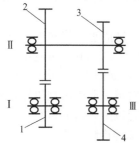

图 7.34　测试挡传动简图

1～4—齿轮

表 7.2　齿轮箱各轴转频及啮合频率

轴	转速 $n/(r/min)$	转频 f_r/Hz	齿轮副	传动比 z_1/z_2	啮合频率 f_z/Hz
I	1451.31	$f_{r1}=24.19$	1/2	28/40	$f_{z1}=677.28$
II	1015.92	$f_{r2}=16.96$	3/4	25/34	$f_{z2}=423.6$
III	747.0	$f_{r3}=12.45$			

在实验时，齿轮箱振动信号的测点选在输入轴的轴承座上，采样频率为 10kHz，采样点数为 8192。图 7.35 分别是齿轮箱全

载（输入转矩 $T=1800\text{N}\cdot\text{m}$）时的时域波形及频谱图。在图7.35（b）中，主要有两个频率成分，一个是 $1^{\#}$ 齿轮与 $2^{\#}$ 齿轮的啮合频率 $f_{z1}=677.5\text{Hz}$ 及其倍频，另一个是 $3^{\#}$ 齿轮与 $4^{\#}$ 齿轮的啮合频率 $f_{z2}=423.6\text{Hz}$ 及其二倍频，且 f_{z1} 及其倍频在谱图中占据主要成分，并在 $4f_{z1}$ 及 $5f_{z2}$ 两边存在较多的边带。需要注意的是，信号的测点是放在输入轴的轴承座上，而 $1^{\#}$ 和 $2^{\#}$ 齿轮到测点的距离要远比 $3^{\#}$ 与 $4^{\#}$ 齿轮到测点的距离小，因此在振动频谱图中，其 $1^{\#}$ 和 $2^{\#}$ 齿轮的啮合频率占主要成分是理所应当的，不能由此判定 $1^{\#}$ 和 $2^{\#}$ 齿轮存在故障。为了能准确地找出故障源，对全载时的信号分别以 $2f_{z2}$（847.2Hz）及 $4f_{z1}$（2710Hz）为中心频率进行窄带带通滤波，并对滤波信号进行 Hilbert 解调分析，得到的谱图如图7.36所示，其中以17.0Hz为基频的谐波正好对应于轴Ⅱ的转频 f_{z2}。可以断定轴Ⅱ上的 $2^{\#}$ 或 $3^{\#}$ 齿轮存在故障。

在实验结束后，经齿轮箱检查，证实 $3^{\#}$ 齿轮的一个齿上产生了严重的点蚀。

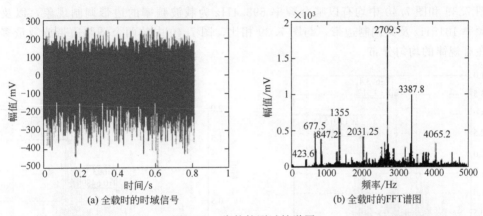

(a) 全载时的时域信号　　　　　　(b) 全载时的FFT谱图

图 7.35　齿轮箱测试挡谱图

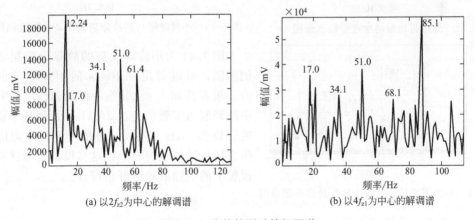

(a) 以 $2f_{z2}$ 为中心的解调谱　　　　　　(b) 以 $4f_{z1}$ 为中心的解调谱

图 7.36　齿轮箱测试挡解调谱

7.5.5　小波降噪与倒谱相结合的齿轮箱故障诊断方法

采用 QPZZ-Ⅱ旋转机械振动分析及故障诊断试验台，模拟实际中一级减速器的齿轮常见故障，用安装在输出轴的负载侧的加速度传感器测取振动信号。小齿轮转速 $n_1=760\text{r/min}$，齿数55；大齿轮为从动轮，齿数75。实验时在大轮齿上设有点蚀故障，采样频率为5120Hz。

图7.37是点蚀故障齿轮直接测得的振动加速度时域波形图，图7.38是经过小波降噪处

理后的时域波形图。分析时域波形图，可见存在一定规律的冲击，这表明试验齿轮可能具有严重的局部性损伤，而降噪后的图形不失真且冲击更明显。

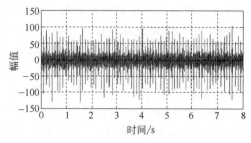

图 7.37　故障齿轮的时域波形图

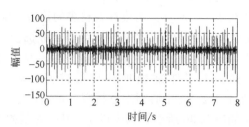

图 7.38　小波降噪后的故障齿轮时域波形图

图 7.39 与图 7.40 分别为点蚀故障齿轮的振动加速度幅值谱图和小波降噪后的幅值谱图。图 7.39 和图 7.40 中均有以啮合频率 693.4Hz 为载波频率的边带调制现象，以及齿轮固有频率 1015Hz 及其调制边带，与图 7.39 相比，图 7.40 中的两个调制边带族数量多，明显存在有规律的均匀分布。

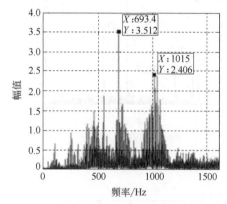

图 7.39　故障齿轮振动加速度幅值谱图

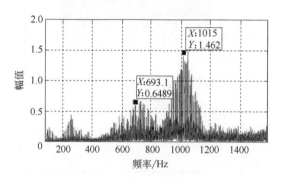

图 7.40　小波降噪后的故障齿轮振动加速度幅值谱图

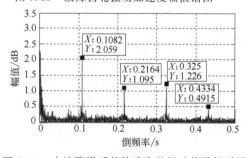

图 7.41　小波降噪后的故障齿轮振动信号倒谱图

图 7.41 为小波降噪后的故障齿轮振动信号倒谱图，可以看出 0.1082s 的倒频率及倍频成分。很容易知 1/0.1082s＝9.242Hz，表明频谱中的调制边带频率为 9.242Hz，近似等于输出轴的转频 9.25Hz。经以上分析可见，故障应该发生在输出轴的大齿轮上，这与模拟故障试验中大齿轮上的点蚀故障恰好相符合。

7.5.6　基于振动信号 Hilbert 边际谱的齿轮断齿故障诊断

某增速齿轮箱的低速轴转速 5840r/min（97.3Hz），高速轴转速为 14760r/min（246.0Hz），大齿轮齿数 91，小齿轮齿数 36，啮合频率为 8856Hz。齿轮箱在工作中振动突然发生显著变化，并且随着时间的推移，振动越来越大，为此对该齿轮箱进行了振动测试分析。

经测试，振动最大点为小齿轮轴自由端竖直方向振动，振动值达到了 26mm/s，远远超过了振动标准规定的报警限。该测点的波形及频谱如图 7.42 所示。从图 7.42 的时域波形图可以明显看出信号的非平稳性，但看不出明显的冲击成分；频谱图上的特征频率为 1476Hz，为小齿轮工频的 6 倍，该频率两边有以低速轴大齿轮工频为间隔的边带，显然，根据常规的频谱特征并不能确定该齿轮的具体故障。

应用 HHT 方法对该信号做 EMD 分解，得到前 7 阶本征模函数，并对前 7 阶本征模函数做 Hilbert 边际谱，如图 7.43 所示。

由图 7.43 可以明显看出冲击信号特征，且冲击成分具有明显的周期性，其周

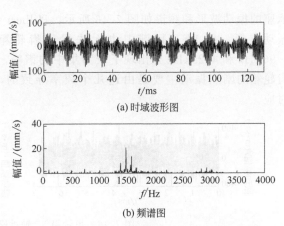

(a) 时域波形图

(b) 频谱图

图 7.42 小齿轮轴自由端竖直方向振动波形及频谱图

期恰为低速轴大齿轮的旋转周期，仔细分析冲击成分持续的时间（图上两次冲击之间的浅色部分宽度），接近 3 个齿的啮合时间，因此，根据齿轮啮合特点及故障特点，可以断定是低速大齿轮断齿故障，且至少有连续 3 个以上的断齿。

图 7.44 给出了该齿轮箱检修时大齿轮断齿照片，从该照片可以明显看出断齿数量及严重程度，验证了本方法的准确性。

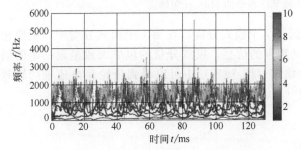

图 7.43 前 7 阶本征模函数的 Hilbert 边际谱

图 7.44 大齿轮断齿

7.5.7 基于 EMD 的空分机齿轮箱故障诊断

图 7.45 为兰州炼油化工总厂某空气分离压缩机组（简称空分机）的结构简图。机组的主要参数为：① 电机的转速 2985r/min（49.75Hz）；②齿轮箱为斜齿轮传动，小齿轮齿数为 32，大齿轮齿数为 137，增速比为 4.28125，高速轴小齿轮转频为 213Hz，啮合频率为 6815.75Hz；③压缩机共有 7 级叶片，其中 1、2、3 级有 17 片，4、5、6 级有 21 片，工作频率为 213Hz，叶片通过频率为 3620.86Hz 和 4472.83Hz。

该空分机某次大修后开机，发现

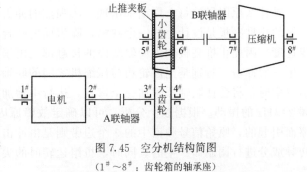

图 7.45 空分机结构简图

（1#~8#：齿轮箱的轴承座）

齿轮箱发生剧烈振动，并伴随尖叫声。为了对其进行诊断，采用加速度传感器拾取齿轮箱 3#、4#、5# 和 6# 轴承座的振动情况，采样频率为 15kHz，采样长度为 1024。其中 5# 轴

承座的振动波形和频谱如图 7.46 所示，Hilbert 包络谱如图 7.47 所示，表现为强烈的高频振动波形。从 FFT 频谱中也无法看到齿轮箱高速轴的工频谱线，而是在 1.48kHz、2.96kHz 和 4.23kHz 处出现了较为集中的谱峰，其边带都为小齿轮工频（213Hz）。可见，齿轮箱的剧烈振动主要是由这几个频率导致的，与机组的啮合频率、风机叶片转频无一对应。

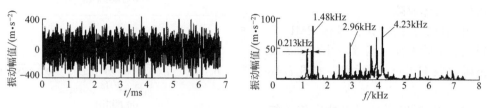

图 7.46　齿轮箱 5# 轴承座的振动波形和频谱

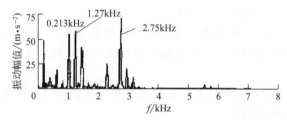

图 7.47　齿轮箱 5# 轴承座振动的 Hilbert 包络谱

对原始信号进行 EMD 模式分解，得到了 7 个模式分量，在第 1 个模式分量中，主要包含了 2.96kHz 和 4.23kHz 的主要频率及其边带的信息，模式分量的包络大致呈现一定的周期性，同时也存在一些高频成分，从其包络谱（图 7.48）中可以看到齿轮箱高速轴的转频（213Hz）及其 3 倍频（640Hz）和 5 倍频（1.06kHz）的存在。

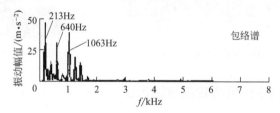

图 7.48　第 1 个模式分量的包络谱

是什么原因导致每个周期都出现一次强烈的冲击呢？仔细研究机组的结构，可以发现齿轮箱的止推夹板是设计上的一个缺陷，除齿面的啮合点外，大小齿轮沿半径方向具有不同的线速度，因此止推夹板和大齿轮端面的接触部位由于相对运动而产生了摩擦，从而对齿轮箱产生一次冲击。特别是当齿轮箱与压缩机之间的联轴器存在不对中现象时，尤其在轴线偏角不对中时，将会使联轴器附加一个弯矩，运行中增加了转子的轴向力，使转子在轴向产生工频 213Hz 的振动。根据以上分析，可以确定故障原因是由止推夹板和大齿轮端面的撞击摩擦而引起的，原始信号频谱中的 3 个边带则是由冲击性摩擦激发了轴承座的固有频率，并对转频成分进行调制而产生的。同时，机组运转时的尖叫声也从侧面验证了诊断的正确性。

第8章 旋转机械的故障诊断及实例解析

8.1 旋转机械及其故障分类

8.1.1 旋转机械的分类

(1) 按其工作性质分

① 动力机械

a. 原动机，如蒸汽涡轮机、燃气涡轮机等，利用高压蒸汽或气体的压力能膨胀做功推动转子旋转；又如电动机，利用电能产生旋转运动。

b. 流体输送机械，这类机械的转子被原动机或电动机拖动，通过转子的叶片将能量传递给被输送的流体，如离心式及轴流式压缩机、风机及泵等涡轮机械，还有螺杆式压缩机、螺杆泵、罗茨风机、齿轮泵等容积式机械。

② 过程机械，如离心式分离机等。

③ 加工机械，如车床、磨床等机床类设备等。

(2) 按转子振动特性分

① 刚性转子系统：工作转速在一阶临界转速以下。一般工作转速 < 6000r/min 的机械系统属于刚性转子系统。

② 柔性转子系统：工作转速在一阶临界转速以上。一般工作转速 > 6000r/min 的机械系统属于柔性转子系统。

8.1.2 旋转机械的主要故障类型

转子故障多数表现为机组的振动增大，而不是断裂等破坏性事故，产生振动增大故障的主要类型及原因如下所述。

(1) 不平衡故障

转子不平衡包括转子系统的质量偏心及转子部件出现缺损。转子质量偏心是由于转子的制造误差、装配误差、材料不均匀等原因造成的，称为初始不平衡。转子部件缺损是指转子在运行中由于腐蚀、磨损、介质结垢以及转子受疲劳力的作用，使转子的零部件（如叶轮、叶片等）局部损坏、脱落、碎片飞出等，造成的新的转子不平衡。转子质量偏心及转子部件缺损是两种不同的故障，但其不平衡振动机理却有共同之处。

产生不平衡的主要因素有：

① 制造时由于几何尺寸不同心、材料质量不均匀等因素造成质量中心偏离几何中心；

② 安装时由于斜键或轴颈不同心造成的偏心；

③ 轴水平放置时间过长，或者是受热不均，造成的永久性或暂时性变形，导致转子产生偏心；

④ 工作介质对转子的不均匀冲刷、沉积、腐蚀等使转子产生偏心；

⑤ 零件与轴的配合过松，高速运转下转子内孔扩大造成的偏心；

⑥ 动平衡的方法不对，例如高速转子仅做了静平衡，而没有做动平衡；

⑦ 转子在运转时突然破裂等因素产生的不平衡，例如汽轮机叶片脱落或折弯造成不平衡等。

转子不平衡包括静不平衡和动不平衡两类。前者仅有力不平衡，后者除了力不平衡外，还存在着力偶不平衡。静不平衡是质量的不平衡，在水平轨道上就可以测量出不平衡质量的方位，通过加平衡重或去平衡重的方法就可以做到静平衡。动不平衡时，在转子的不同平面存在大小相等，方向相反的两个或多个不平衡质量，转子总的偏心距为零，作静平衡实验时转子可以随遇平衡。但是，转子在高速旋转时该离心力对随着转速的增大而增大，形成较大的离心力矩，从而引起不平衡振动。

（2）不对中故障

机组各转子之间由联轴器连接构成轴系，传递运动和转动。由于机器的安装误差、承载后的变形以及机器基础的不均匀沉降等，造成机器工作状态时各转子轴线之间产生轴线平行位移、轴线角度位移或综合位移等误差，统称为转子不对中。

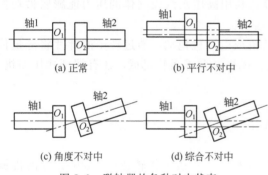

图 8.1 联轴器的各种对中状态

转子不对中包括平行不对中、角度不对中和平行加角度不对中的综合不对中，如图 8.1 所示。平行不对中表示半联轴器轴线平行于联轴器设计轴线，且两个半联轴器中心在径向上不重合 ［如图 8.1（b）所示］；角度不对中表示半联轴器轴线与联轴器设计轴线有一定的倾角，且两个半联轴器中心在径向上重合 ［如图 8.1（c）所示］。综合不对中表示半联轴器轴线与联轴器设计轴线有一定的倾角，且两个半联轴器中心在径向上不重合 ［如图 8.1（d）所示］。

转子系统机械故障的 60% 是由不对中引起的。不平衡和不对中是造成机组强烈振动最常见的原因。不对中大多是由于安装不良造成的，有时冷态时对中良好，由于未考虑热态膨胀因素，在运行状态下对中不良。

产生不对中的主要因素有：

① 联轴器安装时对中不良；

② 联轴器两端的基础不均匀下沉；

③ 工作时由于联轴器两端的轴承座的不均匀热膨胀；

④ 柔性转子冷态时对中良好，但未考虑热变形，热态时由于膨胀引起轴弯曲，产生角度不对中；

⑤ 柔性较好的高速转子，静挠度引起的联轴器的角度不对中。

（3）机组产生自激振动

由于材料内摩擦、流体力等内部因素引起的振动，如滑动轴承的油膜涡动或油膜振荡等。

（4）工作介质引起的振动

如离心压缩机在小流量时引起气流旋转失速、喘振现象，离心泵在吸入压力不足时引起的空穴现象等。

8.2 旋转机械典型故障的振动机理解析

8.2.1 转子不平衡故障的振动机理分析

考虑如图 8.2 所示的转子系统，单圆盘转子的质量为 m，偏心距 e，静态时，如不考虑重力影响，转子的几何中心 O_r 与两支承点 O 重合；转子旋转时，在质量偏心引起的离心力的作用下，转子产生动挠度 z。此时转子有两种运动：一种是转子的自身转动，即圆盘绕其轴线 AO_rB 的转动；另一种是弓形转动，即弯曲的轴心线 AO_rB 与轴承连线 AOB 组成的平面绕 AB 轴线的转动。

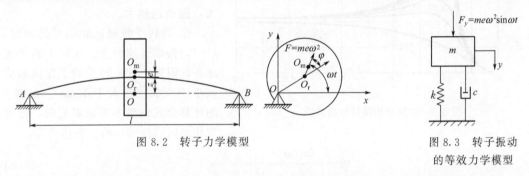

图 8.2 转子力学模型

图 8.3 转子振动的等效力学模型

首先考虑简单的刚性转子情况，此时轴转速较低，离心力 F 与挠度位移 z（$\overrightarrow{OO_r}$）方向相同，其夹角（相位）$\varphi=0$，可以将其简化为如图 8.3 所示的系统。假设转子以角速度 ω 转动，仅考虑 y 轴振动，且转轴的位移（挠度）z 在 y 轴的投影表示为 y，此时的轴的弹性恢复力 F_{ky} 为：

$$F_{ky}=-ky \tag{8.1}$$

式中，$k=\dfrac{48EJ}{l^3}$ 为系统的等效刚度，负号表示力的方向与位移方向相反。

由于质心 O_m 点与旋转中心 O 点不重合，产生的离心力 $F=me\omega^2$，其在 y 轴上的投影为：

$$F_{ry}=me\omega^2\sin\omega t \tag{8.2}$$

参考第 2 章相关知识，可直接列出振动微分方程：

$$m\ddot{y}+c\dot{y}+ky=me\omega^2\sin\omega t \tag{8.3}$$

式中，m 为系统的等效质量，其特解为：

$$y=A\sin(\omega t-\varphi) \tag{8.4}$$

与式（2.24）类似，可得：

$$\beta=\frac{A}{e}=\frac{\lambda^2}{\sqrt{(1-\lambda^2)^2+(2\xi\lambda)^2}} \tag{8.5}$$

$$\varphi=\arctan\frac{2\xi\lambda}{1-\lambda^2} \tag{8.6}$$

可知，当 $\omega = \omega_c$ 时，$\beta \to \infty$，这就是共振现象。所以 ω_c 称为转轴的临界角速度，换算成的转速 n_c 称为临界转速，有

$$n_c = \frac{60\omega_c}{2\pi} = 9.55\sqrt{\frac{k}{m}} \tag{8.7}$$

如果机器的工作转速小于临界转速 n_c，则称为刚性转子；如果工作转速高于临界转速，则转轴称为柔性转子。

放大因子 β 和相位 φ 随频率比 λ 的幅频和相频特性曲线如图 8.4 所示。

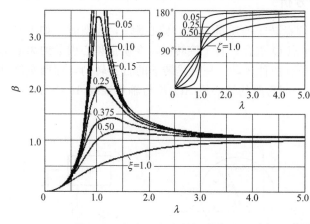

图 8.4　幅频及相频特性曲线图

由图 8.4 可以看出如下规律：

① 当转子的转速上升时，振幅逐步增大。此时，质心 O_m 在几何中心 O_r 与旋转中心 O 的连线之外，如图 8.5（a）所示。此时在离心力 F 的作用下，转速越高，离心力越大，振动也越大。

② 当转子转速达到临界转速时，$\lambda=1$，振幅迅速增大。实际上转子无法在此附近工作，转子的工作区域应该小于 $0.7\omega_c$ 或大于 $1.4\omega_c$。根据 β 的计算公式，当不考虑阻尼时，即理想状态时（$\xi=0$）的 β 表达式为：

$$\beta = \frac{(\omega/\omega_c)^2}{1-(\omega/\omega_c)^2} = \frac{\lambda^2}{1-\lambda^2} \tag{8.8}$$

当 $\lambda \to 1$ 即 $\omega \approx \omega_c$ 时，$\beta \to \infty$，即振幅为无穷大。实际由于阻尼的存在，不可能为无穷大，如图 8.4 所示。

③ 当转子速度继续增大超过 ω_c 时，转子的振幅随着转速的增加而下降。根据式（8.8），超过 ω_c 后 β 为负值，表示离心力 F 与挠度位移矢量方向相反，其物理意义表示圆盘的质心 O_m 点近似地落在固定轴心点 O 和几何中心 O_r 之间，离心力指向固定轴心点 O，使 O_r 靠向 O 点，因此振动反而下降，这种现象称为自动对心，其原理示意图如图 8.5（b）所示。

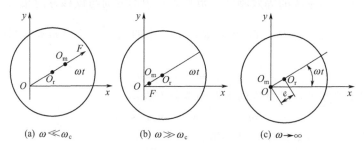

(a) $\omega \ll \omega_c$　　　　(b) $\omega \gg \omega_c$　　　　(c) $\omega \to \infty$

图 8.5　无阻尼时转子质心的相位变化

④ 理想状态下，转子超过临界转速进入自动对中区后，随着转速的增加，$\beta \to -1$，即挠度 $z = \beta e \to -e$，表示质心 O_m 与旋转中心 O 重合，如图 8.5（c）所示。此时离心力消失，转子仅受弹性恢复力的作用，因为挠度等于偏心距 e，因此基础所受的力为 ke，分配到每个轴承上是 $ke/2$。可见，柔性转子的振幅的大小决定于动平衡质量，动平衡越好，偏心距 e 就越小，轴承座的振动就越小，这也说明了转子动平衡的重要性。

根据受迫振动的特点，相位表示位移与激振力之间的相位差。对于根据图8.5所示的相频特性曲线也可以出看出，理想状态下，即 $\xi=0$ 时，当 $\lambda<1$ 时，$\varphi=0$，即离心力 F 与位移方向 $\overrightarrow{OO_r}$ 同相；$\lambda \geqslant 1$ 时，$\varphi=\pi$，离心力 F 与位移方向 $\overrightarrow{OO_r}$ 反相，此现象称为转子过临界时的相位翻转现象。

但在实际中，由于阻尼的存在，位移矢量总是落后激振力矢量的，所以转子的质心相位变化并不是突变过程，而是一个渐进变化过程，其变化过程可以用图8.6来描述。当转速很低，即离心力 F 与位移方向 $\overrightarrow{OO_r}$ 同相，两者的相位差 $\varphi=0$；当转速上升，但 $\omega<\omega_c$ 时，$\varphi\neq0$，φ 为锐角，此时离心力 F 在 $\overrightarrow{OO_r}$ 方向分量仍为同相，振动幅值较大；当 $\omega=\omega_c$ 时，即临界转速时，$\varphi=\pi/2$，离心力 F 的位移方向分量为0，此时的振动主要是结构共振成分；当 $\omega>\omega_c$ 时，即超过临界转速时，$\varphi>\pi/2$，φ 为钝角，此时离心力 F 在 $\overrightarrow{OO_r}$ 方向的分量朝向回转中心 O，离心力变为向心力，产生自动对中效果，振幅大大减小。实际由于阻尼的存在，质心 O_m 无法达到图8.6（b）和（c）所绘制的位置。

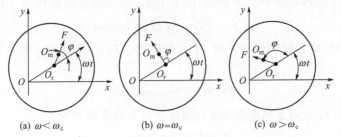

(a) $\omega<\omega_c$ (b) $\omega=\omega_c$ (c) $\omega>\omega_c$

图 8.6 有阻尼时转子质心的相位变化

另外，可以列出 x 轴响应为

$$x=B\cos(\omega t-\alpha) \tag{8.9}$$

两式的合成波形就是转子几何中心的 O_r 的运行轨迹，称为轴心轨迹。由于支撑刚度的各向不同性，因而转子对不平衡质量等振动的响应，在 x、y 方向不仅振幅不同，而且相位也相差90°，因而转子的轴心轨迹不是圆而是椭圆，如图8.7所示。

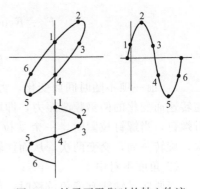

转子几何中心 O_r 的这种运动就是前面所说的弓形转动，称为"涡动"或"进动"。当涡动方向与转子的转动角速度同向时，称为正进动；反向时，称为反进动。

图 8.7 转子不平衡时的轴心轨迹

8.2.2 转子不对中故障振动机理分析

联轴器的结构种类较多，大型高速旋转机械常用齿式联轴器，中、小设备多用固定式刚性联轴器，下面分别以这两种联轴器为例说明转子不对中的故障机理。

（1）刚性联轴器不对中故障振动机理分析

① 平行不对中

图8.8给出了刚性联轴器存在平行不对中时的受力情况。图中8.8（a）为某个螺栓受力示意图，忽略两半联轴器的厚度，A 向放大示意视图如图8.8（b）所示。轴1和轴2的偏心距为 e，此时两半联轴器中心 O_1 和 O_2 不重合，在螺栓力作用下有把偏移的两轴中心拉到一起的趋势。因为 $\overline{PO_2}>\overline{PO_1}$。螺栓的拉力使轴1沿 $\overline{PO_1}$ 的金属材料受压缩，轴2沿 $\overline{PO_2}$ 的金属材料受拉伸。

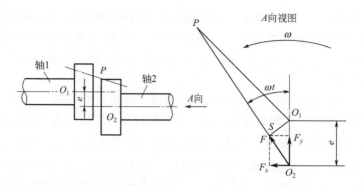

(a) 螺栓受力示意图　　　　　　　(b) A向放大示意视图

图 8.8　刚性联轴器平行不对中时的示意图

在 $\overline{PO_2}$ 上取 1 点 S，使 $\overline{PO_1}=\overline{PS}$，因为 $\overline{PO_2}\gg e$，可近似看 $\overline{O_1S}\perp\overline{PO_2}$，则

$$\overline{SO_2}=\overline{PO_2}-\overline{PO_1}=e\cos\omega t \qquad (8.10)$$

若两半联轴器尺寸和材料相同，则 $\overline{PO_1}$ 受压缩、$\overline{PO_2}$ 受拉伸，两者变形量近似相等，均为

$$\delta=\overline{SO_2}/2=e\cos\omega t/2 \qquad (8.11)$$

设联轴器在 $\overline{PO_2}$ 方向上的刚度为 k，则该方向上的拉伸力为

$$F=k\delta=ke\cos\omega t/2$$

将 F 进行分解

$$F_y=F\cos\omega t=\frac{k}{2}e\cos^2\omega t=\frac{ke}{4}+\frac{ke}{4}\cos2\omega t \qquad (8.12)$$

$$F_x=F\sin\omega t=\frac{ke}{4}\sin2\omega t \qquad (8.13)$$

F_y 前一项不随时间而变化，力图把两个联轴器的不对中量缩小。F_y 后一项与 F_x，是随转速而变化的两倍频激振力，即联轴器每旋转一周，径向力交变两次。不对中方向上的一对螺钉，当螺钉拉紧时，一个受拉、一个受压。旋转过程中，每转 180°，拉压状态交变一次，旋转一周，交变两次，从而使轴在径向上产生两倍频的振动。

② 角度不对中

当两转子轴线有偏角位移时，如图 8.9 所示，转子回转角速度为：

$$\omega_2=\omega_1\frac{\cos\alpha}{1-\sin^2\alpha\cos^2\varphi_1} \qquad (8.14)$$

传动比：

$$i_{12}=\frac{\cos\alpha}{1-\sin^2\alpha\cos^2\varphi_1} \qquad (8.15)$$

式中　ω_1——主动转子的回转角速度；

　　　ω_2——从动转子的回转角速度；

　　　α——从动转子偏斜角；

　　　φ_1——主动转子转角。

当主动转子的回转角速度 ω_1 为常数时，从动转子的回转角速度 ω_2 是偏角 α 和主动转子转角 φ_1 的

图 8.9　刚性联轴器角度不对中时的示意图

函数；当 $\varphi = 0°$ 时或 $180°$ 时，$i_{12} = 1/\cos\alpha$ 最大；当 $\varphi = 90°$ 时或 $270°$ 时，$i_{12} = \cos\alpha$ 最小，如图 8.10 所示。即

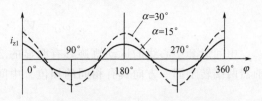

$$\omega_1 \cos\alpha \leqslant \omega_2 \leqslant \frac{\omega_1}{\cos\alpha} \qquad (8.16)$$

图 8.10　角度不对中时速比的变化曲线

（2）齿式联轴器不对中故障振动机理分析

如果仅考虑简单的平行不对中状况，假设两个转子轴线之间有径向不对中量 Δe 时，图 8.11（a）给出了在极限状态下联轴器的啮合形态。其中 O_1 是左半联轴器的轴心，O_2 是右半联轴器的轴心，O' 是齿式联轴器齿套的中心，R_1、R_2 分别为左右半联轴器的分度圆半径，R' 为外联轴器的内啮合环半径，显然有 $R' = R_1 = R_1$。

由于两个半联轴器均要绕自己的中心 O_1、O_2 转动，并且分别与中间齿套啮合在一起，能够同时满足两个回转中心要求的 O' 必然要做平面运动。一般齿式联轴器的许用位移比不对中量要大得多，联轴器的中间齿套除包容两半联轴器的顶圆以外，还有一定的空间供外圆摆动，实际运动轨迹是以 O 为中心，以 Δe 为直径的圆，其放大图如图 8.11（b）所示。设 ω 为转轴角速度，以 θ 为自变量，则有：

$$\begin{cases} x = e\sin\theta\cos\theta = \dfrac{1}{2}e\sin 2\theta \\[2mm] y = e\cos\theta\cos\theta - \dfrac{1}{2}e = \dfrac{1}{2}e\cos 2\theta \end{cases} \qquad (8.17)$$

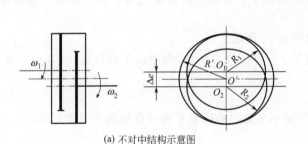

(a) 不对中结构示意图　　　　　(b) 齿套质心回转运动分析放大图

图 8.11　齿式联轴器平行不对中状态示意图

对 x，y 求导数有：

$$\begin{cases} \dfrac{\mathrm{d}x}{\mathrm{d}t} = e\cos 2\theta \, \dfrac{\mathrm{d}\theta}{\mathrm{d}t} \\[3mm] \dfrac{\mathrm{d}y}{\mathrm{d}t} = -e\sin 2\theta \, \dfrac{\mathrm{d}\theta}{\mathrm{d}t} \end{cases} \qquad (8.18)$$

O' 点的线速度为：

$$V_{O'} = \sqrt{\left(\frac{\mathrm{d}x}{\mathrm{d}t}\right)^2 + \left(\frac{\mathrm{d}y}{\mathrm{d}t}\right)^2} = \Delta e\,\frac{\mathrm{d}\theta}{\mathrm{d}t} \qquad (8.19)$$

又因为：

$$V_{O'} = \omega_{O'} r = \omega_{O'} \cdot \frac{e}{2}$$

所以 O' 点的角速度：

$$\omega_{O'} = V_{O'} \cdot \frac{2}{e} = 2\frac{\mathrm{d}\theta}{\mathrm{d}t} = 2\omega \qquad (8.20)$$

中间齿套中心线的运动轨迹具有明显的 2 倍频特征，其相位是转子转动相位的 2 倍。联轴器两端转子同一方向具有相同的相位。中间齿套的这种运动向转子系统所施加的力为

$$\begin{cases} F_x = ma = m\ddot{x} = m\left[\dfrac{e}{2}\sin 2\omega t\right]'' = \dfrac{1}{2}me(2\omega)^2\sin 2\omega t \\ F_y = ma = m\ddot{y} = m\left[\dfrac{e}{2}\cos 2\omega t\right]'' = \dfrac{1}{2}me(2\omega)^2\cos 2\omega t \end{cases} \qquad (8.21)$$

式中　　m——联轴器中间齿套质量；

　　　　F_x——转子在 x 方向受到的激振力；

　　　　F_y——转子在 y 方向受到的激振力。

由式（8.21）可知，O' 点的转动速度为转子角速度的两倍，因此当转子高速转动时，就会产生很大的离心力，激励转子产生径向振动，其振动频率为转子工频的两倍。

8.3　旋转机械的典型故障特征

8.3.1　转子不平衡时的故障特征

（1）振动频率及幅值特征

转子不平衡引起的振动和转子的动态特性相关，有以下特点：

① 主要产生径向振动。

② 振幅随转速的上升而增加，对柔性转子，过临界时振幅最大，然后随着转速的增加振幅减小。

③ 时域波形，基本为简谐波，如图 8.12 所示。

④ 振动的频率等于转子的旋转频率 f_r，$f_r = 1/T_r$，谱图中以工频分量（$1 \times f_r$）为主，如图 8.13 所示。

（2）振动相位特征

不平衡可分为静不平衡（也称单平面不平衡）和动不平衡（也称偶不平衡）两种。

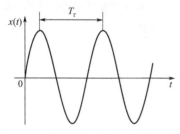

图 8.12　转子不平衡时的时域波形图

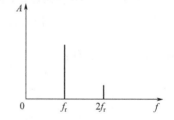

图 8.13　转子不平衡时的频谱示意图

静不平衡一般发生在单个平面上，不平衡所产生的离心力作用于两端支承上是相等的、同向的，因此在轴的两端支承上测得振动信号相位相同，且不产生轴向力，如图 8.14（a）所示。

动不平衡一般发生在两个平面上，轴旋转时主要产生力偶不平衡，其在两端支承上产生的力幅值相等，但方向相反，因此在轴的两端支承上测得振动信号相位反相，且产生一定的轴向力，如图 8.14（b）所示。

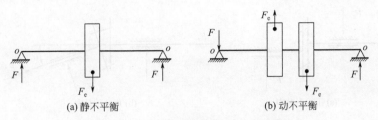

图 8.14　转子不平衡时的相位特征图

根据两端轴承振动信号的相位，就可以分辨不平衡的类型。

（3）轴心轨迹特征

典型不平衡的轴心轨迹如图 8.15 所示。当轴承在 X、Y 方向的刚度一样时，此时轴承座在 X、Y 方向承受的振动力幅值相同，相位相差 $90°$，轴心轨迹为圆；当轴承在 X、Y 方向的刚度有差异时，此时轴承座在 X、Y 方向承受的振动幅值不相同，轴心轨迹为椭圆。

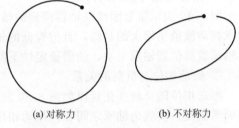

图 8.15　转子不平衡时的轴心轨迹示意图

8.3.2　转子不对中时的故障特征

（1）振动频率和幅值特征

一般来说，平行不对中主要引起径向振动，角度不对中主要引起轴向振动。激励力幅与不对中量成正比，随不对中量的增加，激励力幅值呈线性加大。

① 平行不对中

对于刚性联轴器和齿轮联轴器，主要产生径向振动，频率特征是二倍频幅值成分增大，如图 8.16 所示，时域波形如图 8.17 所示。

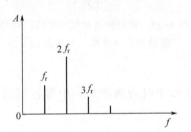

图 8.16　转子不对中时的频谱示意图

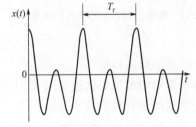

图 8.17　转子不对中时的时域波形

② 角度不对中

一般情况下，角度不对中时刚性联轴器的轴向振动比径向大，主要产生以转子回转频率为主的轴向振动。

（2）振动相位特征

当轴承座在水平和垂直方向上的刚度基本相等时，对轴承的两个方向进行振动测量，那么，显示出振动幅值大的方向即为原始不对中方向。当刚度在两个方向上不相同时，不对中方向则需通过测量和计算分析来确定。

刚性联轴器在平行不对中时，两侧轴承径向振动相位差基本上为 $180°$，角度不对中使联轴器两侧轴承轴向振动相位差为 $180°$，而径向振动是同相位的。图 8.18 为其示意图。

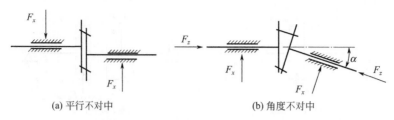

(a) 平行不对中   (b) 角度不对中

图 8.18　转子不对中时的相位示意图

（3）不对中程度与负荷的关系

① 振动幅值与负荷的关系

图 8.19 表示紧靠刚性联轴器两侧的轴承在平行不对中时的测试结果。随着负荷的增加，轴承振动幅值呈增大的趋势，且位置低的轴承比位置高的轴承的振动幅值大。这是因为低位置轴承被高位置轴承架空，油膜稳定性下降所致。

② 振动相位与负荷的关系

振动相位随负荷变化规律如图 8.20 所示，其中的虚线为轴承之间径向振动相位与负荷的关系曲线；实线为轴承之间轴向振动相位与负荷之间的关系曲线。

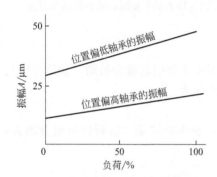

图 8.19　轴承上的振幅与负荷的关系

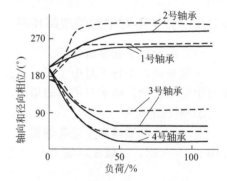

图 8.20　轴向振动相位（实线）和径向振动相位（虚线）与负荷的关系

（4）轴心轨迹特征

转子不对中的轴心轨迹如图 8.21 所示。不对中程度较小时为椭圆形，中等程度或严重时轴心轨迹图呈香蕉形或 8 字形。

(a) 较小(椭圆形)   (b) 中等(香蕉形)   (c) 严重(8字形)

图 8.21　转子不对中时的轴心轨迹示意图

8.3.3　转子基础松动时的故障特征

松动现象是由轴承座螺栓紧固不牢引起的，或由于基础松动、过大的轴承间隙等引起的。松动会使转子发生严重振动。松动引起的振动特征如下：

① 振动方向常表现为上下方向的振动；

② 振动频率除旋转基本频率 f_r 外，可发生高次谐波（$2f_r$，$3f_r$，…）成分，也会发生

（$1/2f_r$，$1/3f_r$，…）分数谐波和共振；

③ 振动相位无变化；

④ 振动形态使转速增减、位移突然变大或减小。

即使装配再好的机器运行一段时间后也会产生松动。引起松动的常见原因是：螺母松动、螺栓断裂、轴径磨损、甚至装配了不合格零件。

具有松动故障的典型频谱特征是以工频为基频的各次谐波，并在谱图中常看到10X。国外资料认为，若 3X 处峰值最大，预示轴和轴承间有松动；若 4X 处有峰值，表明轴承本身松动。

图 8.22 为一台高速汽轮机近一个月的振动速度记录。在完成修理前，频谱图中有时有时无的高次谐波，最终发现是装在轴承座与汽轮机壳之间的三个支承破碎了。

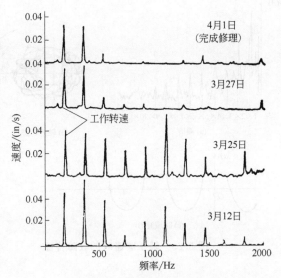

图 8.22　转子轴承座支承破碎时引起的轴承松动故障特征

修理完成后的谱图为图 8.22 中的最上端，其仅包含转频的 1～3 倍频成分，为正常状态。

8.3.4　转子磨碰故障振动特征

转子磨碰故障主要指转子和静子的磨碰，其由转子与定子偏心、转子对中不良、转子动挠度大等造成的。动静磨碰会产生切向摩擦力，使转子产生涡动，转子的强迫振动和磨碰自由振动叠加在一起，产生复杂、特有的振动响应，呈现明显的非线性特征，具体如下：

① 频谱除工频外还存在丰富的高次谐波成分，如 $2 \times f_r$，$3 \times f_r$，…，如图 8.23（a）所示；

② 轴心轨迹上有"反进动"，显扩散和紊乱现象，如图 8.23（b）所示；

③ 时域波形有明显的"削顶"现象，如图 8.23（c）所示；

④ 振动幅值随转速、负荷变化不明显；

⑤ 振动大小有方向性，可能在某个方向会明显偏大。

8.3.5　基础共振时的振动特征

共振发生时，设备振动频率显示以 1 倍频为主。实际上引起 1 倍频的还有不平衡、松动或磨碰等。但是，不平衡引起的振动在径向上表现基本相同，不会出现某个方向振动超大；松动或磨碰会出现高次谐频，不会是单一的 1 倍频。基础引起共振时的特征与不平衡相似，以 1 倍频为主，但会显示出某一个方向上振动极大并呈不稳定性。一般需要配合相位分析来进一步诊断是否发生基础共振，如图 8.24 所示。如果每个轴承座的水平和垂直方向振动非常定向，同时 A 和 B 的相位差为 0°或 180°，则说明是基础共振故障；如果 A 和 B 的相位差为 90°，则一般为不平衡故障。

8.3.6　旋转机械振动特征总结

转子的振动故障特征汇总在表 8.1 中。

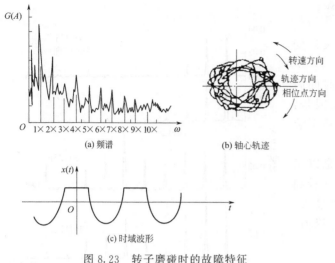

图 8.23　转子磨碰时的故障特征

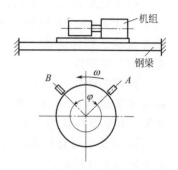

图 8.24　基础共振和不平衡故障的区别

表 8.1　转子故障的振动特征汇总

振动原因	特征频率	常伴频率	稳定性	振动方向	相位特征	轴心轨迹	进动方向
不平衡	$1 \times f_r$		稳定	径向,无轴向	径向同相	椭圆	正
平行不对中	$2 \times f_r$	$1 \times f_r$	稳定	径向	径向反相	香蕉形或8字形	正
角度不对中	$1 \times f_r$		稳定	轴向为主,径向	轴向反相 径向反相	椭圆	正
基础松动	$1 \times f_r$ 及高次谐波		不稳定	松动方向振动大	不稳定	杂乱	正
转子碰摩	$1 \times f_r$ 及多阶高次谐波	分数谐波	不稳定	径向	不稳定	杂乱	反
基础共振	共振频率		稳定	基础振动方向	XY径向同相	近似直线	

注：f_r 为轴的旋转频率。

8.4　转子不平衡故障诊断实例解析

8.4.1　通风电动机组不平衡故障分析研究

2011 年对某机电设备监测时发现有一台通风机的电动机振动较大。该电动机是悬挂式结构，采用橡胶减振器支撑，其额定转速为 2850r/min，测点布置在该电动机输出端和自由端处轴承座上，在额定工况下，共采集电动机输出端垂直径向和水平径向、自由端垂直径向、水平径向和轴向共五个测点的振动加速度通频值、波形和频谱信号，采样点为 4096 个点，采样频率为 1024Hz。

测量结果：输出端径向最大振动速度有效值为 22.19mm/s，水平和垂直径向测量的频谱以工频分量为主。电动机自由端径向最大振动速度有效值为 40.45mm/s，水平径向时域波形和频谱图如图 8.25 所示。从图 8.25（b）中的频谱图可以看出，其工频幅值高达 40.44mm/s，比输出端水平径向频谱一倍频幅值更大。

电动机自由端的轴心轨迹（图 8.26）为椭圆形，进动方向为正进动，属于典型的转子不平衡特征。

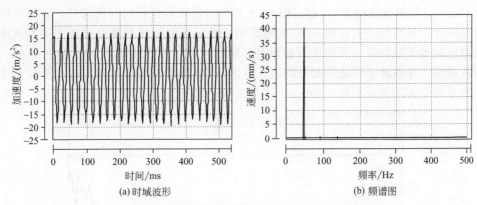

图 8.25　电动机自由端水平径向时域波形和频谱图

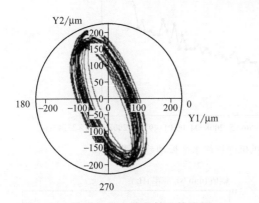

图 8.26　电动机自由端的轴心轨迹图

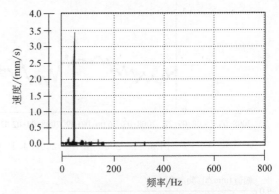

图 8.27　修后自由端径向振动频谱

　　分析结论：径向振动速度有效值远大于轴向，频谱图显示主要峰值都集中在工频分量上，是典型的转子不平衡特征。停机后进行检修，发现电机转轴有轻微的弯曲，平衡后重新试机测量，其自由端水平径向振动有效值为 3.48mm/s，其振动频谱波形图如图 8.27 所示，可以看出，1 倍频振动幅值明显降低，说明设备的故障原因为转子不平衡，残余的振动应该是轴弯曲引起的。

8.4.2　某钢厂转炉煤气引风机设备状态检测

　　某钢铁厂 120t 转炉煤气抽引风机系统系德国 TLT 公司设计并配套安装。风机系统技术数据为：电机额定功率 2650kW，转速 1500r/min；风机转速 1350r/min，频率 $f_1 =$ 22.5Hz，叶片数为 12，叶轮通过频率 $f_叶 = 22.5 \times 12 = 270$Hz。电机、耦合器及风机均为滑动轴瓦两端支撑，电机侧和风机侧均为鼓形齿式联轴器。系统基本结构见图 8.28 所示。

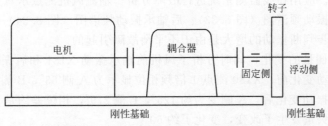

图 8.28　风机转子不平衡故障案例分析

2008 年 4 月 15 日夜班，引风机转子固定端水平振动速度到达 7.2mm/s（8mm/s 风机报警、14mm/s 风机连锁跳车）。通过图 8.29 可以看出随着运行时间的增长，水平方向振动值大致呈线性增长趋势。根据图 8.30 的频谱图，最后我们初步判断是转子不平衡故障，导致风机固定端水平振动高。利用计划检修打开风机入孔，发现转子积灰厚度约 3mm，并且部分积灰脱落，导致转子质量分配不均匀。谱图 8.31 为转子清灰后固定端水平振动速度频谱图，水平振动速度由原本的 7.2mm/s 降为 2.4mm/s。

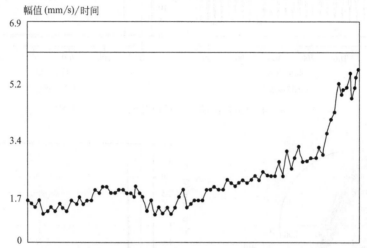

图 8.29　2008.3.19—2008.4.15 风机固顶端水平振动趋势图

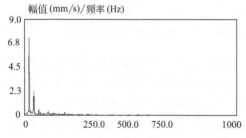

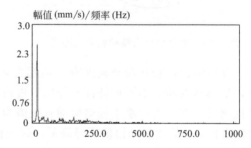

图 8.30　清灰前风机固定端水平振动速度频谱图　图 8.31　转子清灰后风机固定端水平振动速度频谱图

8.4.3　催化轴流风机叶片断裂不平衡故障诊断

2009 年 9 月 20 日 19 时，催化装置轴流风机启机运行，风机前轴承 X181A、后轴承 X180A 振动分别为 $12\mu m$、$11\mu m$。运行至 22 时 30 分，风机前、后轴承振动突然增大，X181A、X180A 最大振动达 $92\mu m$、$66\mu m$，随后又降至 $52\mu m$、$55\mu m$，并稳定下来，但是振动幅值仍然很大。应用在线监测系统进行故障分析，轴流风机测点示意见图 8.32。

在风机前轴承振动频谱图（图 8.33）、后轴承振动频谱图（图 8.34）中，1 倍频占有绝对的主导地位，初步判断振动的增大是由于不平衡故障引起的。

为了验证不平衡量的变化，同时分析了风机前轴承振动 X181 和后振 X180 测点 1 倍频的相位变化。在振动变化前，X180 测点 1 倍频相位显示为 A 侧 $63°$，B 侧 $223°$，A、B 的相位差约是 $160°$，而振动变化后，A 侧变为约 $125°$，B 侧 $279°$，相位差约是 $154°$，这些说明了故障原因为不平衡矢量发生了改变，变化了约 $60°$。

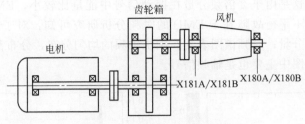

图 8.32　轴流风机测点示意图

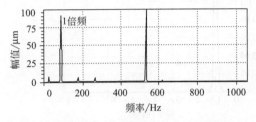

图 8.33　轴流风机前轴承 X121 振动频谱图

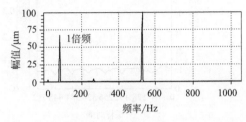

图 8.34　轴流风机后轴承 X180 振动频谱图

由不平衡故障机理知，转子在旋转过程中，如果发生叶片飞离、部件缺损或异物附着等情况时，发生质量变化处的不平衡矢量与原始的不平衡矢量相叠加，合成的不平衡矢量在大小、角度位置上发生变化，本案例中风机运行只有 3h，可排除固有不平衡、结垢造成的渐发不平衡等故障，而应考虑转子的零部件脱落引发的突发转子不平衡。因此，决定停机检查，发现风机 2 级动叶片断裂脱落。

8.4.4　基于 EMD 的转子不平衡振动分析

采用在 Bently 转子上加配重螺钉的方法来模拟转子不平衡故障。图 8.35 为转子不平衡振动信号时域波形图与频谱图。由图可见，该振动信号为明显的转子不平衡故障信号，转子在 1 倍频处的幅值为最大。

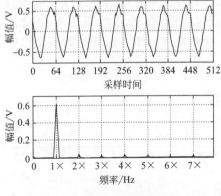

图 8.35　转子不平衡振动信号时
域波形图与频谱图

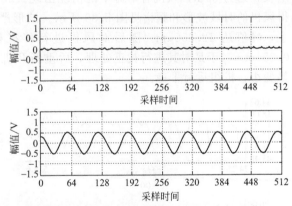

图 8.36　转子不平衡振动信号 EMD 分解图

图 8.36 为转子不平衡振动信号的 EMD 分解图。由图可见，主要有高频干扰和轴频波形两个本征模函数。对该信号的本征模函数进行希尔伯特变换得到基于 EMD 的时频幅值谱图，如图 8.37（a）所示，可见时频分布较均匀，有微弱的频率调制现象，调幅现象不明显。图 8.37（b）为该信号的边际谱图，只有一个轴频信号，相对于傅氏变换而言，略去了

微小的 2 倍频分量，这是由于 2 倍频分量在振动信号中能量比较小，EMD 不能分解出该本征模函数。通过转子不平衡故障基于 EMD 的时频分析研究可知：对于此类故障，EMD 分解的主要成分为轴频分量；时频谱图表现在围绕轴频的均匀分布，分布范围较小，调频调幅现象不明显；边际谱图中主要也是轴频信号。

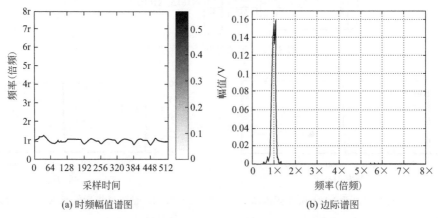

(a) 时频幅值谱图　　　　　　　　　(b) 边际谱图

图 8.37　基于 EMD 的转子不平衡振动信号分析结果

8.5　转子不对中故障诊断实例分析

8.5.1　离心风机不对中的故障分析

料仓输送风机电机功率 30kW，转速 1480r/min；风机转速 3092r/min，叶轮叶片 12个。图 8.38 为风机开始产生异常时振动时域波形及频谱，此时风机时域波形开始变得畸形，峰值处出现凹陷，这是频域中出现 2 倍频成分的主要时域特征。在其频谱中可见 2 倍频幅值增长，约为 $8\mu m$，风机有不对中的情况出现。2008 年 12 月 17 日，风机振动加剧，此时测得风机的时域波形和频谱见图 8.39 所示。波形严重畸形，产生双峰，频谱变成以 2 倍频为主，峰值达 $12.355\mu m$。随后对风机进行停机检修处理，测量联轴器发现不对中量达 0.254mm。于是对其进行找正处理，后重新开机运行，检测发现谱图 2 倍频处的幅值已明显变小，机组运行平稳。

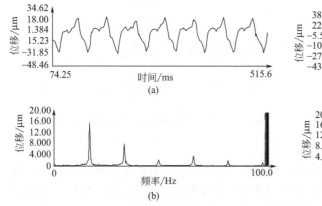

图 8.38　风机开始异常时振动时域波形和频谱图

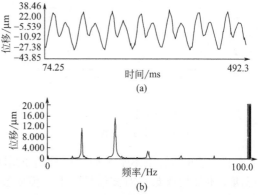

图 8.39　风机异常时振动时域波形和频谱图

8.5.2　汽轮发电机不对中故障探讨及案例分析

某热电厂汽轮发电机组振动超过报警值，汽轮机额定转速 3000r/min，发电机额定功率 50000kW，该机组结构简图如图 8.40 所示，其中，1、2、3、4 为测点。

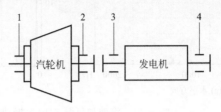

图 8.40　机组结构简图

用在线频谱分析仪测量测点 2V（2# 测点垂直方向）和 3V（3# 测点垂直方向）的振动信号时域波形、频谱图以及联轴器两侧 2#、3# 轴承的轴心轨迹图，其中 3V 的振动信号时域波形、频谱图如图 8.41 所示，联轴器右侧 3# 轴承的轴心轨迹图如图 8.42 所示。

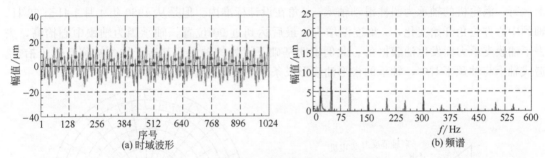

(a) 时域波形　　　(b) 频谱

图 8.41　测点 3V 的振动时域波形和频谱图

从测得的全频振值看，机组振动主要表现在 2# 和 3# 径向。从频谱图上看，测点 2V、3V 振动皆以 2 倍频分量为主导，2#、3# 轴承的轴心轨迹呈 8 字形，根据以上振动特征可以得出，引起该机组振动的主要原因是联轴器对中不良，需立即停机处理。

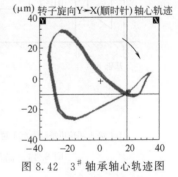

图 8.42　3# 轴承轴心轨迹图

将该机组停机后检查发现：联轴器对中不良。经对中复核后，再次开机，机组振动状况恢复正常。

8.5.3　汽油加氢泵不对中故障诊断

2010 年 9 月 1 日在对汽油加氢泵 6101A 进行检测时发现此泵振动偏大，联轴器端水平方向振动幅值为 6.173mm/s，垂直方向振动幅值为 2.086mm/s。振动频谱如图 8.43 所示，振动特点：①水平方向振动频率主要为 $2f_r$（幅值 6.141mm/s）；②垂直方向振动频率主要为 f_r（幅值 0.72mm/s）、$2f_r$（幅值 1.876mm/s）；③电机转子与泵轴水平方向相位差为 167°，接近 180°。初步判断：由于转子对中不良导致振动。

2010 年 9 月 1 日停泵复查，发现：水平偏差 0.78mm，垂直偏差 0.55mm，对中严重超标。

故障处理措施：按照机泵检修标准复查找正，垂直方向 0.09mm，水平方向 0.06mm。投入运行后运行正常，振动明显降低（振动级别由 D 级降为 A 级）。

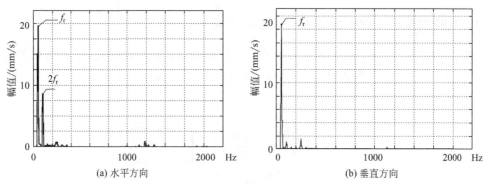

图 8.43 汽油加氢泵 6101A 振动频谱

8.5.4 汽轮发电机组基础下沉引起的不对中故障分析

国外某动力公司的一台汽轮机组，其中高压涡轮机处的基础下沉引起联轴器节附近 3# 轴承内轴颈中心位置上升，如图 8.44 所示。其中 8.44（a）为该机组示意图；8.44（b）为轴颈中心相对位置变化图。从图中可以看出，转子轴颈原来的位置是在轴承几何中心 $\alpha=32°$ 方位角上运行，涡轮机的轴承为圆柱滑动轴承，α 角在设计标准内。但是从 1980 年 4 月 1 日至 22 日，轴颈中心方位角开始变化，α 角逐渐增大，最后达到近 90° 位置，轴承因为轴颈中心抬高，失去了油膜支承力而发生油膜振荡。此例说明基础下沉处的轴承，其转子轴颈被临近转子抬空。造成轴承与轴颈不对中，轴承的楔形油膜形成条件被破坏而导致油膜失稳。

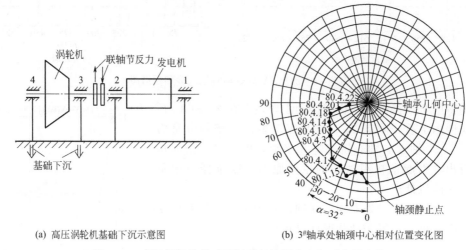

(a) 高压涡轮机基础下沉示意图 (b) 3#轴承处轴颈中心相对位置变化图

图 8.44 高压涡轮机基础下沉引起轴颈中心相对位置变化

8.5.5 基于小波的汽轮发电机组振动故障诊断方法研究

利用小波变换得出的时频等高图，根据故障发生时不同的时频特征，可以对故障进行分类。首先采用仿真信号模拟汽轮发电机组转子不对中故障，仿真故障信号中主频为 50Hz，幅值为 $50\mu m$，采样频率为 1.6kHz，采样点数 1024，并附加了随机噪声信号。

图 8.45（a）是模拟转子不对中的时域波形，假设信号在 512 点处出现幅值 $20\mu m$ 的 100Hz 谐波成分，即不对中故障发生。图 8.45（b）是不对中故障的时频等高图，出现了 2 倍频成分。

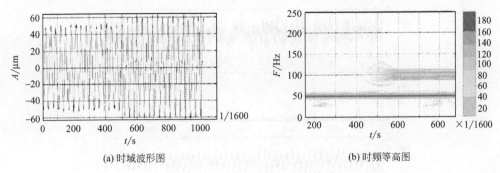

(a) 时域波形图 (b) 时频等高图

图 8.45 转子不对中的仿真结果

图 8.46 (a) 是某电厂 8 号机组 (300MW) 6 号轴承方向轴振动时域波形图, 图 8.46 (b) 是其时频等高图, 图中 2 倍频成分比较大, 同时有少量高频干扰存在。根据该轴承处于发电机和励磁机之间的位置可以判断出, 2 倍频成分主要是由电磁不平衡引起的二次激励。在其他多台发电机组中也都发现有这种现象。

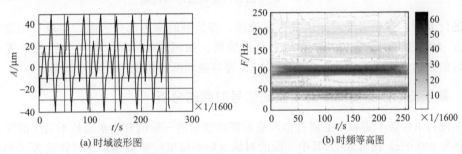

(a) 时域波形图 (b) 时频等高图

图 8.46 某电厂 8 号机组 6 号轴承轴 X 方向轴振动

8.5.6 基于小波消噪的汽轮发电机组不对中故障检测

某厂的 200MW 汽轮发电机组如图 8.47 所示。机组检修后运行时, 高压缸转子振动较大; 机组运行一段时间后高压缸转子振动突然加大, 测点 1、2 的径向振幅增大, 其中测点 1 的径向振幅增加到 2 倍。

图 8.47 汽轮发电机组布置图

测点 1 的振动波形如图 8.48 (a) 所示, 对振动波形的频谱分析如图 8.48 (b) 所示, 由频谱图中只能判断出信号中有明显的以旋转频率为特征的周期成分。在频谱中能量也基本上集中于基频, 具有突出的峰值。由此得出诊断意见: 发生振动的原因是转子质量不平衡。因此, 应停机检修或更换转子。

实际上, 故障是由汽轮机高压缸与低压缸的转子对中不良、联轴器发生故障引起的。发生误诊断的原因在于: 转子不平衡的故障征兆为 "1 倍频振动大"; 而转子不对中的故障征兆为 "2 倍频和 3 倍频振动大, 特别是 2 倍频振动明显"。

在上述诊断过程中, 由于噪声的影响, 2 倍频成分被噪声湮没, 信噪比小, 从时域波形中几乎看不出真实信号的高频特征, 从未经降噪的频谱中也很难得到正确的分析结果。对这

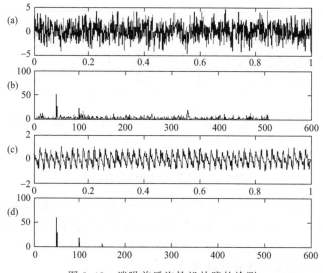

图 8.48 消噪前后汽轮机故障的检测

种信号进行分析，首先需要对原信号作预处理，将信号的噪声部分去除，提取有用信号。图 8.48（c）为经过最优小波包基消噪后振动波形图，如图 8.48（d）所示为经过最优小波包基消噪后的频谱图，从图 8.48（d）中可以很容易地判断出机组的不对中故障。

8.5.7 基于 EMD 的模拟不对中振动信号时频谱分析

在本特利柔性转子实验台上通过垫高靠近联轴器轴承一端的方法来模拟不对中故障。信号采集频率为 3000Hz，图 8.49 为其中一段的时域波形和傅里叶幅值谱，此时转速为 4311r/min，对应轴频为 72Hz。由图可见，频率范围分布较广，轴频的 2 倍频 144Hz 也较明显，说明是不对中故障；图 8.50 为该信号的 EMD 分解结果，由图可见，分解的本征模函数较多，说明振动模态较多。

图 8.51 为基于 EMD 的模拟不对中振动信号时频谱，由图可见信号频率分布范围较广，在整个时间段中信号有调频和调幅现象。

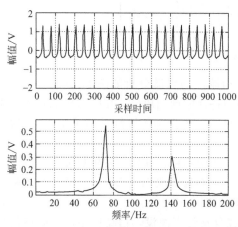

图 8.49 不对中振动信号的波形与幅值谱

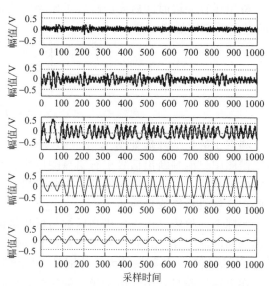

图 8.50 不对中振动信号的 EMD 分解图

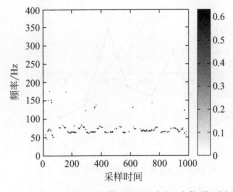

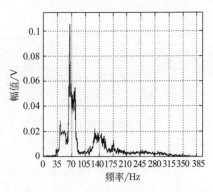

图 8.51　基于 EMD 的模所不对中振动信号时频谱　　图 8.52　不对中振动信号的边际幅值谱

图 8.52 为该信号的边际幅值谱。由边际幅值谱可见，频率的分布范围较广，最大的能量分布在 36Hz 到 90Hz 和 120Hz 到 175Hz 左右这两个区间，即围绕约 1 倍频和 2 倍频分布；最大的幅值为 72Hz 左右处，即 1 倍频处，次大的幅值为 140Hz 左右处。经过多次试验，都有这个规律。边缘谱与傅氏谱有些不同，频率分布范围比傅氏谱广，且 2 倍频分量变得较小。

8.6　转子的其他故障诊断实例分析

8.6.1　引风机地脚螺栓松动故障及其诊断

广东省韶关钢铁集团有限公司烧结厂型号为 2378AZ/1515 引风机，转速为 2000r/min，测点布置见图 8.53 所示。

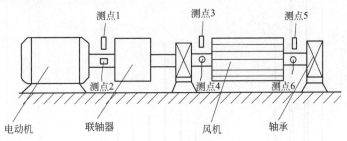

图 8.53　引风机测点布置

2005 年 6 月大修后开机，大部分时间振动幅值不大，但是监测系统提示偶有强烈振动发生。7 月底开始从监测系统观察到强烈振动增加，现场感觉机组振动增大，各测点振幅普遍超过 8mm/s，测点 6 最大振幅为 12mm/s。从频谱图中可观察到 0.4～0.5 倍频、1 倍频、2 倍频处有较大能量峰值。当监测系统提示振动超限时，工频及其他倍频峰值不变，但联轴器左右测点（测点 1～4）出现 0.4～0.5 倍频峰值，且幅值有较大增加，超过工频幅值，且此时轴心轨迹变得复杂难解，从频谱初步判断为不对中或油膜涡动故障。考虑该风机在生产中的重要地位，为进一步确诊，用相对时相对风机进行分析（图 8.54）。

从相对时相分析谱图 8.54（a）中可以看出，在联轴器两端两个垂直方向的传感器，即不同截面同方向的振动信号 1 倍频分量的相对时相在 180°位置浮动，结合频谱图中 2 倍频有能量峰值的事实，诊断为不对中故障。相对时相分析谱图 8.54（b）中可看出，风机右轴承截面上两个互相垂直的传感器 1 倍频分量的相对时相翻滚，相当不稳定，说明转轴径向刚度

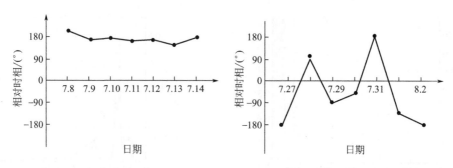

(a) 测点1、3基频分量之间的相位差 　　　(b) 测点5、6基频分量之间的相位差

图 8.54　相对时相分析谱图

发生改变，符合油膜涡动故障的特征。最后诊断为不对中与油膜涡动并发故障，建议调整轴系对中量，并按技术要求重新调节轴承。停机检修，发现风机确实存在综合不对中，采用仔细调节轴系转子对中量，增加轴承比压，控制轴瓦预负荷等措施后，风机运行时振动明显减轻，振动幅值稳定在 2.8mm/s 左右。

8.6.2　某化工厂一催装置中锅给水泵转子磨碰故障诊断

2008 年 1 月 31 日对一催装置中锅 P-3 泵（型号：4ZDG-12）进行监测，水平振动值 11.94mm/s，垂直振动值 6.544mm/s。振动频谱如图 8.55 所示。

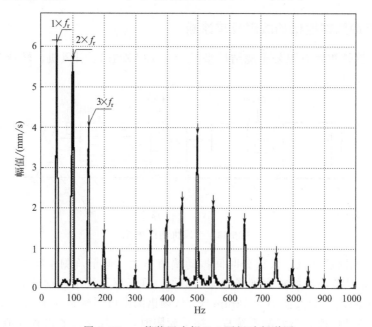

图 8.55　一催装置中锅 P-3 泵振动频谱图

振动特点：①联轴器端轴承测点频谱丰富，水平方向和垂直方向的振动频率主要为 $1 \times f_r$，$2 \times f_r$，$3 \times f_r$，$4 \times f_r$…，$17 \times f_r$，转轴频率 $1 \times f_r$、$2 \times f_r$、$3 \times f_r$ 占主要成分，同时存在较少的高次谐波成分。②水平方向和垂直方向的相位差为 87°，相位差接近 90°。

故障判断：转子出现了明显的不平衡，主要是由于转子发生磨碰后导致动平衡被破坏引起转子异常振动。2008 年 2 月 1 日对中锅 P-3 泵解体检查发现：泵叶轮口环与壳体口环均有不同程度的轻微磨损，转子动平衡被破坏。

故障处理措施：更换壳体密封环、叶轮密封环，转子做动平衡。2008 年 2 月 2 日对中锅 P-3 泵进行回装，投入运行后，中锅 P-3 泵运行正常，振动明显降低（振动级别由 D 级降为 A 级）。

8.6.3 基于 EMD 的烟气轮机动静摩擦故障诊断

某炼油厂烟汽轮机大修之后重新开机运行，烟机 2 号瓦振动超限。频谱分析表明烟机 1 号瓦的频谱较为杂乱，出现了工频、高倍频和噪声成分，其振动信号及频谱如图 8.56 所示。对该信号进行 EMD 分解，得到三个 IMF 分解结果如图 8.57 所示。其中 $c_1(t)$ 和 $c_2(t)$ 对应于原始信号中的噪声和倍频成分，$c_3(t)$ 则对应于工频信号。对 $c_3(t)$ 做 Hilbert 变换求其瞬时频率，如图 8.58（a）图所示，可见该 IMF 的瞬时频率波动严重，对该曲线作傅里叶变换，得到图 8.58 中的（b）图，可见存在一个 97.6Hz 的峰值，它对应烟机的工频频率（95.8Hz）。考虑到 EMD 分解结果中包含大量的高频噪声信号及出现工频频率调制信号，所以诊断为转子发生周期性碰磨故障，而非不平衡故障。在之后的检修过程中发现烟机二级静叶上的气封与二级动叶轮盘之间存在轻微摩擦现象，说明上述 EMD 分析结果正确。

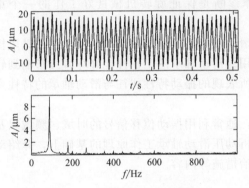

图 8.56 烟机振动信号及频谱

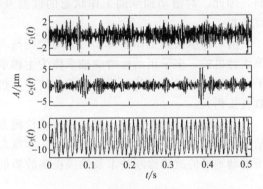

图 8.57 烟机信号的 EMD 分解

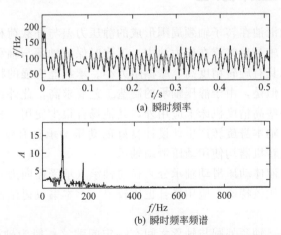

图 8.58 烟机信号的第三个 IMF 的瞬时频率曲线及频谱

第9章 滑动轴承的故障诊断及实例解析

滑动轴承具有结构简单、工作平稳、优良的抗振性能、较高的承载能力和较长的工作寿命等特点，因而在旋转机械，特别是大型关键机组中被广泛应用。这些机组一般运行速度高、载荷重、备用设备少，滑动轴承一旦发生故障会对机组安全运行造成严重影响，因此，对滑动轴承的工作状态的监测及故障诊断是保证旋转机械良好工作的一个重要前提。

滑动轴承按其工作原理，可分为静压与动压滑动轴承。通常如汽轮机、发电机和鼓风机等旋转机械，多采用动压滑动轴承作为主轴承使用。滑动轴承的工作性能好坏直接影响到转子运转的稳定性，尤其对于高速柔性转子，机器所表现的振动特性往往与滑动轴承的特性参数直接相关。

滑动轴承的状态监控主要采用振动检测方法，通常利用振动位移信号的时域、频域以及轴心轨迹等特征进行故障分析与诊断。本章在分析动压滑动轴承工作原理的基础上，介绍动压滑动轴承的故障诊断技术及油膜振荡故障的防治措施等内容。

9.1 滑动轴承工作原理

静压轴承是依靠润滑油在转子轴颈周围形成的静压力差与外载荷相平衡的原理进行工作的，轴无论旋转与否，轴颈始终浮在压力油中。工作时保证轴颈与轴承之间处于纯液体摩擦状态。因此，这类轴承具有旋转精度高、摩擦阻力小、承载能力强的特点，并具有良好的速度适应性和抗振能力。但是，由于静压轴承的制造工艺要求高，此外还需要一套复杂的供油装置，因此，除了在一些高精度机床上应用外，其他场合很少使用。相反，动压轴承供油系统简单，油膜压力是由轴本身旋转产生，设计良好的动压轴承具有较高的使用寿命。因此，工业上很多大型高速旋转机器均使用动压滑动轴承。

旋转机械中使用的液体动压滑动轴承分为径向轴承（承受径向力）和止推轴承（承受轴向力）两类。止推轴承比较特殊，应用场合也比较单一。本书仅讨论径向动压滑动轴承，首先讨论其工作原理。

在径向动压轴承中，轴颈外圆与轴承之间有一定间隙（一般为轴颈的千分之几），间隙内充满了润滑油。轴颈未旋转时，处于轴承孔的底部，如图9.1（a）所示的位置。当转轴开始旋转时，轴颈依靠摩擦力的作用，在旋转相反的方向上沿轴承内表面往上爬行，到达一定位置后，摩擦力不能支持转子重量，就开始打滑，此时为半液体摩擦，如图9.1（b）所示。转速继续升高到一定程度，轴颈把具有黏性润滑油带入轴颈与轴承之间的楔形间隙（油楔）中。因为楔形间隙是收敛形的，它的入口断面大于出口断面，油楔中断面不断收缩的结果使油压逐渐升高，平均流速逐渐增大，油液在楔形的间隙内升高的压力就是流体动压力，所以称这种轴承为流体动压滑动轴承。在间隙内积聚的油层就是油膜，油膜压力把转子轴颈抬起［见如图9.1（c）］。当油膜压力与外载荷相平衡时，轴颈就在轴承内不发生接触的情况下旋转，旋转时的轴心位置由于收敛形油楔的作用，略向一侧偏移，这就是流体动压轴承的工作原理。

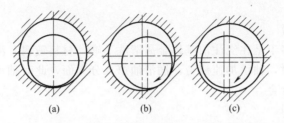

图9.1　轴颈开始旋转时的油膜形成过程

图9.2为轴颈在轴承内旋转时的油压分布以及轴颈工作位置的几何参数。

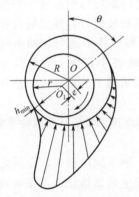

图9.2　圆柱轴承内油膜压力分布
e—偏心距；θ—相位角；R—轴承孔径；
r—轴颈半径；h_{min}—最小油膜厚度

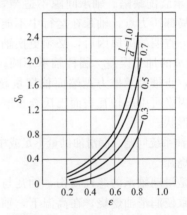

图9.3　轴承承载能力系数与偏心率、宽径比的关系

在油膜力的作用下，轴承的承载能力与多种参数有关。对于单油楔的圆柱轴承，有：

$$P = S_0 \frac{\mu \omega l d}{\psi^2} \tag{9.1}$$

式中　P——轴承载荷；

　　　S_0——轴承承载能力系数；

　　　μ——润滑油动力黏度系数；

　　　ω——轴颈旋转角速度；

　　　l——轴承宽度；

　　　d——轴颈直径。

承载能力系数 S_0 是在滑动轴承中用来确定轴承工作状态的一个重要系数。滑动轴承的理论指出，几何形状相似的轴承，系数 S_0 相同时轴承就具有相似的性能。S_0 本身是相对偏心率 ε 和轴承宽径比 l/d 的函数，ε 越大或 l/d 越大，则 S_0 值也越大，轴承承载能力也越高，其关系见图9.3。

$S_0 > 1$ 时，称为低速重载转子；$S_0 < 1$ 时，称为高速轻载转子。高速轻载的转子容易产生油膜不稳；低速重载转子虽然稳定性好，但是当偏心率过大时，最小油膜厚度 h_{min} 过薄，可发生轴颈与轴承内表面之间的干摩擦。

9.2　滑动轴承常见故障及原因

（1）巴氏合金松脱

巴氏合金的松脱多半是在浇注前基体金属清洗不够，材料镀锡、浇注温度不够。当巴氏合金与基体金属松脱时，轴承加速疲劳，润滑油窜入分离面，此时轴承将很快损坏。解决方法只有重新浇注巴氏合金。

（2）轴瓦异常磨损

轴颈在跑合过程中轻微的磨合磨损和配研磨损属于正常磨损。这时轴承工作表面光滑平整，轴承的磨损率通常近似一个常值。当机组超载运行或超速运行时，润滑油中含有过多杂质、润滑不良、轴承磨合不好或当轴承存在下列故障时，将出现轴承失效，进入异常磨损期。

① 轴承装配缺陷。轴承间隙不适当，轴瓦错位，轴颈在轴瓦中接触不良，轴瓦存在单边接触或局部压力点，轴颈在运行中不能形成良好的油膜，这些因素均可引起转子的振动和轴瓦磨损。查明故障原因后，必须更换轴承或仔细修刮轴承并重新装配好，使之符合要求。

② 轴承的加工误差。圆柱轴承不圆，多油楔轴承油楔大小和形状不适当，轴承间隙太大或太小，止推轴承推力盘端面偏摆量超差，瓦块厚薄不均匀使各个瓦块上的负荷分配不均，这些因素可引起轴瓦表面巴氏合金磨损。较好的处理方法是采用工艺轴检查，修理轴瓦的不规则形状。

③ 供油系统问题。润滑油供量不足或中断，将引起轴颈与轴承摩擦、烧熔甚至抱轴等事故。

（3）烧瓦

烧瓦是滑动轴承的恶性损伤，轴瓦与轴颈材料发生热膨胀，轴承间隙消失，金属之间直接接触，致使润滑油燃烧，在高温下，轴承和轴颈表面的合金发生局部熔化。严重时轴瓦与轴一起旋转或者咬死，此时轴承减摩材料严重变形，并被撕裂。主要原因是轴承长时间在无润滑油环境下旋转，使轴瓦温度急剧上升。

（4）疲劳失效

滑动轴承表面受到交替变化载荷的作用，使轴承表面产生往复作用的拉应力、压应力和剪切应力，从而产生疲劳裂纹，以后随着应力的不断重复，特别是当润滑油进入裂纹缝隙后，由于润滑油的尖裂作用，使裂纹在轴承中不断扩展，最后形成疲劳失效。

疲劳失效的特征：轴承承载区的工作表面呈网状扩展的裂纹，裂纹向减摩层的纵深方向发展，最后减摩层材料呈颗粒状、片状或块状剥落，凹块边缘不规则，有金属光泽。

（5）轴承腐蚀

腐蚀损坏主要是由于润滑剂的化学作用引起的。润滑剂被氧化、被污染，轴承工作表面有寄生电流通过等均能引起腐蚀。

（6）轴承壳体配合松动

轴承壳体配合松动主要是轴承盖与轴承座之间压得不紧，轴承套与轴承盖之间存在间隙，转子工作时轴瓦松动，影响轴承油膜的稳定性。这种由于间隙作用引起的振动具有非线性等特点，振动频率是既可能存在 $1/n$ 倍频率的次谐波成分，又可能出现 n 倍转速频率的谐波成分（n 为正整数）。

（7）轴承间隙不适当

当轴承间隙太小时，由于油流在间隙内剪切摩擦力损失过大，引起轴承发热；间隙太小，油量减少，来不及带走摩擦产生的热量。但是如果间隙过大，即使是一个很小的激励力（如不平衡力），也会引起很明显的轴承振动，并且在越过临界转速时振动很大。对于高速轻载的转子，过大的轴承间隙会改变轴的动力特性，引起转子运转不稳定。轴承间隙大，类似于一种松动，在轴振动的频谱上会出现很多转速频率的谐波成分。

（8）油膜失稳引起的故障——油膜涡动和油膜振荡

在石化、电力、冶金和航空等工业部门中使用的高性能旋转机械中，多数转子轴承设计成高速轻载的系统，在这些机械使用过程中，由于受到设计或使用等多方因素的影响，容易使滑动轴承的油膜不稳定，从而引起油膜涡动，进一步可发生高速滑动轴承特有的故障—油膜振荡。这是一种非常危险的振动，使转子更加偏离轴承中心，增加了转子的不稳定性。而且油膜振荡引起交变的应力，这种应力最终会导致滑动轴承的疲劳失效。

9.3 滑动轴承的故障诊断及其对策

滑动轴承的振动，按其机理可分为两种：一种是强迫振动，主要是由轴系上组件不平衡、联轴器不对中、安装不良等造成的，其振动的频率为转子的旋转频率及其倍频，振动的振幅在转子的临界转速前，随着转速的增加而增大，超过临界转速，则随转速的增加而减小，在临界转速处有一共振峰值，这些内容主要和转子有关，已在第8章介绍过；另一种振动是自激振动，即产生油膜涡动和油膜振荡，它的振动频率低于转子的旋转频率，属于亚同步振动，常常在某个转速下突然发生，具有极大的危害性。本节主要介绍这种油膜失稳和油膜振荡的产生机理及防治措施。

9.3.1 油膜失稳故障的机理

（1）油膜涡动与稳定性

高速工作的转子系统如压缩机、汽轮机、高速风机等旋转机械，均采用流体动压滑动轴承（油膜轴承）。这种轴承靠油膜形成动压来支撑载荷，以达到完全流体润滑状态，使摩擦功率值达到最小。

图9.4为稳定状态下油膜轴承工作的受力情况。其中 P 为轴颈载荷，R 为油膜动压合力（油膜反力），两者处于平衡状态。当轴受到瞬时扰动时，轴颈中心 O_1 移到 O_1' 位置，如图9.5所示。这时油膜动压合力 R 与轴负荷 P 不再保持平衡，而是构成合力 F，F 可沿垂直和水平方向分解为 F_M 及 F_r 两力。其中 F_r 与轴的水平位移方向相反，力争使轴心恢复到稳定状态的位置 O_1，因此 F_r 称为恢复力。

而 F_M 则力争使轴心绕轴承中心 O 涡动，因此 F_M 称为涡动力。当恢复力矩大于涡动力矩时，轴承将回到稳定状态工作。相反，若涡动力矩大于恢复力矩时，则轴心开始涡动，即转轴除自转外，还绕轴承中心公转，这种公转称为涡动。视不同的激振因素，涡动的方向与自转方向相同（如流体动压激振），称为正进动；也可以和自转方向相反（如摩擦激振），称为反进动。

涡动中的轴颈如果涡动力等于或小于油膜动压合力 R，则轴心轨迹不再扩大，成为一个稳定的封闭的图形，这种涡动是稳定的，一般称为油膜涡动；反之，轴心轨迹继续扩大，转子处于失稳状态，在瞬时内可能出现强烈的振动，这种不稳定的油膜涡动称为油膜振荡。

（2）油膜涡动频率及特征

油膜涡动速度 Ω（角速度）的理论值为轴的转速 ω（角频率）的一半，即 $\Omega = \omega/2$，所

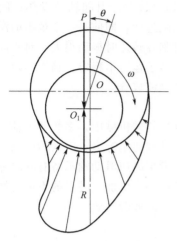

图 9.4　油膜轴承处于稳定状态

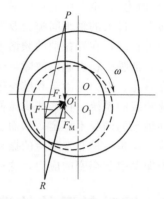

图 9.5　油膜轴承处于扰动状态

以称为半速涡动，其运动机理可以从轴承中油流的变化来进一步分析与理解。

轴颈在轴承中做偏心旋转时，形成一个进口断面大于出口断面的油楔。对于高速轻载的转子，轴颈表面线速度很高而载荷又很小，油楔力大于轴颈载荷，此时油楔压力升高不足以把收敛形油楔中的流动的油速降得较低，则轴颈从油楔间隙大的地方带入的油量大于从间隙小的地方带出的油量，由于液体的不可压缩性，多余的油就要把轴颈推向前进，形成了与转子旋转方向相同的涡动运动，涡动速度就是油楔本身的前进速度。

当转子旋转角速度为 ω 时，因为油具有黏性，所以轴颈表面处的油流速度与轴颈线速度相同，均为 $r\omega$，而在轴瓦表面处的油流速度为零。为分析方便，假定间隙中的油流速度呈直线分布，如图 9.6 中用实线所示的三角形速度分布。在油楔力的推动下转子发生涡动运动，涡动角速度为 Ω，如果在 dt 时间内轴颈中心从 O_1 点涡动到 O' 点，轴颈上某一直径 $A'B'$ 扫过的面积为：

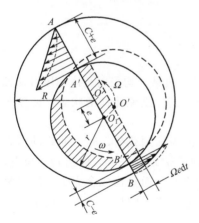

图 9.6　轴颈半速涡动分析图

$$\Omega e(2r)dt = 2r\Omega e\,dt \tag{9.2}$$

此面积也是轴颈掠过的面积，即图中有阴影部分的月牙形面积，这部分面积就是油流在油楔进口 AA' 断面间隙与出口 BB' 断面间隙中的流量差。假如轴承宽度为 l，轴承两端的泄油量为 dQ，根据流体连续性条件，在 dt 时间内油液从油楔进口流入的油量与出口流出去的油量相等，则可得到：

$$r\omega l\frac{C+e}{2}dt = r\omega l\frac{C-e}{2}dt + 2rl\Omega e\,dt + dQ \tag{9.3}$$

解得：

$$\Omega = \frac{1}{2}\omega - \frac{1}{2rel}\times\frac{dQ}{dt} \tag{9.4}$$

当轴承两端泄油量 $\frac{dQ}{dt}=0$ 时，可得：

$$\Omega = \frac{1}{2}\omega \tag{9.5}$$

即半速涡动的由来。

实际上，涡动频率通常低于转速频率的一半，这是因为：

① 在收敛区入口的油流速由于受到不断增大的压力作用将会逐渐减慢，而在收敛区的出口，油流速在油楔压力作用下将会增大，这两者共同作用与轴颈旋转时引起的直线速度分布相叠加，使图9.6中 AA' 断面上的速度分布线向内凹，BB' 断面上的速度分布线向外凸出，这种速度分布上的差别使轴颈的涡动速度下降。

② 轴承内的压力油不仅被轴颈带着做圆周运动，还有部分润滑油从轴承两侧泄油，用以带走轴承工作时产生的热量。当油有泄漏时，$\dfrac{\mathrm{d}Q}{\mathrm{d}t} \neq 0$，则式（9.5）就成为：

$$\Omega < \frac{1}{2}\omega \tag{9.6}$$

根据相关资料介绍，半速涡动的实际涡动频率约为：

$$\Omega = (0.43\sim0.48)\omega \tag{9.7}$$

油膜涡动的产生与转子相对偏心率条件有关，对于高速轻载转子系统，稳定性较差，一般在发生油膜振荡之前就已出现了这种亚同步频率成分。在半速涡动刚出现的初期阶段，由于油膜具有非线性，抑制了转子的涡动幅度，使涡动幅度保持稳定，转子仍能平稳地工作。此时的频谱特征是在0.5倍轴转频附近出现了一个小的谱峰，轴心轨迹为一封闭的内8字图形，如图9.7所示。

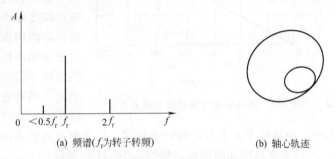

(a) 频谱(f_r为转子转频)　　　　　　(b) 轴心轨迹

图9.7　稳定涡动时的频谱和轴心轨迹示意图

（3）油膜振荡及其产生与发展

随着转速的升高，涡动频率也随之升高，但始终保持等于转动频率的一半。油膜涡动初始时的振幅一般不大，当转速升到临界转速附近时，半速涡动甚至会被临界共振所掩盖，超过临界转速后，油膜涡动重新出现。当转子转速 ω 达到两倍一阶临界转速时，或者说当涡动频率 Ω 达到转子一阶临界转速 ω_c 时，有：

$$\Omega = \frac{1}{2}\omega = \omega_c = 2\pi f_c \tag{9.8}$$

式中　ω_c——转子一阶临界（固有）角频率；

　　　f_c——转子一阶固有频率。

此时，涡动频率与转子一阶固有频率重合，产生共振现象，振动幅值会剧烈增加，振荡频率为转子系统的一阶固有频率 f_c，称为油膜振荡。油膜振荡发生时的频谱和轴心轨迹示意图如图9.8所示，与图9.7相比，油膜涡动频率[（$0.43\sim0.48$）f_r]等于转子系统的一阶固有频率 f_c，且谱峰大大增大，甚至超过转子旋转频率振幅，如图9.8（a）所示；轴心轨迹不稳定，形状发散、紊乱，表现为花瓣形，如图9.8（b）所示。

油膜涡动频率 Ω 随转子转频 f_r 变化过程可用图9.9描述，随着转子转速 ω 的升高，油膜涡动频率也按比例（$0.5f_r$）线性升高，如图9.9所示的斜线部分；当转速大于 $2f_c$ 之后，发生油膜振荡，然后，振荡频率被一直锁定在转子一阶固有频率上，不再随转速的升高而升高，如图9.9所示的直线部分。

油膜振荡属于自激振动，何时发生和结束都带有很大的随机性，除了与自身结构等条件

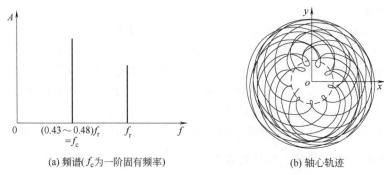

(a) 频谱(f_c为一阶固有频率)　　　　　　(b) 轴心轨迹

图 9.8　稳定振荡时频谱和轴心轨迹示意图

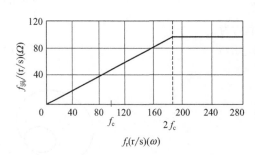

图 9.9　涡动频率与旋转频率的关系

有关外，还与轴承的载荷相关。图中 9.10（a）为轻载转子发生油膜振荡的过程示意图。转子在第一临界转速 ω_c 之前就发生了半速涡动，但其振动幅度较小；当转速到达 ω_c 时，转子有较大振幅，油膜涡动振幅被淹没；越过以后，可以再次发现涡动振幅，此阶段称为涡动阶段。特点是涡动频率线性上升，但涡动频率对应的幅值增加不大。当转速达到两倍 ω_c 时，才有可能发生油膜振荡，此时振幅突然增大，涡动频率曲线恒定不变。中载转子基本与轻载转子相同，只是半速油膜涡动出现的时间点滞后了，在过了一倍 ω_c 之后才会出现油膜涡动，如图 9.10（b）所示。

对于重载转子，因为轴颈在轴承中相对偏心率较大，转子的稳定性好，低转速时通常并不存在半速涡动现象，只有当转速到达两倍 ω_c 以后的某一转速时，才可能突然发生油膜振荡，即重载轴承可以不经过油膜涡动阶段直接进入油膜振荡阶段，如图 9.10（c）所示。

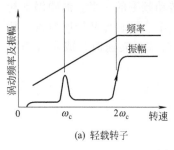　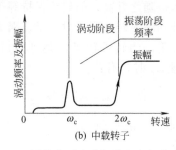　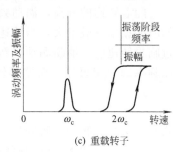

(a) 轻载转子　　　　　　　　(b) 中载转子　　　　　　　　(c) 重载转子

图 9.10　不同载荷下油膜振荡产生与发展规律

9.3.2　油膜振荡的故障特征及诊断

油膜振荡的特点是具有突发性和随机性。由于许多因素都会影响稳定性，如油温、油压、轴承间隙以及转子平衡、对中情况等，即使稳定性设计良好的机组在运行数月或数年后，同样会出现失稳问题。油膜振荡对设备的危害极大，严重时会破坏轴承和转子，引发恶性事故。因此，针对此类故障，目前主要采取加强防治措施，或者从油膜涡动的稳定性监测两方面入手，利用提前预防的方法，避免这类恶性事故的发生。

另外，一些故障如叶轮和扩压器中的气体激振、浮环被卡出现密封动力性失稳、转子与静子之间发生的局部摩擦等原因引起的故障，也可能激起近半频的振动。如果仅从振动频率入手，看它是否接近转速的一半（通常为转子转频的 0.43～0.48 倍），来判断是否发生油膜振荡也是不全面的。此时，需要根据各种因素和现象综合判断，为此，总结了油膜振荡的主要特征如下：

① 油膜振荡的振动频率约为转子转频的 0.43～0.48 倍，并且发生后不随转速的变化而变化。

② 油膜振荡发生前，振动以工频分量为主；油膜振荡发生后，振荡频率以转子一阶固有频率为主，幅值甚至可以超过工频分量。

③ 油膜振荡是一种共振现象，其振动具有非线性特征，轴心轨迹不稳定，理论上呈螺旋线发散，但实际由于轴瓦结构的限制，表现为外圆形状固定的、内部紊乱的花瓣形，如图 9.8（b）所示（其中轨迹仅为示意）；而油膜涡动基本为稳定振动，其轴心轨迹为闭合的内 8 字图形。

④ 油膜振荡故障多发生在机组启动升速或超速试验过程中。只有当转子转速大于 2 倍转子一阶临界转速之后，才有可能发生油膜振荡，高速轻载轴承在发生油膜振荡之前可能会首先出现半速油膜涡动；重载在升速过程中可能会无预兆地直接发生油膜振荡。

⑤ 即使满足式（9.8）表述的共振条件，此刻能否发生油膜振荡，还取决于系统的稳定性、阻尼等其他因素。因此，与普通的结构共振现象不同，不能利用快速通过油膜共振频率点，使涡动频率与一阶固有频率迅速分离的方法，来避免或消除这种故障。

⑥ 转子升速时，并不是达到 2 倍临界转速那一刻就发生油膜振荡，而是有延迟。一旦发生油膜振荡后，即使继续升高转速振动也不会减弱；反之降速到一阶临界转速之下，振动也不会马上消失，只有进一步降低转速之后，振动才会明显减少，这个现象称为油膜振荡的转速惯性效应。见图 9.10（c）中的振幅上升曲线（$2\omega_c$ 之后）和下降曲线图（$2\omega_c$ 之前），在此阶段内油膜涡动频率曲线是恒定的，可以形象地描述这种"惯性效应"。需要说明的是，油膜振荡故障中均存在这种"惯性效应"，只是延迟程度不同，一般来说，轴承负载越重，这种惯性效应越强。

⑦ 油膜振荡为正进动，即轴心涡动的方向和转子旋转方向相同。

⑧ 油膜振荡为油膜自激共振现象，转子发生油膜振荡时输入的能量很大，振幅瞬间大幅度升高，振动剧烈，轴颈与轴瓦之间局部油膜破裂，发生摩擦碰撞而发出巨大的吼叫声，使轴瓦产生不同程度的两端扩口、表面乌金擦伤或裂纹等损伤。油膜振荡发生时不仅机组本身振动强烈，还可以使整个机座和基础受到影响，甚至可以导致整个机组的毁坏。

油膜振荡和油膜涡动故障的主要振动特征汇总于表 9.1 中。

表 9.1 油膜涡动及油膜振荡振动特征

序号	特征参量	故障特性	
		油膜涡动	油膜振荡
1	时域波形	有低频成分	低频成分明显
2	特征频率	特征频率$\leq 0.5 \times f_r$	$(0.43\sim0.48)\times f_r$
3	振动稳定性	较稳定	不稳定
4	常伴频率	$1\times f_r$	组合频率
5	振动方向	径向	径向
6	相位特征	不稳定	不稳定（突发）
7	轴心轨迹	内 8 字（双环椭圆）	扩散，不规则
8	进动方向	正进动	正进动

注：f_r 为轴旋转频率。

9.3.3 油膜振荡的防治措施

（1）避开油膜共振区

机器设计时就要避免转子工作在一阶临界转速的两倍附近运转。因为这样很容易使涡动频率与转子系统的一阶自振频率相重合，从而引起油膜共振，对于挠性转子，一般除了要求工作转速应避开两倍一阶临界转速之外，还尽可能使转子工作转速在二阶临界转速以下，以提高转子的稳定性。对于一些超高转速的离心式机器，由于结构上的原因，可能超过二阶临界转速，这类转子很容易引起油膜失稳，必须进行转子稳定性计算，并采用抗振性能较好的轴承，以提高转子的稳定性。

（2）增加轴承比压

轴承比压是指轴瓦工作面上单位面积所承受的载荷，即：

$$\overline{P} = \frac{P}{dl} \tag{9.9}$$

式中　P——单个轴承载荷；

　　　d——轴颈直径；

　　　l——轴承宽度。

从式（9.9）可以看出，在轴承载荷不变的情况下，增加轴承比压的手段主要有减小轴径 d 或缩短轴承宽度 l。这将导致轴承承载能力系数 S_0 提高，转子趋于低速重载形式。一般轴承比压取 $0.1 \sim 1.5$ MPa，对离心式压缩机组等一些高速轻载轴承，轴承比压取值一般较低，可为 $0.3 \sim 1.0$ MPa。

增加比压值等于增大轴颈的偏心率，提高油膜的稳定性。重载转子之所以比轻载转子稳定，就是因为重载转子偏心率大，质心低，比较稳定。因此，对一些已经引起油膜失稳的转子，可用车削方法是把轴瓦的长度减小，或在轴承下瓦开环向沟槽，以减小瓦块接触面积，改善油楔内的油压分布等，以增大轴承比压，提高转子的稳定性。

（3）减小轴承间隙

试验表明，如果把轴承间隙减小，则可提高发生油膜振荡的转速。其实减小了间隙 C，就相对增大了轴承的偏心率 ε（$\varepsilon = e/C$）。

（4）控制适当的轴瓦预负荷

轴承预负荷定义为：

$$P_R = 1 - \frac{C}{R_P - R_S} \tag{9.10}$$

式中　C——轴承平均半径间隙；

　　　R_P——轴承内表面曲率半径；

　　　R_S——轴颈半径。

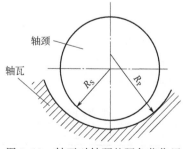

图 9.11　轴瓦对轴颈的预负荷作用

图 9.11 表示轴瓦对轴颈的预负荷作用。预负荷为正值，表示轴瓦内表面上的曲率半径大于轴颈半径，因而轴颈相对于轴瓦内表面来说，相当于起到增大偏心距的作用，在每块瓦块上油楔的收敛程度更大，迫使油进入收敛形间隙中，增加油楔力。几个瓦块在周向上的联合作用，稳住了轴颈的涡动，增强了转子的稳定性，这就是轴瓦的预负荷作用。对于圆柱轴承，因为 $C = R_P - R_S$，预负荷值 $P_R = 0$，所以这种轴承就相对容易发生油膜振

荡。椭圆形轴承的轴瓦是由上下两个圆弧组成的,其曲率半径大于圆柱瓦,轴颈始终处于瓦的偏心状态下工作,预负荷值较大(P_R 常用值为 0.5～0.75)。在油膜力作用下,轴颈的垂直方向上受到一定约束力,因而其稳定性比圆柱瓦高。对于多油楔轴承,多个油楔产生的预负荷作用把轴颈紧紧地约束在转动中心,可以较好地减弱转子的涡动。

(5)选用抗振性好的轴承

圆柱轴承虽然具有结构简单、制造方便的优点,但其抗振性能最差,因为这种轴承缺少抑制轴颈涡动的油膜力。从轴颈涡动与稳定性的讨论中已经知道,造成转子涡动的不稳定力是一个与转子位移方向相垂直的切向力,此力在圆柱轴承中受到的阻尼最小,转子一旦失稳,就难以控制。多油楔轴承因为轴颈受到周围几个油膜力的约束,就像周向上分布的几只弹簧压住轴颈,由此可知,椭圆轴承的稳定性优于圆柱轴承,多油楔轴承的稳定性优于椭圆轴承。

必须指出,高速转子的轴承油膜失稳,除了轴承本身固有特性会引起油膜振荡之外,转子系统中工作流体的激振、密封中流体的激振、轴材料内摩擦等原因也会使轴承油膜失稳。此外,联轴器不对中、轴承与轴颈不对中、工作流体对转子周向作用力不平衡等,都有可能改变各轴承的载荷分配,使本来可以稳定工作的轴承油膜变得不稳定,因此,需要从多方面寻找引起油膜失稳的原因,并针对具体原因采取相应对策。

9.4 滑动轴承故障诊断实例

9.4.1 油膜振荡发展过程的试验分析

文献给出了一个多圆盘中型转子实验台上油膜涡动发展过程,使我们可以更清楚地了解该过程中一些典型时刻的轴心轨迹和频谱图,如图 9.12 所示。开始升速时,由于不平衡量较小,低速下转子作稳定的周期运动,涡动轨迹为香蕉型,当转速超过临界转速并继续上升到 566r/s 时,开始出现时隐时现的半速涡动,谱图中可见半频分量极小 [图 9.12 (a)];转速增加到 587.1r/s 时,半频分量不再消失,而是一直存在,轴的涡动开始出现分岔,轨迹为一内 8 字 [图 9.12 (b)];当转速继续增大到 607.9r/s 时,轴心轨迹的内 8 字更加明显,在频谱图上则表现为半频峰值变大 [图 9.12 (c)];当转速升高到 626.2r/s 时 [见图 9.12

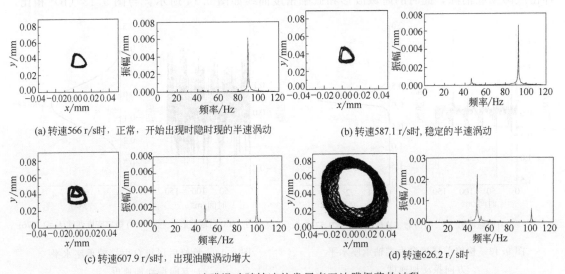

(a) 转速566 r/s时, 正常, 开始出现时隐时现的半速涡动

(b) 转速587.1 r/s时, 稳定的半速涡动

(c) 转速607.9 r/s时, 出现油膜涡动增大

(d) 转速626.2 r/s时

图 9.12 油膜涡动随转速的发展直至油膜振荡的过程

(d)]，轴心轨迹变得十分复杂，频谱图中的半频峰值远远大于工频峰值，且半频附近有两个频率的峰值出现，两者之和为转子的工作转速频率。如果转速继续增加一点点，轴心涡动轨迹就会突然变得很大很大，即系统进入失稳状态。此时，为了保护试验系统不被破坏，不得不立即停机，所以没有此时的数据记录。

9.4.2　滑动轴承存在冲击信号故障诊断案例

案例的诊断对象是炼钢一次除尘用离心风机机组，风机主要参数：风量 2000m³/min、压升 28kPa、转速 2890r/min（可调），电机功率 1250kW。该机组为滑动轴承支撑，止推轴承布置在风机靠近联轴器侧，滑动轴承布置在风机自由端，为动压剖分式。

该机组从 2006 年安装至今，约 3 个月更换一次叶轮，并对叶轮和机壳清灰。2007 年 10 月发现风机自由端轴承座有"哒哒哒"的异响，并伴有明显的、有节奏的手感振动，振动烈度 1.5～3mm/s，未超标（＜6mm/s），认为尚无检修必要。

2008 年 6 月 17 日使用速度传感器采集风机自由端轴承座振动信号，发现波形中有许多尖峰、毛刺，随即改用加速度传感器测试振动冲击信号，发现有明显的冲击脉冲，如图 9.13 所示。经分析，振动信号峭度 21.57，较大；振动烈度 1.592mm/s，未超标。从图 9.13（b）的概率密度曲线看出非常陡峭，说明峰值周围停留的时间很短，即有冲击脉冲。据此可定性判断轴承存在冲击故障。从图 9.13（a）可测量出每次冲击的时间间隔为 0.0285s（35.09Hz），与转速频率基本一致，即每转一圈冲击一次。推断滑动轴承的冲击信号可能是由于轴瓦松动或轴承内有异物产生。

2008 年 6 月 18 日风机叶轮定期下线保养，更换叶轮时拆检风机自由端滑动轴承，发现下瓦 3 块垫块固定螺钉严重松动，初步判断轴瓦垫块松动为冲击信号源。但试车时发现冲击信号特征依然存在，而且新叶轮安装后最大振动烈度 2.5mm/s 左右，较以往变大，说明故障未排除且有恶化倾向。滑动轴承的固定靠轴承压盖过盈量保证，过盈量不足会导致轴承径向、轴向相对移动，从而产生冲击。因此，决定再对风机自由端滑动轴承拆检，主要检查轴承压盖过盈量。2008 年 7 月 11 日对风机自由端轴承拆检，用压铅丝法测量轴承压盖过盈量，发现设计允许范围为 0.02～0.05mm 的过盈量，实际为近 0.7mm 的间隙。在轴承顶部垫块下垫 0.7mm 垫片后，当日下午试车，机组最大振动 1.09mm/s，振动烈度恢复正常，冲击故障彻底消除，此时的时域波形和概率密度曲线如图 9.14 所示。与图 9.13（b）相比，

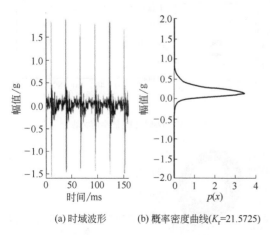

(a) 时域波形　　(b) 概率密度曲线（K_r=21.5725）

图 9.13　检修前风机自由端轴承座水平
方向振动加速度

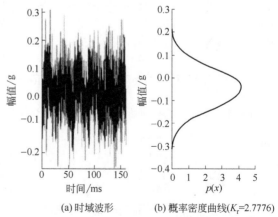

(a) 时域波形　　(b) 概率密度曲线（K_r=2.7776）

图 9.14　检修后风机自由端轴承座水平
方向振动加速度

图9.14（b）中的概率密度曲线类似标准正态分布，曲线变得平缓，原陡峭现状消除。

9.4.3 汽动给水泵油膜振荡故障分析与治理

某台200MW汽轮机机组的汽动给水泵组在运行中多次出现振动突增并导致跳闸的情况，2014年初，该机组1号、2号轴承轴振幅值开始出现振动突然增大的情况，多发于高负荷工况下，且最大振幅呈现逐渐升高的趋势，平时振动幅值一般维持在 $20\sim30\mu m$ 之间。

2014年4月8日，该机组振动再次突然增大，2号轴振 X 向振幅达到 $150\mu m$，触发了保护装置导致跳闸。其他1号 X 向、1号 Y 向和2号 Y 向振幅也都达到 $100\mu m$ 以上。

针对这一问题，利用专业仪器对小汽轮机的振动情况进行监测分析。4月9日启动汽动给水泵，在转速升至4800r/min之前，1号、2号轴振幅值均维持在 $20\sim30\mu m$ 的较低水平，包括过临界在内的最大幅值不超过 $40\mu m$，但当转速升到4800r/min时，1号、2号振幅突然上升，最大振幅出现在1号瓦，达到 $82\mu m$。而当转速达到5000r/min以上时，振动幅值又恢复至之前水平。图9.15所示为此次启动的伯德图。

由图9.15可见，在 $4800\sim5000$r/min 的转速区间内，通频振幅（上部曲线）较其他转速下的明显升高。汽轮机转子的临界转速分别为，一阶：2550r/min，二阶：12220r/min。显然，这里振幅的升高并不是过临界造成的，而且在通频振幅升高的时候基频振幅值并未升高而是继续维持在较低水平。这说明整体振幅的升高是由其他频率分量造成的，需要观察频谱图做进一步分析。

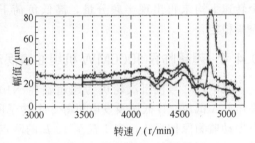

图9.15　小汽轮机启动伯德图

图9.16为振幅最大时的频谱图，此时转速为4824r/min，1倍频频率为80.40Hz，幅值 $3.9\mu m$，左侧较高的峰值为半频分量，其频率为40.20Hz，幅值 $78.2\mu m$。通过对比图谱中半频与1倍频的大小，可见此时的通频振幅绝大部分为半频成分。图9.17为振动故障发生前的频谱图，此时转速为4568r/min，通频振幅 $32.96\mu m$，基频振幅 $26.25\mu m$。半频处也有幅值出现但很小，约为 $1\mu m$。通过对比振动故障发生前后的频谱图不难发现，振幅突然升高是由于半频分量的突增造成的。在随后的监测中发现，给水泵转速在运行反复升降的过程中，每次经过或停留于4800r/min附近时均会出现振动升高的情况，且同样为半频突增所致。

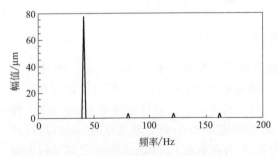

图9.16　振幅最大时的频谱图

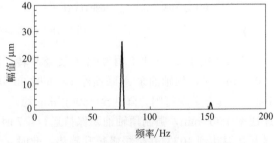

图9.17　振动故障发生前的频谱图

至此可以归纳该机组振动故障存在以下特点：

① 振动增大与转速有关，且发生于4800r/min附近，在此基础上转速升高或降低振动均恢复正常；

② 振动故障发生时振幅以半频分量为主；

③ 未发生振动故障时机组振动幅值较低；

④ 振动增大具有突发性。

据此初步诊断为油膜涡动故障，为进一步论证故障原因，排除汽流激振等其他干扰的可能性，进行了变油温试验。在保证机组其他运行参数不变的前提下，首先稳定转速至 4800r/min 以激发振动故障，然后将润滑油供油温度从当前的 41℃ 开始，每 5min 升高 1℃ 直到升至 45℃，之后将供油温度降低，同样每 5min 降低 1℃ 直到降至 36℃。以 1 号轴振为例，变油温试验数据如表 9.2 所示。可见，1 号轴振随来油温度的升高而下降，随下降而升高，考虑到机组安全只将温度降低到 38℃。这种现象就是典型的油膜涡动的特征。后经多次检查、维修，最终发现是由于基础的不均匀下沉造成油膜涡动故障。经调整重新启动后，在各个转速下均未再出现半频分量，高低负荷下振幅稳定。

表 9.2　变油温试验数据

来油温度/℃	振幅/μm
38	93
39	88
40	84
41	82
42	81
43	79
44	77
45	76

9.4.4　超超临界 1000MW 机组油膜涡动故障分析和处理

某电厂 2 号机组汽轮机为超超临界 N1000-25.0/600/600 型，机组轴系由汽轮机高压、中压、A 低压、B 低压及发电机等 5 个转子所组成，各转子间用刚性联轴器连接。该机组配备振动监测保护系统，在 1 瓦至 10 瓦的测点 X（45R）和测点 Y（45L）测量轴颈处的相对轴振动。测量系统及传感器方位如图 9.18 所示。

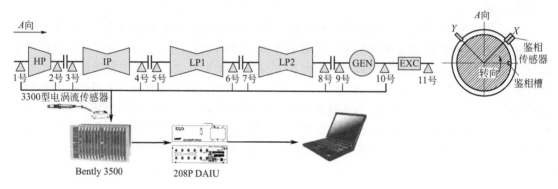

图 9.18　测量系统及传感器方位

2 号机组于 2009 年 8 月 4 日凌晨经冲转、暖机结束，准备升速至 3000r/min。当转速至 2500r/min 时，顶轴油泵 A 联锁停车。6 时 35 分，转速至 2570r/min 时，5 号轴承温度升高至 105℃，远方手动打闸，降速至 1500r/min 稳定。7 时 8 分升速，设置目标转速 3000r/min，升速速率 150r/min，强制顶轴油泵保持运行。7 时 20 分定速 3000r/min，转速稳定 5min 以后，5 号瓦瓦温达到 107℃ 并呈缓慢爬升趋势，此时 4 号瓦 X 方向振动在 110～200μm 之间呈较大幅度波动趋势，3 号瓦 X 方向振动也达到 120μm，立即就地手动遮断汽轮机。打闸后 5 号瓦温爬升至 109℃，打闸降速后开始回降，维持转速 1500r/min 时 5 号瓦温降至 91℃。

分析振动原因，3 号瓦、4 号瓦轴振波动主要来自 21Hz 的频率成分，初步认为 3 号瓦、4 号瓦出现油膜涡动故障。

（1）振动特征

① 2号机首次升速至 3000r/min 过程并未出现低频分量,而是在定速 5min 后 3 号瓦、4 号瓦轴振出现了首次突增。振动如图 9.19 所示;$3X$、$3Y$、$4X$ 呈现同样的波动趋势,波动幅度较 $4X$ 小。

② 定速后的 3 号瓦、4 号瓦轴振波动过程中,工频分量的幅值和相位均保持稳定;波动分量的频率为 21Hz,如图 9.20 所示。

③ 在第二次升速过程中,润滑油温从 41℃逐步升至 45℃,从 2500r/min 开始出现低频分量,随转速增加低频分量逐步增大,并有大的波动;第二次定速 3000r/min,监测数据显示 $4X$ 轴振最大通频分量为 $198\mu m$、工频分量为 $106\mu m$、21Hz 低频分量为 $70\mu m$。

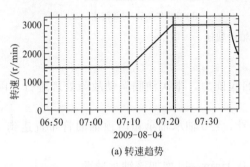

(a) 转速趋势

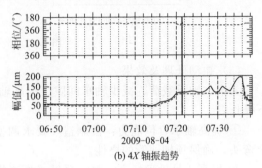

(b) $4X$ 轴振趋势

图 9.19 $4X$ 转速与轴振趋势图

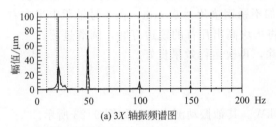

(a) $3X$ 轴振频谱图

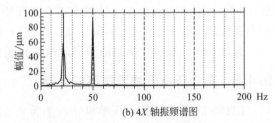

(b) $4X$ 轴振频谱图

图 9.20 $3X$、$4X$ 轴振频谱图

④ 从停机的三维级联图观察,随转速下降振动没有立刻下降,振动包括明显的低频分量,转速降至 2230r/min 后低频分量才基本消失,如图 9.21 所示。

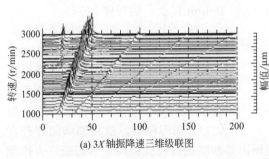

(a) $3X$ 轴振降速三维级联图

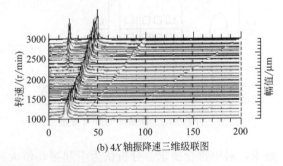

(b) $4X$ 轴振降速三维级联图

图 9.21 $3X$、$4X$ 轴振降速三维级联图

(2) 振动故障的判断

通过对本次 2 号机整组启动振动数据的分析,符合油膜涡动故障特征。在 3000r/min 定速后,导致振幅突增的振动频率为 21Hz,接近工作转速频率的一半;油膜涡动出现后,工频幅值和相位保持稳定,如图 9.22 所示,油膜失稳前轴心轨迹规则,油膜失稳后轴心轨迹呈现双环椭圆;降速过程中,油膜涡动消失转速 2230r/min 低于升速过程中的油膜涡动出现

转速；油膜涡动特征频率对应的振幅最大为 $70\mu m$，幅值不大，并呈现波动特性。

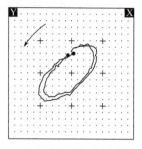

(a) 油膜失稳前3号瓦轨迹

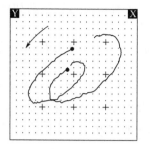

(b) 油膜失稳后3号瓦轨迹

图 9.22　3 号瓦轴心轨迹

（3）振动处理及效果

为增加轴承载荷、减少轴承间隙、提高轴承自位能力，本次油膜涡动故障处理进行了以下操作：

① 提高轴承自位能力：按制造厂要求调整 3 号、4 号轴承轴承箱内顶轴油管布置达到 7 个弯头，确保顶轴油管的挠性。

② 提高 4 号轴承标高：将 4 号轴承标高提高 0.1mm，以增加该轴承载荷。

③ 降低 4 号轴承顶隙：原 4 号轴承顶隙分别是 0.69mm/0.71mm，调整 4 号轴承顶隙至 0.64mm/0.66mm。在 4 号轴承正上方瓦块加不锈钢垫片 0.04mm，在 4 号轴承上半左右两个瓦块加不锈钢垫片 0.04mm。加垫片后，将垫块高出瓦背的锐边打磨，圆滑过渡。

通过上述处理后，机组油膜涡动故障已消除，再次运行效果良好。

9.4.5　离心压缩机油膜振荡的诊断

EI800-3.4/0.98 离心压缩机轴功率为 2500kW。其轴振动测点布置如图 9.23 所示。

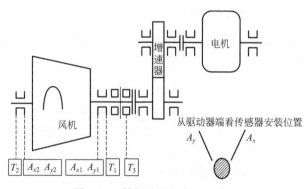

图 9.23　轴振动测点布置示意图

第一次试车：此台压缩机试车台位较高，试车风管较长，管径较大。第一次试验，开机 5min 后振动值逐渐变大，约 40min 时轴振动值增大至 $150\mu m$ 以上，随即停车。

第二次试车：经过对转子进行动平衡校正，对试验风管及安装基础进行紧固，机组重新打表找正后进行第二次试验，约 15min 后各振动值又增加了约 $40\mu m$，轴瓦温度最高为 48℃，随即停车。检查轴承间隙符合要求，对中符合要求。分析认为引起振动值大的原因是油膜振荡或试验风管热膨胀，为排除热膨胀，拆掉试验风管进行试验。

第三次试验：第三次试验轴振动值依然较大，与第二次基本相同，在运转中出现间歇性的吼叫声，运转约 15min 后停车检查对中符合要求，轴承间隙符合要求，但巴氏合金局部损伤，排除热膨胀的原因，确认引起振动值大的原因是油膜振荡。

第四次试验：将该机组原采用的圆柱轴承重新加工，改造成错位圆柱轴承再进行试验，运转约半小时后测得轴振动最大值为 $A_{x1}=23\mu m$，$A_{y1}=31\mu m$，$A_{x2}=35\mu m$，$A_{y2}=26\mu m$。达到了设计要求。随后安装试验风管，进行热力性能试验，试验持续 3 个多小时，测试的轴振动值最小为 $9\mu m$，最大为 $35\mu m$，轴瓦温度最高为 $63℃$。该压缩机试车圆满结束。

油膜振荡的分析及诊断：

（1）轴振动的频谱图

图 9.24 为轴振动的频谱图，图 9.24（a）为第一次试车 25min 前的频谱图；图 9.24（b）为 25min 后及第二、三次试车的频谱图；图 9.24（c）为第四次试车的频谱图。从图中可以看出，第一次试验前 25min 振动的主频为工频 f_r，并伴有 $0.2f_r$，$0.5f_r$，$2f_r$；25min 后的主频为 $0.37f_r$，而 $0.37f_r$ 对应转速约等于转子的一阶临界转速，由此可看出，在前 25min 转子虽运转正常，但伴有半速涡动，随着运转条件的变化（进气条件变化、机组热胀、轴瓦间隙变化、油温变化等），半速涡动转变成油膜振荡。第二、三次试验与第一次试验 25min 后的频谱图相同，主频同样为 $0.37f_r$。而第四次试验运转正常后的频谱图主频为工频 f_r。

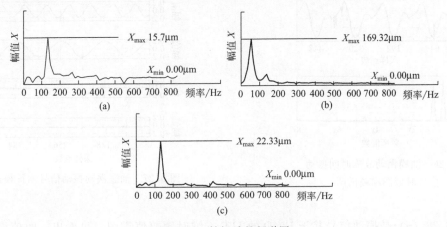

图 9.24　轴振动的频谱图

（2）轴心轨迹

图 9.25（a）为第二、三次试验的轴心轨迹；图 9.25（b）为第四次试验的轴心轨迹。转子正常运转时的轴心轨迹是稳定的、收敛的，而发生油膜振荡时的轴心轨迹是发散的。从图中可以看出，第二、三次试验的轴心轨迹是一个发散的轨迹，而第四次的轴心轨迹是稳定收敛的。

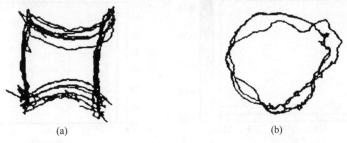

图 9.25　轴心轨迹

该压缩机设计工作转速为 8373r/min，第一阶临界转速为 3100r/min，工作转速大于二倍一阶临界转速，加之采用圆柱轴承，增加了发生油膜振荡的可能性和必然性。发生油膜振荡时，轴颈与轴瓦可能发生干摩擦而发生吼叫声。在第二、三次试车过程中，可以清楚地听到机器发出间歇性的吼叫声。第四次更换轴承后，由于消除了油膜振荡，机器的吼叫声也随之消除了。

9.4.6　基于 EMD 和 HT 的旋转机械油膜涡动信号分析

图 9.26 是当旋转机械发生油膜涡动故障时的振动信号时域图和频谱图，频谱图横坐标

为轴频的倍频数，1×、2×代表 1 倍频、2 倍频，其余类推。由频谱图可看出，0.5 倍轴频左右的幅值较大，是典型的油膜涡动故障信号。图 9.27 是振动信号经过截止频率为 8 倍轴频的低通三阶巴特瓦斯数字滤波，再进行经验模态分解后得到本征模函数组，从上到下依次为 c_1、c_2 等组分。其中 c_1、c_2 组分为由油膜涡动激发的高频分量或干扰；c_3 和 c_4 组分幅值较大，分别对应轴频振动模式和 0.5 倍轴频振动模式，而此振动模式恰好是油膜涡动的特征。c_5 和 c_6 组分幅值较小，对信号影响不是很大，是一些低频的缓慢波动。

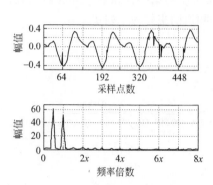

图 9.26 油膜涡动故障时间振动
信号时域图和频谱图

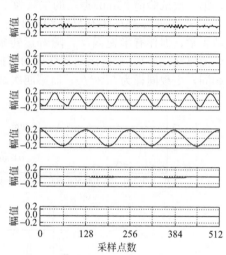

图 9.27 油膜涡动振动信号本征模函数图

　　图 9.28（a）是振动信号基于 EMD 的 HT 三维时频幅值谱图。可看出，幅值没有明显的变化，主要的幅值分布在 1 倍频和 0.5 倍频左右，0.5 倍频的幅值较大，即信号具有油膜涡动故障的特征，轴频随时间频率变化较大，说明有非线性因素存在。

　　图 9.28（b）为振动信号基于 EMD 和 HT 的边际谱。可看出，图中主要谱线清晰，可知，基于 EMD 和 HT 的振动信号边际谱更好地反映了信号的频率分布。

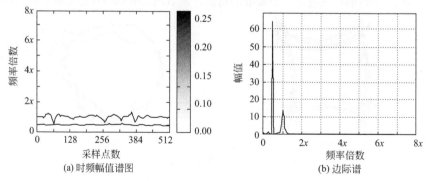

(a) 时频幅值谱图　　　　　　　　　(b) 边际谱

图 9.28 油膜涡动振动信号的 EMD 分解谱图

参 考 文 献

[1] 屈梁生，张西宁，沈玉娣. 机械故障诊断理论与方法 [M]. 西安：西安交通大学出版社，2009.

[2] 何正嘉，陈进，王太勇，等. 机械故障诊断理论及应用 [M]. 北京：高等教育出版社，2010.

[3] 何正嘉，訾艳阳，张西宁. 现代信号处理及工程应用 [M]. 西安：西安交通大学出版社，2007.

[4] 陈克兴，李川奇. 设备状态监测与故障诊断技术 [M]. 北京：科技文献出版社，1991.

[5] 崔宇博，编译. 设备诊断技术——振动分析及应用 [M]. 天津：南开大学出版社，1988.

[6] 杨国安. 机械设备故障诊断实用技术 [M]. 北京：中国石化出版社，2007.

[7] 杨国安. 机械振动基础 [M]. 北京：中国石化出版社，2012.

[8] 蔡敢为，陈家权，李兆军，等. 机械振动学 [M]. 武汉：华中科技大学出版社，2012.

[9] 熊诗波，黄长艺. 机械工程测试技术基础 [M]. 3 版. 北京：机械工业出版社，2007.

[10] 贾民平，张洪亭，周剑英. 测试技术 [M]. 北京：高等教育出版社，2001.

[11] 王江萍. 机械设备故障诊断技术及应用 [M]. 西安：西北工业大学出版社，2001.

[12] 张安华. 机电设备状态监测与故障诊断技术 [M]. 西安：西北工业大学出版社，1995.

[13] 廖伯瑜. 机械故障诊断基础 [M]. 北京：冶金工业出版社，1995.

[14] 韩捷，张瑞林. 旋转机械故障机理及诊断技术 [M]. 北京：机械工业出版社，1997.

[15] 樊永生. 机械设备诊断的现代信号处理方法 [M]. 北京：国防工业出版社，2009.

[16] 张键. 机械故障诊断技术 [M]. 北京：机械工业出版社，2008.

[17] 沈庆根，郑水英. 设备故障诊断 [M]. 北京：化学工业出版社，2006.

[18] 杨世锡，胡劲松，吴昭同，等. 旋转机械振动信号基于 EMD 的希尔伯特变换和小波变换时频分析比较 [J]. 中国电机工程学报，2003，25 (6)：102-107.

[19] 杨建刚. 旋转机械振动分析与工程应用 [M]. 北京：中国电力出版社，2007.

[20] 王国彪，何正嘉，陈雪峰，等. 机械故障诊断基础研究 "何去何从" [J]. 机械工程学报，2013，49 (1)：63-72.

[21] 王清，潘宏侠，周传刚. 机械故障诊断技术现状及趋势 [J]. 机械管理开发，2005 (6). 49-51.

[22] 程军圣. 基于 Hilbert－Huang 变换的旋转机械故障诊断方法研究 [D]. 长沙：湖南大学，2005.

[23] 西马力公司. 滚动轴承的实用监测技术——冲击脉冲法 [R]. 2007.

[24] 戴红红. PeakVue 技术原理与应用——M012130 双通道数据采集器技术应用 [J]. 中国设备工程，2005 (11)：39-40.

[25] 潘青旺. 冲击脉冲法在滚动轴承故障诊断中的应用 [J]. 中国设备工程，2008 (8)：48-49.

[26] 姚新华，何耀辉. 冲击脉冲法在离心泵电机轴承故障诊断中的应用 [J]. 石油与化工设备，2010，11：50-52.

[27] 马晓建，陈瑞琪，吴文英，等. 机械故障诊断中常用解调方法的比较及应用 [J]. 东华大学学报（自然科学版），2001，27 (5)：106-108.

[28] 金晓光，高德柱. 倒频谱分析在滚动轴承故障诊断中的应用 [J]. 冶金动力，2007 (4)：93-97.

[29] 王萍. 时域指标在除尘风机轴承故障诊断中的应用 [J]. 安徽冶金科技职业学院学报，2009 (4)：19-21.

[30] 陆晨. Peakvue 技术在电机轴承故障诊断中的应用 [J]. 设备管理与维修，2012 (3)：53-55.

[31] 余光伟，郑敏，雷子恒，等. 小波变换在滚动轴承故障分析中的应用 [J]. 轴承，2011 (7)：37-40.

[32] 寇汉萍. 边频带分析在齿轮故障诊断中的应用 [J]. 冶金设备，2009 (4)：36-39.

[33] 潘高峰，庄凌云. 增压鼓风机增速箱振动故障的频谱分析 [J]. 风机技术，2011 (3)：75-76.

[34] 王阳，刘红彦. 频谱分析在齿轮故障诊断中的应用 [J]. 石油与化工设备，2010，13 (3)：31-33.

[35] 姚志斌，沈玉娣. 基于 Hilbert 解调技术的齿轮箱故障诊断 [J]. 机械传动，2004，28 (2)：37-39.

[36] 刘尚坤，唐贵基，庞彬. 小波降噪与 Hilbert 解调相结合的齿轮箱故障诊断方法 [J]. 机械工程师，2014 (4)：103-105.

[37] 严作堂，陈宏. 基于振动信号诊断齿轮断齿故障新方法 [J]. 机械传动，2012，36 (9)：93-94.

[38] 胥永刚，何正嘉，王太勇. 基于经验模式分解的包络解调技术及其应用 [J]. 西安交通大学学报，2004，38 (11)：1169-1172，1185.

[39] 齐永利，朱平良，李江柏. 通风电动机组不平衡故障分析研究 [J]. 中国设备工程，2011 (7)：59-61.

[40] 张勇. 济南钢铁厂 120t 转炉煤气抽引风机设备状态检测、故障诊断技术的应用 [J]. 科技信息，2011 (4)：330-331.

[41] 潘高峰，杨春. 在线监测与诊断技术在预测维修中的应用 [J]. 中国设备工程，2011 (12)：58-60.

［42］　张韧. 旋转机械故障特征提取技术及其系统研究 ［D］. 杭州：浙江大学，2004.

［43］　赵晓利. 风机叶轮与轴系不平衡分析与对策 ［J］. 中国设备工程，2010 (6)：58.

［44］　陈国誉. 旋转机械不对中故障探讨及案例分析 ［J］. 石油和化工设备，2015，18 (8)：66-67.

［45］　祝继安. 状态监测在旋转机械设备中的应用 ［J］. 石油与化工设备，2011，14：38-41.

［46］　蒋东翔，刁锦辉，赵钢，等. 基于时频等高图的汽轮发电机组振动故障诊断方法研究 ［J］. 中国电机工程学报，2005，25 (6)：146-150.

［47］　张君. 小波分析技术在汽轮机故障诊断中的应用研究 ［D］. 保定：华北电力大学，2005.

［48］　胡劲松. 面向旋转机械故障诊断的经验模态分解时频分析方法及实验研究 ［D］. 杭州：浙江大学，2003.

［49］　谭青，易念恩，寿耀明. 旋转机械相对时相的提取及其在诊断中的应用 ［J］. 南方金属，2006 (5)：9-12.

［50］　刘淑莲，郑水英. 油膜振荡发展过程的实验研究 ［J］. 振动工程学报，2004，17：178-180.

［51］　苟新超，唐世应，赵小军. 滑动轴承存在冲击信号故障诊断案例 ［J］. 设备管理与维修，2009 (1)：54-56.

［52］　屈斌，张宁，甘智勇，等. 汽动给水泵油膜振荡故障分析与治理 ［J］. 热力透平，2015，44 (4)：215-219.

［53］　刘石，陈君国，王飞，等. 超超临界1000MW机组油膜涡动故障分析和处理 ［J］. 汽轮机技术，2010，52 (5)：373-376.

［54］　魏占强，李宏安. 离心压缩机油膜振荡的诊断 ［J］. 风机技术，2000 (4)：49-52.